ラクしてうかる！

工事担任者

吉川忠久 著

第2級
デジタル
通信

Ohmsha

序文

電気通信事業法では，NTT などの公衆通信会社の電気通信回線設備に，電話機やネットワーク機器などの端末設備や自営電気通信設備を接続する利用者は，工事担任者資格者証の交付を受けている工事担任者に，その工事を行わせ，または実地に監督させなければならないことが規定されています．

工事担任者資格者証には，AI 第一種〜 AI 第三種，DD 第一種〜 DD 第三種，AI・DD 総合種がありましたが，2021 年（令和 3 年）4 月より AI 第二種と DD 第二種は廃止され，AI 第一種は第一級アナログ通信，AI 第三種は第二級アナログ通信，DD 第一種は第一級デジタル通信，DD 第三種は第二級デジタル通信に名称が変わります．第二級デジタル通信（DD 第三種）の資格は主としてインターネットに接続する光ケーブルなどの接続の工事，または工事の監督を行うことができます．

いろいろなコンテンツがインターネットで配信され，インターネットに接続することがあたりまえになった現在では，高速で大容量である光回線に接続することの必要性が高まっています．光回線の工事に従事するためには国家試験に合格して，第二級デジタル通信（DD 第三種）の工事担任者資格者証を取得しなければなりません．

第二級デジタル通信（DD 第三種）の国家試験科目は，「電気通信技術の基礎」（基礎），「端末設備の接続のための技術及び理論」（技術），「端末設備の接続に関する法規」（法規）の 3 科目があります．国家試験の出題範囲は工業高校卒業レベルの内容ですので，試験問題を解くには専門的な知識が必要です．

本書は，

「ラクしてうかる！工事担任者第 2 級デジタル通信」

です．これらの 3 科目をラクに学習するために国家試験問題の出題範囲に合わせて，次の分野に分類しました．

 Ⅰ編　電気通信技術の基礎
  1 章　電気工学の基礎
  2 章　電気通信の基礎
 Ⅱ編　端末設備の接続のための技術及び理論
  1 章　端末設備の技術
  2 章　ネットワークの技術
  3 章　IP ネットワークと情報セキュリティの技術
  4 章　接続工事の技術

Ⅲ編　端末設備の接続に関する法規
　　1章　電気通信事業法
　　2章　工事担任者規則等・有線電気通信法令・不正アクセス禁止法
　　3章　端末設備等規則

　本書は，国家試験の出題順に合わせた目次構成になっていますので，試験に臨んだときに本書で学習した順番に問題を解くことができます．

　練習問題には実際に国家試験に出題されている問題を使用し，重要知識の学習と合わせて各節にこまかく分類してありますので，練習問題を学習しながら重要知識の内容を容易に確認することができます．

　練習問題の計算過程については，解答を導く途中の計算を詳細に記述してありますが，読むだけでは実際の試験で解答することはできません．自ら計算してください．

　基礎と技術に出題される問題は，内容が同じものもありますので，各範囲の解説のなかで重複している内容もありますが，前後の節の解説と合わせて学習してください．

　本書はラクして合格できるように，試験の合格に必要な内容に絞って掲載していますが，ラクに合格するといっても重要なことは覚えなければいけません．それには，本書を繰り返して学習することが合格への近道です．そのために，何度も読んでいただけるように，やさしく記述しています．

　また，マスコットキャラクターが，試験に出題される重要なことや解説のポイントなどを教えてくれますので，本書で学習して，ラクに第二級デジタル通信（DD第三種）の資格者証を取得しましょう．

　2020年9月

　　　　　　　　　　　　　　　　　　　　　筆者しるす

補足
例えば「技術」の1章は試験の問1の範囲，2章は問2の範囲，のように学習を進めていくことができます．

重要
「重要」でコメントしている用語などは，確実に覚えてください．

資格者証の取得に向けてがんばろう！

目次 CONTENTS

Ⅰ編

電気通信技術の基礎

1章は電気工学の基礎知識が広く問われ，13問程度出題されます．計算問題も出題されますので，繰り返し解いてしっかりと身につけましょう．
2章は電気通信の伝送方式が問われ，9問程度出題されます．各方式の違いや特徴をしっかり理解しておきましょう．

1.1 直流回路

出題のポイント

●オームの法則とキルヒホッフの法則を使った電流，電圧，抵抗の求め方

●電流，電圧，抵抗の値から電力の求め方

●ブリッジ回路の平衡条件と合成抵抗の求め方

●電圧計や電流計の測定範囲を拡大するために接続する抵抗の求め方

1 電圧・電流

図1.1 (a) のように電池に電球を接続すると，回路に電流が流れて電球が点灯します．これを回路図で表せば図1.1 (b) のようになります．電球を電気的に同じ働きをする抵抗と置き換えることができるので，それを等価回路で表すと図1.1 (c) のようになります．

電流は電気の流れを表し，単位はアンペア（記号〔A〕）です．**電圧**は電気を送り出す強さを表し，電圧の単位はボルト（記号〔V〕）です．電流の大きさは，導線の断面を毎秒通過する電気量（電荷）で表されます．電気量（電荷）の単位はクーロン（記号〔C〕）です．1秒間に1〔C〕の電気量（電荷）が通過すると1〔A〕です．

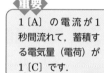

重要

1〔A〕の電流が1秒間流れて，蓄積する電気量（電荷）が1〔C〕です．

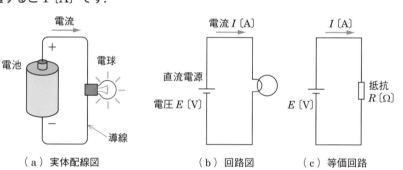

（a）実体配線図 （b）回路図 （c）等価回路

図 1.1 電圧・電流

電池の記号は長い方がプラスだよ．乾電池は電極が小さく飛び出している方がプラスだね．

時間が経過しても電圧や電流の大きさや向きが変わらない電気を**直流**といいます．電池の電圧や電流は直流です．商用電源を送る電灯線の電圧や電流は**交流**です．

交流については 1.4 節を見てね．

2 電気抵抗

［1］抵抗率

図1.2のような長さ l〔m〕，断面積 S〔m²〕の導線の抵抗 R〔Ω〕は，次式で表されます．

$$R = \rho \frac{l}{S} \ [\Omega] \tag{1.1}$$

導線の断面が円形のとき**直径**を D 〔m〕 とすると**導線の抵抗** R 〔Ω〕は，次式で表されます．

$$R = \rho \frac{l}{\pi \left(\dfrac{D}{2}\right)^2} = \rho \frac{4l}{\pi D^2} \ [\Omega] \tag{1.2}$$

電流は水の流れに例えられるよ．断面積が大きいホースは抵抗が少なくて，水が流れやすいね．

ここで，$\underset{\text{ロー}}{\rho} \ \underset{\text{オーム・メートル}}{[\Omega \cdot \text{m}]}$ は導線の材質と温度によって定まる比例定数で，**抵抗率**といいます．また，**金属などの導体の抵抗率及び電気抵抗は温度が上昇すると増加**します．

重要

金属導体の抵抗値は，温度が上昇すると増加します．

図 1.2　導線の抵抗

[2] 導電率

抵抗率の逆数を**導電率**と呼び，電気の通りやすさを表す定数です．導電率 $\underset{\text{シグマ}}{\sigma}$ $\underset{\text{ジーメンス毎メートル}}{[\text{S/m}]}$ は次式で表されます．

$$\sigma = \frac{1}{\rho} \ [\text{S/m}] \tag{1.3}$$

3　オームの法則

図1.3 のように，抵抗 R 〔Ω〕に電圧 V 〔V〕を加えると流れる電流 I 〔A〕は，電圧に比例し，抵抗に反比例します．この関係を表した法則が**オームの法則**です．式で表せば次のようになります．

$$I = \frac{V}{R} \ [\text{A}] \tag{1.4}$$

抵抗 R 〔Ω〕の逆数を**コンダクタンス** $\underset{\text{ジーメンス}}{G}$ 〔S〕と呼びます．

重要

式 (1.1) を変形すると次式で表されます．
$V = RI$ 〔V〕
$R = \dfrac{V}{I}$ 〔Ω〕

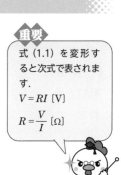

補足

$G = \dfrac{1}{R}$ 〔S〕です．

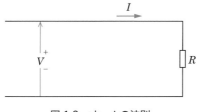

図 1.3　オームの法則

4 キルヒホッフの法則

いくつかの起電力や抵抗が含まれる電気回路は，キルヒホッフの法則によって表すことができます．

[1] キルヒホッフの第1法則（電流の法則）

図1.4の回路の接続点aにおいて，流入する電流I_1とI_2の和と流出する電流I_3の和は等しくなり，次式が成り立ちます．

$$I_1 + I_2 = I_3 \ [\mathrm{A}] \tag{1.5}$$

[2] キルヒホッフの第2法則（電圧の法則）

図1.4の閉回路①において，各部の電圧降下V_1とV_2の和（向きが逆なので差）は電池の起電力E_1とE_2の和（向きが逆なので差）と等しくなり，次式が成り立ちます．

$$V_1 - V_2 = R_1 I_1 - R_2 I_2 = E_1 - E_2 \ [\mathrm{V}] \tag{1.6}$$

閉回路②では，次式が成り立ちます．

$$V_2 + V_3 = R_2 I_2 + R_3 I_3 = E_2 \ [\mathrm{V}] \tag{1.7}$$

補足
抵抗の電圧降下の向きは，抵抗に電流が流れ込む向きがプラスの向きとなります．起電力の向きとは関係ありません．

閉回路は，電流が一回りして流れる回路のことだよ．

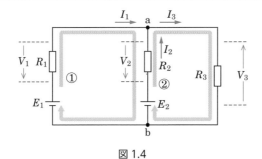

図1.4

5 抵抗の接続

[1] 直列接続

抵抗を図1.5のように接続したとき，このような接続を**直列接続**といいます．これを一つの抵抗に置き換えた合成抵抗R_S［Ω］は次式で求めることができます．

$$R_S = R_1 + R_2 + R_3 \ [\Omega] \tag{1.8}$$

抵抗の直列接続は，各抵抗に同じ大きさの電流が流れるよ．

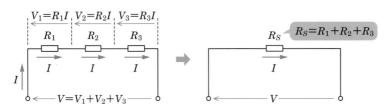

図1.5 直列接続

[2] 並列接続

図 1.6 のような抵抗の接続を**並列接続**といいます.

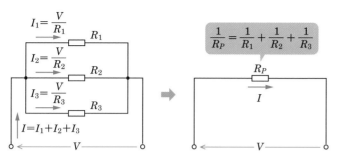

図 1.6 並列接続

並列接続は，各抵抗に同じ大きさの電圧が加わるよ.

合成抵抗を R_P [Ω] とすると，次式が成り立ちます.

$$\frac{1}{R_P} = \frac{1}{R_1} + \frac{1}{R_2} + \frac{1}{R_3} \tag{1.9}$$

R_P を求めるときは，式 (1.9) の逆数を計算します.

抵抗が二つの場合は次式によって求めることができます.

$$R_P = \frac{R_1 R_2}{R_1 + R_2} \, [\Omega] \tag{1.10}$$

試験問題は，二つの抵抗の並列接続が多いので，式 (1.10) は便利だね.「和分の積」と覚えてね.

式 (1.10) は抵抗が二つの場合しか使えないよ.

[3] ブリッジ回路

図 1.7 のように抵抗を接続した回路を**ブリッジ回路**といいます. 各抵抗の比が次式の関係にあるとき，**ブリッジ回路が平衡した**といいます. このとき，a-b 間の電圧が等しくなるので，電流 $I_5 = 0$ [A] となります.

$$\frac{R_1}{R_2} = \frac{R_3}{R_4} \quad \text{あるいは} \quad R_1 R_4 = R_2 R_3 \tag{1.11}$$

コツ

ブリッジ回路が平衡すると，R_5 には電流が流れなくなります. そのため，端子 a-b 間の合成抵抗を求めるときは，R_5 を切り離すあるいは短絡（線で接続）して求めることができます.

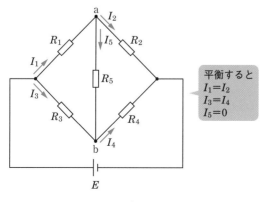

平衡すると
$I_1 = I_2$
$I_3 = I_4$
$I_5 = 0$

図 1.7 ブリッジ回路

6 電　力

　抵抗に電流が流れると熱が発生します．また，モータに電流を流すと力が発生します．このように，電気が1秒間に行う仕事を**電力**といいます．抵抗 R 〔Ω〕の回路に電圧 V 〔V〕を加えたとき，電流を I 〔A〕とすると，電力 P 〔W〕は，次式で表されます．

$$P = VI \text{ 〔W〕} \tag{1.12}$$

電力は電圧と電流に比例するんだね．抵抗で計算するときは電圧や電流を2乗するよ．

　オームの法則より，$V = RI$ なので

$$P = VI = (RI) \times I = RI^2 \text{ 〔W〕} \tag{1.13}$$

　また，$I = V/R$ より

$$P = VI = V \times \frac{V}{R} = \frac{V^2}{R} \text{ 〔W〕} \tag{1.14}$$

の式で表されます．

　R 〔Ω〕の抵抗に I 〔A〕の電流を t 〔s〕の間流したときに発生する熱量 Q 〔J〕は，次式で表されます．

$$Q = I^2 Rt \text{ 〔J〕} \tag{1.15}$$

補足

熱量の単位〔J〕は仕事と同じ単位です．

7 電流計・電圧計

　直流の電流や電圧を測定するときは，主に図1.8のような永久磁石可動コイル形計器が用いられます．永久磁石可動コイル形電流計は，回転するコイルに流れる電流と永久磁石の間に働く電磁力によって動作します．電流計や電圧計を電気回路で表すと，等価的な抵抗として表すことができます．

　永久磁石可動コイル形計器は次の特徴があります．

① 目盛りが等間隔である．

② 感度が良い．

③ 直流電流や直流電圧を測定できる．

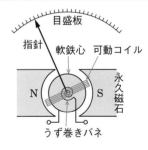

図 1.8　永久磁石可動コイル形計器

[1] 分流器

　電流計の測定範囲を広げるために，図1.9のように電流計と並列に接続する抵抗のことを**分流器**といいます．電流計の内部抵抗を r_A 〔Ω〕，測定範囲の倍率を N とすると，分流器の抵抗 R_A 〔Ω〕は次式で表されます．

$$R_A = \frac{r_A}{N-1} \text{ 〔Ω〕} \tag{1.16}$$

補足

内部抵抗が $r_A = 8$ 〔Ω〕で，測定範囲の倍率が $N = 11$ 倍のとき，分流器の抵抗値は，$R_A = 8/(11-1) = 0.8$〔Ω〕です．

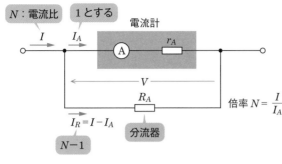

図 1.9 分流器

8 倍率器

電圧計の測定範囲を広げるために，図 1.10 のように電圧計と直列に接続する抵抗のことを**倍率器**といいます．電圧計の内部抵抗を r_V〔Ω〕，測定範囲の倍率を N とすると，倍率器の抵抗 R_V〔Ω〕は次式で表されます．

$$R_V = (N - 1) \times r_V \ \text{〔Ω〕} \tag{1.17}$$

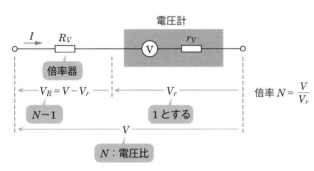

図 1.10 倍率器

column 累乗の計算

ゼロがたくさんある数を表すときに，累乗（10 を何乗したか）を用います．このときゼロの数を表す数字を**指数**と呼び，次のように表されます．

$$1 = 10^0 \qquad 10 = 10^1 \qquad 100 = 10^2$$

累乗の掛け算は

$$100 \times 10 = 10^2 \times 10^1 = 10^{2+1} = 10^3 = 1\,000$$

このように指数の足し算で計算します．割り算（分数）は

$$0.1 = 1 \div 10 = \frac{1}{10} = \frac{10^0}{10^1} = 10^{0-1} = 10^{-1}$$

このように指数の引き算で計算します．試験問題では抵抗の単位（〔kΩ〕，〔MΩ〕）や電流の単位（〔mA〕）などに接頭語が用いられることがあります．

補足

大きな数字や小さな数字の単位を表すため，接頭語が用いられます．これらの接頭語はよく使われるので覚えておきましょう．
T（テラ）$= 10^{12}$
G（ギガ）$= 10^9$
M（メガ）$= 10^6$
k（キロ）$= 10^3$
m（ミリ）$= 10^{-3}$
μ（マイクロ）$= 10^{-6}$
n（ナノ）$= 10^{-9}$
p（ピコ）$= 10^{-12}$

問 1 導線の単位長さ当たりの電気抵抗は，その導線の断面積を 3 倍にしたとき， ☐ 倍になる．

① $\dfrac{1}{9}$　　② $\dfrac{1}{3}$　　③ $\sqrt{3}$

解説　長さ l〔m〕（単位長さ $l = 1$〔m〕），断面積 S〔m²〕の導線の抵抗 R〔Ω〕は，次式で表されます．

$$R = \rho \frac{l}{S} \ \text{〔Ω〕} \tag{1}$$

式 (1) より，S を 3 倍にしたとき，R の値は **1/3** になります．

導線の抵抗は，長さに比例し，断面積に反比例するよ．

解答　②

問 2 断面が円形の導線の長さを 9 倍にしたとき，導線の抵抗値を変化させないようにするためには，導線の直径を ☐ 倍にすればよい．

① $\dfrac{1}{3}$　　② 3　　③ 9

解説　断面の直径が D〔m〕，長さが l〔m〕，抵抗率が $\overset{\text{ロー}}{\rho}$〔Ω·m〕の導線の抵抗 R〔Ω〕は，次式で表されます．

$$R = \rho \frac{4l}{\pi D^2} \ \text{〔Ω〕} \tag{1}$$

式 (1) より，l を 9 倍にしたとき，D^2 が 9 ならば R の値は変わらないので，直径 D を **3 倍**にすれば抵抗値は変化しません．

導線の断面積は直径の 2 乗に比例するよ．

導線の断面積あるいは直径の問題があるから注意してね．

解答　②

問 3 金属導体の抵抗値は，一般に，金属導体の温度が ☐ ．

①　上昇しても変わらない　　②　上昇すると減少する　　③　上昇すると増加する

解説　金属導体の抵抗値は，**温度が上昇すると増加**します．

解答　③

問4 図1.11に示す回路において，抵抗 R_1 に加わる電圧が20ボルトのとき，R_1 は，□□□ オームである．ただし，電池の内部抵抗は無視するものとする．

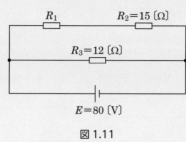

図1.11

① 4 ② 5 ③ 8

解説 問題文より，抵抗 R_1 〔Ω〕に加わる電圧 $V_1 = 20$〔V〕なので，図1.12 において，抵抗 R_2 に加わる電圧 $V_2 = E - V_1 = 80 - 20 = 60$〔V〕となります．$R_2$ に流れる電流 I_{12}〔A〕を求めると

$$I_{12} = \frac{V_2}{R_2} = \frac{60}{15} = 4 \text{〔A〕}$$

同じ値の電流 I_{12} が R_1 に流れるので，R_1 を求めると

$$R_1 = \frac{V_1}{I_{12}} = \frac{20}{4} = \mathbf{5} \text{〔Ω〕}$$

抵抗 R_2 に加わる電圧を求めて，R_1 と R_2 を流れる電流 I_{12} から求めます．

オームの法則
$$I = \frac{V}{R}, \quad R = \frac{V}{I}$$

R_3 は考えなくてもいいね．

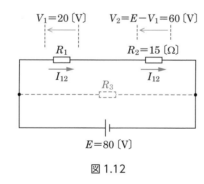

図1.12

解答 ②

問 5 図1.13 に示す回路において，抵抗 R_1 に流れる電流が 8 アンペアのとき，この回路に接続されている電池 E の電圧は，□□□ ボルトである．ただし，電池の内部抵抗は無視するものとする．

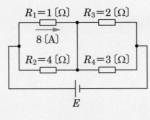

図 1.13

① 16   ② 20   ③ 24

解説 図1.14 において，抵抗 $R_1 = 1$〔Ω〕に流れる電流 $I_1 = 8$〔A〕から，R_1 に加わる電圧 V_{12}〔V〕を求めると

$$V_{12} = R_1 I_1 = 1 \times 8 = 8 \text{〔V〕}$$

R_1 と並列に接続された抵抗 $R_2 = 4$〔Ω〕に加わる電圧は $V_{12} = 8$〔V〕なので，R_2 に流れる電流 I_2〔A〕を求めると

$$I_2 = \frac{V_{12}}{R_2} = \frac{8}{4} = 2 \text{〔A〕}$$

電池 E〔V〕から流れる電流 I〔A〕は，$I = I_1 + I_2 = 8 + 2 = 10$〔A〕となります．抵抗 $R_3 = 2$〔Ω〕と $R_4 = 3$〔Ω〕の並列合成抵抗 R_{34}〔Ω〕を求めると

$$R_{34} = \frac{R_3 R_4}{R_3 + R_4} = \frac{2 \times 3}{2 + 3} = \frac{6}{5} = 1.2 \text{〔Ω〕}$$

R_3 と R_4 に加わる電圧 V_{34}〔V〕を求めると

$$V_{34} = R_{34} I = 1.2 \times 10 = 12 \text{〔V〕}$$

よって，電池の電圧 $E = V_{12} + V_{34} = 8 + 12 = \mathbf{20}$〔**V**〕となります．

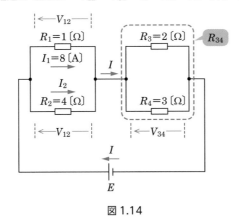

図 1.14

コツ
抵抗 R_1 を流れる電流がわかっているので，R_1 に加わる電圧 V_1 から求めます．

複雑な回路なので，問題に電圧や電流を書き込んでいくと間違いが少ないよ．試験問題の単位は記号ではなくて，読み方が書かれるよ．

オームの法則
$$I = \frac{V}{R}, \quad R = \frac{V}{I}$$

コツ
R_3 と R_4 を一つの合成抵抗にすれば，I より電圧を求めることができます．

解答 ②

問6　図1.15に示す回路において，100オームの抵抗に流れる電流Iが20ミリアンペア，200オームの抵抗に流れる電流I_2が2ミリアンペアであるとき，抵抗R_2は，□□□キロオームである．ただし，電池の内部抵抗は無視するものとする．

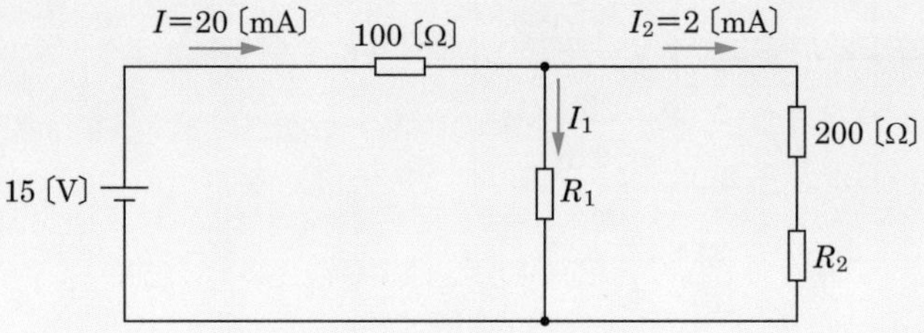

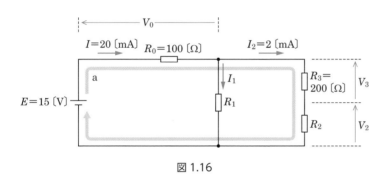

$I = 20$ 〔mA〕　100 〔Ω〕　　　$I_2 = 2$ 〔mA〕

I_1

200 〔Ω〕

15 〔V〕　　R_1

R_2

図1.15

① 5.2　　② 6.3　　③ 7.4

解説　図1.15より，図1.16の閉回路を考えて，キルヒホッフの第2法則を適用します．

V_0

$I = 20$ 〔mA〕　$R_0 = 100$ 〔Ω〕　　$I_2 = 2$ 〔mA〕

a　　　　　　　　　I_1　　$R_3 = 200$ 〔Ω〕　V_3

$E = 15$ 〔V〕　　　　R_1

R_2　V_2

図1.16

R_1は考えなくてもいいね．

コツ
100 〔Ω〕の抵抗R_0に流れる電流がわかっているので，この抵抗に加わる電圧V_0を求めます．

図1.16の抵抗$R_0 = 100 = 10^2$〔Ω〕に流れる電流$I = 20$〔mA〕$= 20 \times 10^{-3}$〔A〕から，R_0に加わる電圧V_0〔V〕を求めると

$$V_0 = R_0 I = 10^2 \times 20 \times 10^{-3} = 2 \times 10^{2+1-3} = 2 \text{〔V〕} \tag{1}$$

抵抗$R_3 = 200 = 2 \times 10^2$〔Ω〕に流れる電流$I_2 = 2$〔mA〕$= 2 \times 10^{-3}$から，$R_3$に加わる電圧$V_3$〔V〕を求めると

$$V_3 = R_3 I_2 = 2 \times 10^2 \times 2 \times 10^{-3} = 4 \times 10^{2-3} = 0.4 \text{〔V〕} \tag{2}$$

aの閉回路から，$V_0 + V_3 + V_2 = E$〔V〕が成り立つので，式（1）と式（2）を用いてV_2〔V〕を求めると

$$V_2 = E - V_0 - V_3 = 15 - 2 - 0.4 = 12.6 \text{〔V〕}$$

R_2に流れる電流はI_2なので，R_2〔Ω〕を求めると

$$R_2 = \frac{V_2}{I_2} = \frac{12.6}{2 \times 10^{-3}} = \frac{12.6}{2} \times 10^3 \text{〔Ω〕} = \mathbf{6.3} \text{〔kΩ〕}$$

補足
$10^{2+1-3} = 10^0 = 1$
$10^{-1} = 0.1$
$\dfrac{1}{10^{-3}} = 10^{-(-3)} = 10^3$

問題の答が三つしかないので，答の値からR_2に加わる電圧を出して閉回路の電圧が成り立つ値を求めてもいいよ．

解答　②

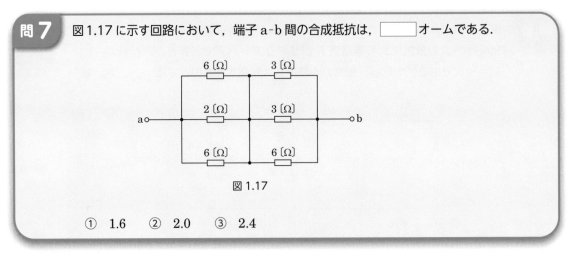

問7 図1.17に示す回路において，端子a-b間の合成抵抗は，□□□オームである.

図1.17

① 1.6　② 2.0　③ 2.4

解説　図1.17は，図1.18のように書き換えることができます.

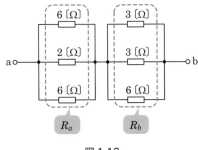

図1.18

電流が分かれるので，図1.17のままでは左と右の抵抗を直列回路として計算できないよ.

図1.18において，端子aに接続された三つの抵抗は並列接続なので，合成抵抗を R_a 〔Ω〕とすると，次式が成り立ちます.

$$\frac{1}{R_a} = \frac{1}{6} + \frac{1}{2} + \frac{1}{6} = \frac{1}{6} + \frac{3}{6} + \frac{1}{6} = \frac{5}{6}$$

よって　$R_a = \frac{6}{5} = 1.2$ 〔Ω〕　　　　　　　(1)

コツ
三つの並列接続では「和分の積」が使えないので抵抗の逆数の和を使って合成抵抗を求めます.

端子bに接続された三つの抵抗の合成抵抗を R_b 〔Ω〕とすると，次式が成り立ちます.

$$\frac{1}{R_b} = \frac{1}{3} + \frac{1}{3} + \frac{1}{6} = \frac{2}{6} + \frac{2}{6} + \frac{1}{6} = \frac{5}{6}$$

分数の和は分母を同じ値にして足すよ.

よって　$R_b = \frac{6}{5} = 1.2$ 〔Ω〕　　　　　　　(2)

端子a-b間の合成抵抗 R_{ab} 〔Ω〕は，R_a と R_b の直列抵抗なので，式(1)と式(2)より R_{ab} 〔Ω〕を求めると

$$R_{ab} = R_a + R_b = 1.2 + 1.2 = \mathbf{2.4}\ 〔Ω〕$$

逆数にしないと合成抵抗を求めることができないよ.

解答　③

問8 図 1.19 に示す回路において，抵抗 R_4 が ▢ オームであるとき，端子 a–b 間の合成抵抗は，1 オームである．

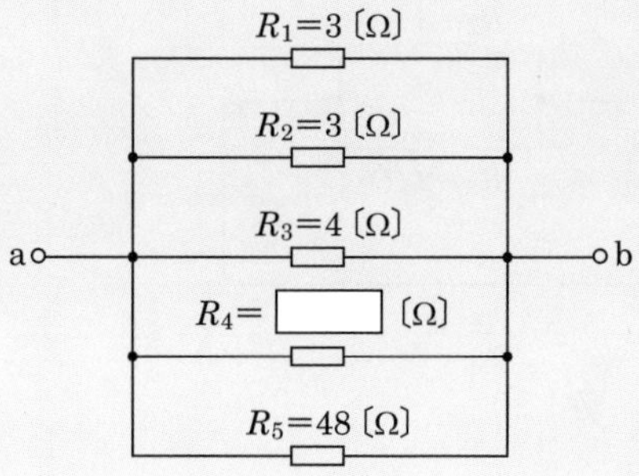

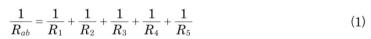

$R_1 = 3$ 〔Ω〕
$R_2 = 3$ 〔Ω〕
a $\circ$ —— $R_3 = 4$ 〔Ω〕 —— $\circ$ b
$R_4 = $ ▢ 〔Ω〕
$R_5 = 48$ 〔Ω〕

図 1.19

① 12　② 16　③ 24

解説　図 1.19 において，端子 a–b 間に接続された抵抗は並列接続なので，合成抵抗を R_{ab} とすると，次式が成り立ちます．

$$\frac{1}{R_{ab}} = \frac{1}{R_1} + \frac{1}{R_2} + \frac{1}{R_3} + \frac{1}{R_4} + \frac{1}{R_5} \tag{1}$$

ここで，式（1）に各抵抗の値を代入すると

$$\frac{1}{1} = \frac{1}{3} + \frac{1}{3} + \frac{1}{4} + \frac{1}{R_4} + \frac{1}{48}$$

分数の和を計算するために分母を 48 にそろえると

$$\frac{48}{48} = \frac{16}{48} + \frac{16}{48} + \frac{12}{48} + \frac{1}{R_4} + \frac{1}{48} \tag{2}$$

式（2）より $1/R_4$ を求めると

$$\frac{1}{R_4} = \frac{48 - 16 - 16 - 12 - 1}{48} = \frac{3}{48} = \frac{1}{16}$$

よって　$R_4 = \mathbf{16}$ 〔Ω〕

解答 ②

コツ
並列接続では抵抗の逆数の和が合成抵抗の逆数になります．

分数の和は分母を同じ値にして足すよ．

問9 図1.20に示す回路において，抵抗 R_1 に加わる電圧が10ボルトのとき，抵抗 R_3 で消費する電力は，□□□ワットである．

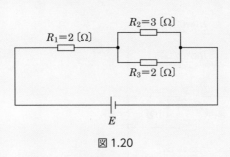

図1.20

① 8　② 18　③ 28

解説 図1.21（a）において，抵抗 $R_2 = 3$ 〔Ω〕と $R_3 = 2$ 〔Ω〕の並列合成抵抗 R_{23} 〔Ω〕を求めると

$$R_{23} = \frac{R_2 R_3}{R_2 + R_3} = \frac{3 \times 2}{3 + 2} = \frac{6}{5} = 1.2 \text{〔Ω〕}$$

図1.21（b）において，抵抗 $R_1 = 2$ 〔Ω〕に加わる電圧 $V_1 = 10$ 〔V〕から，R_1 に流れる電流 I 〔A〕を求めると

$$I = \frac{V_1}{R_1} = \frac{10}{2} = 5 \text{〔A〕}$$

並列合成抵抗 R_{23} 〔Ω〕を流れる電流は I 〔A〕なので，R_2 と R_3 に加わる電圧 V_{23} 〔V〕を求めると

$$V_{23} = R_{23} I = 1.2 \times 5 = 6 \text{〔V〕}$$

R_3 で消費する電力 P 〔W〕は，次式で表されます．

$$P = \frac{V_{23}^2}{R_3} = \frac{6^2}{2} = \frac{36}{2} = \mathbf{18} \text{〔W〕}$$

コツ

抵抗 R_2 と R_3 の並列合成抵抗から求めます．

並列抵抗を一つの抵抗としたものが R_{23} だよ．一つの抵抗として考えるので，加わる電圧を求めるときも R_{23} で計算してね．

$P = \dfrac{V^2}{R}$

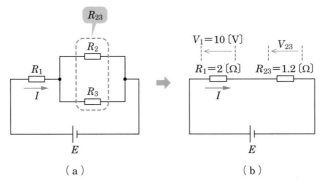

（a）　　　　　（b）

図1.21

解答 ②

問10

R オームの抵抗に I アンペアの電流を t 秒間流したときに発生する熱量は，□□□ ジュールである．

① IRt　② IR^2t　③ I^2Rt

解説　p.6 の式（1.15）より，R〔Ω〕の抵抗に I〔A〕の電流を t〔s〕の間流したときに発生する熱量 Q〔J〕は，次式で表されます．

$$Q = I^2Rt \;〔\mathbf{J}〕$$

解答　③

問11

図 1.22 に示すように，最大指示電流が 40 ミリアンペア，内部抵抗 r が 3 オームの電流計 A に，□□□ オームの抵抗 R を並列に接続すると，最大 240 ミリアンペアの電流 I を測定できる．

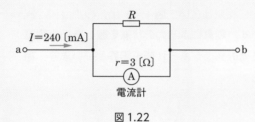

図 1.22

① 0.6　② 0.8　③ 1.2　④ 1.6　⑤ 2.4

解説　回路全体を流れる電流を $I = 240$〔mA〕，電流計を流れる電流を $I_A = 40$〔mA〕とすると，測定範囲の倍率 N は，次式で表されます．

$$N = \frac{I}{I_A} = \frac{240}{40} = 6 \tag{1}$$

電流計の内部抵抗 $r = 3$〔Ω〕と式（1）より，分流器の抵抗 R〔Ω〕は

$$R = \frac{r}{N-1} = \frac{3}{6-1} = \frac{3}{5} = \mathbf{0.6}\;〔Ω〕$$

解答　①

分流器 R_A は
$$R_A = \frac{r_A}{N-1}$$

補足

最大指示電流が流れたときの電流計に加わる電圧と，抵抗 R を流れる電流から R の値を求めることもできます．

1.2 電気磁気（静電気）

出題のポイント
- ●静電誘導とクーロンの法則
- ●静電容量の求め方
- ●コンデンサの直列接続と並列接続の合成容量の求め方
- ●静電エネルギーの求め方

1 静電気

物体を摩擦すると静電気が発生します．このとき物体の持つ電気を**電荷**といいます．電荷には，プラス（＋）とマイナス（−）があり，図1.23（a）のように，同じ種類の電荷どうしは互いに反発し合い，図1.23（b）のように，異なる種類の電荷は互いに引き合います．電気による力の状態を表した線を**電気力線**といいます．また，電気による力の影響がある状態を**電界**といいます．電気力線の向きは電界の向きを表します．

電気力線や磁石から発生する磁力線は，電気や磁気の影響が及ぼすところを表す仮想な線だよ．
電荷に近いところの密度が大きいから影響も大きいね．

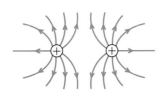
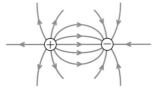

（a）同種の電荷　　　　　（b）異種の電荷

図1.23　電気力線

電気的な性質は物質中の電子によって生じます．電子が多いか少ないかによって静電気の性質が表れます．その電子が移動すると電流が流れます．電子はマイナスの電荷を持っているので電流の向きと反対方向に移動します．

2 クーロンの法則

図1.24のように真空中で r 〔m〕離れた二つの点電荷 Q_1，Q_2 〔C〕の間に働く力の大きさ F 〔N〕は，次式で表されます．

$$F = k\frac{Q_1 Q_2}{r^2} \text{〔N〕} \tag{1.18}$$

ただし，k は空間によって定まる定数で，真空中では，$k \fallingdotseq 9 \times 10^9$

補足
≒は約を表す記号です．
静電気力は，電荷の大きさに比例して，距離の2乗に反比例します．

静電気によって生じる力は，図1.24のように，**同種の電荷には反発し合う力**が働き，**異種の電荷には引き合う力**が働きます．

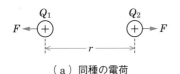
（a）同種の電荷

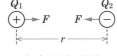
（b）異種の電荷

図 1.24　クーロンの法則

3 静電誘導

図 1.25 のようにプラスに帯電している物体 a を帯電していない導体 b に近づけると，導体 b において，物体 a に近い側には異種のマイナスの電荷が，遠い側にはプラスの電荷が生じます．ま

図 1.25　静電誘導

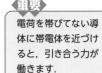
重要
電荷を帯びてない導体に帯電体を近づけると，引き合う力が働きます．

た，マイナスに帯電している物体 a を近づけると，a に近い側にはプラスの電荷が，遠い側にはマイナスの電荷が生じます．この現象を**静電誘導**といいます．

4 静電容量

図 1.26 のように 2 枚の金属板を平行に置き，金属板の間に V〔V〕の電圧を加えると，金属板には電荷 Q〔C〕が蓄えられます．このとき静電容量を C〔F〕とすると，次式が成り立ちます．

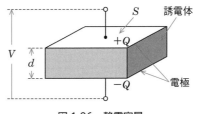

図 1.26　静電容量

静電容量は，同じ電圧を加えたときにどのくらいの電気量（電荷）を蓄えられるかを表すよ．

$$Q = CV \ \text{〔C〕} \tag{1.19}$$

電圧 V〔V〕や静電容量 C〔F〕は，次式で表されます．

$$V = \frac{Q}{C} \ \text{〔V〕} \tag{1.20}$$

$$C = \frac{Q}{V} \ \text{〔F〕} \tag{1.21}$$

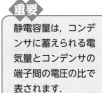
重要
静電容量は，コンデンサに蓄えられる電気量とコンデンサの端子間の電圧の比で表されます．

電荷を蓄えることができる部品を**コンデンサ**といいます．図 1.26 に示す平行平板形のコンデンサの電極の面積を S〔m²〕，電極の間隔を d〔m〕，誘電体の誘電率を ε〔F/m〕とすると，平行平板コンデンサの静電容量 C〔F〕は，次式で表されます．

$$C = \varepsilon \frac{S}{d} \ \text{〔F〕} \tag{1.22}$$

ここで，$\varepsilon = \varepsilon_r \varepsilon_0$　ただし，ε_r は比誘電率，ε_0 は真空の誘電率

重要
静電容量を大きくするには，①電極板の面積を大きくする．②電極板の間隔を狭くする．③誘電率の大きい物質を挿入する．の三つの方法があります．

[1] 直列接続

コンデンサを図1.27 (a) のように直列接続したとき，合成静電容量を C_S [F] とすると，次式が成り立ちます．

$$\frac{1}{C_S} = \frac{1}{C_1} + \frac{1}{C_2} + \frac{1}{C_3} \tag{1.23}$$

コンデンサが二つの場合は次式によって求めることができます．

$$C_S = \frac{C_1 C_2}{C_1 + C_2} \text{ [F]} \tag{1.24}$$

[2] 並列接続

コンデンサを図1.27 (b) のように並列接続したとき，合成静電容量 C_P [F] は，次式で表されます．

$$C_P = C_1 + C_2 + C_3 \text{ [F]} \tag{1.25}$$

補足

オームの法則の電圧 V，電流 I，抵抗 R の関係は

$$I = \frac{V}{R}$$

コンデンサの電圧 V，電荷 Q，静電容量 C の関係は

$$Q = CV$$

これらの式より抵抗と静電容量は逆数の関係となって，抵抗の接続とコンデンサの接続では，直列と並列の計算式が逆の関係になります．

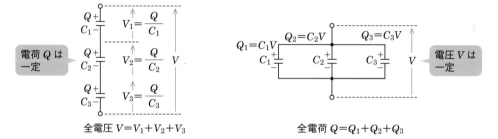

全電圧 $V = V_1 + V_2 + V_3$　　　　全電荷 $Q = Q_1 + Q_2 + Q_3$

（a）直列接続　　　　　　　　（b）並列接続

図1.27　コンデンサの接続

5　コンデンサに蓄えられるエネルギー

コンデンサは電荷によって，電気エネルギーを蓄えることができます．電圧が V [V]，電荷が Q [C]，静電容量が C [F] のとき，エネルギー W [J] は次式で表されます．

$$W = \frac{1}{2} QV = \frac{1}{2} CV^2 \text{ [J]} \tag{1.26}$$

$Q = CV$ により，式を変形するよ．

問 1

電荷を帯びていない導体球に帯電体を接触させないように近づけたとき，両者の間には

☐ ．

①　力は働かない　　　②　引き合う力が働く　　　③　反発し合う力が働く

解説 電荷を帯びてない導体に帯電体を近づけると，**引き合う力が働きます**．これを静電誘導といいます．

解答 ②

コンデンサに蓄えられる電気量とそのコンデンサの端子間の□□□との比は，静電容量といわれる．
　① 電圧　　② 静電力　　③ 電荷

解説 コンデンサに蓄えられる電気量（電荷）を Q〔C〕，端子電圧を V〔V〕とすると，静電容量 C〔F〕は，次式で表されます．

$$C = \frac{Q}{V} \text{〔V〕}$$

補足
電気量は電荷のことです．

　したがって，静電容量 C〔F〕は電気量 Q〔C〕と**電圧** V〔V〕の比で表されます．

解答 ①

問 3 平行板コンデンサにおいて，両極板間に V ボルトの直流電圧を加えたところ，一方の極板に $+Q$ クーロン，他方の極板に $-Q$ クーロンの電荷が現れた．このコンデンサの静電容量を C ファラドとすると，これらの間には，$Q = $ □□□ の関係がある．

　① $\dfrac{1}{2}CV$　　② CV　　③ $2CV$

解説 p.17の式 (1.19) より，平行板コンデンサに加えた電圧 V〔V〕，静電容量 C〔F〕，電荷 Q〔C〕には次式の関係が成り立ちます．

$$Q = \boldsymbol{CV} \text{〔C〕}$$

解答 ②

問 4 平行電極板で構成されるコンデンサの静電容量を大きくするには，□□□□する方法がある．
　① 電極板の面積を小さく
　② 電極板の間隔を広く
　③ 電極板間に誘電率の大きな物質を挿入

解説 コンデンサの静電容量を大きくするには，「電極板の面積 S を大きくする」，「電極板の間隔 d を狭くする」，「**電極板間に誘電率 ε の大きな物質を挿入する**」の三つの方法があります．

補足
$$C = \varepsilon \frac{S}{d}$$
の式で表されます．

解答 ③

1.3 電気磁気（電流と磁気，単位）

- ●電磁力とフレミングの左手の法則
- ●電流の流れている導線間に働く力
- ●コイルのインダクタンス求め方
- ●磁気回路のオームの法則
- ●国際単位の表し方

1 物質の電気的・磁気的な性質

　電気を通しやすい銀，銅，金，アルミニウム，鉄，鉛などの金属を**導体**といい，電気を通しにくいビニール，プラスチック，ガラス，油，空気などを**絶縁体**といいます．導体と絶縁体の中間の電気を通しやすい性質を持ったものを**半導体**といい，ゲルマニウムやシリコンなどがあります．導体は温度が上がると抵抗率が増加しますが，半導体は温度が上がると抵抗率が減少する特徴があります．

　磁気的な性質を磁化といい，磁化する物質を磁性体といいます．鉄やニッケルなどの金属に磁石を近づけると，磁石に近い側に反対の磁極が生じて磁石との間に引き合う力が働きます．磁気誘導を生じる鉄，ニッケル，コバルトなどの物質を強磁性体といい，加えた磁気と同じ方向に磁化されます．加えた磁気と反対方向にわずかに磁化される銅や銀などは反磁性体といいます．

抵抗率は面積 1〔m²〕で長さ 1〔m〕の物質の抵抗値だよ．

補足

半導体は，他の物質（ヒ素やホウ素など）をすこし混ぜて，トランジスタの材料などに用いられます．

2 右ねじの法則

　導線に電流を流すと図 1.28（a）のように導体のまわりに回転する磁力線が発生します．この状態を表す法則を**アンペアの右ねじの法則**といいます．図 1.28（b）のように導線を巻いた部品を**コイル**といい，磁力線の向きは図のようになります．また，磁気による力の影響がある状態を**磁界**といいます．

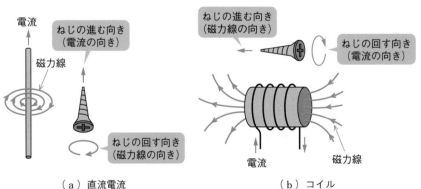

（a）直流電流　　　　　　（b）コイル

図 1.28　アンペアの右ねじの法則

直線状電流⇔進む向き，磁界⇔回す向き．回転電流⇔回す向き，磁界⇔進む向きだよ．

3 磁界中の電流に働く力とフレミングの左手の法則

　磁界の中に電流の流れている導線を置くと導線に電磁力が生じます．この方向を表すのが**フレミングの左手の法則**です．図 1.29 のように左手の親指，人さし指，中指を互いに直角に開き，**人さし指を磁界の方向**，**中指を電流の方向**に合わせると**親指が力の方向**を表します．

補足
磁力線の向きは磁界の向きを表します．

長い中指から順番に，電・磁・力と覚えてね．

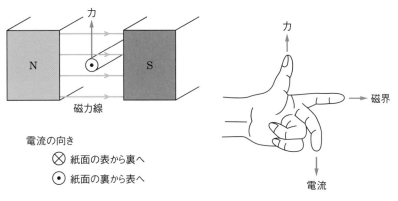

電流の向き
　⊗ 紙面の表から裏へ
　⊙ 紙面の裏から表へ

図 1.29　フレミングの左手の法則

4 導線間に働く力

　図 1.30 のように 2 本の導線が平行に置かれているとき，導線に互いに**同じ向きに直流電流を流すと互いに引き合う力**が働き，互いに**反対向きに直流電流を流すと互いに反発し合う力**が働きます．

同じ向きが引き合う力で，反対向きが反発し合う力だよ．静電気は同じ種類が反発だよ．間違わないでね．

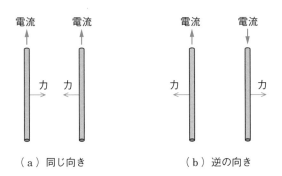

（a）同じ向き　　　　（b）逆の向き

図 1.30　導線間の力

5 電磁誘導とフレミングの右手の法則

　一様な磁界中にある導線を移動させると導線に起電力（電圧）が発生します．これを**電磁誘導**と呼び，これらの向きを表すのが**フレミングの右手の法則**です．右手の親指，人さし指，中指を互いに直角に開き，人さし指を磁界の向き，親指を力の向きに合わせると中指が起電力の向きを表します．

補足
起電力は，電力ではなく電圧が発生することです．

6 | 磁界と磁束

電流が流れると発生する磁気の大きさは磁界 H 〔A/m〕で表されます．空気や鉄などの磁界が存在する空間の媒質による値を**透磁率**と呼び μ 〔H/m〕で表します．コイルなどの磁界が通過する断面積を S 〔m²〕とすると，磁束 Φ 〔Wb〕は次式で表されます．

$$\Phi = \mu H S \ [\text{Wb}] \tag{1.27}$$

真空の透磁率を μ_0 とすると，媒質（磁性体）の透磁率は $\mu = \mu_r \mu_0$ で表されます．このとき，μ_r を**比透磁率**と呼びます．

7 | ファラデーの法則

図 1.31 のように，断面積 S 〔m²〕のコイルを通過する磁束 Φ 〔Wb〕が，微小時間 Δt 〔s〕の間に微小な変化 $\Delta\Phi$ 〔Wb〕するとき，コイルに誘導起電力 e 〔V〕が発生します．これを**ファラデーの法則**と呼び，コイルの巻数を N 回とすると，誘導起電力の大きさは次式で表されます．

補足
Δ は少ない量を表します．

$$e = N\frac{\Delta\Phi}{\Delta t} \ [\text{V}] \tag{1.28}$$

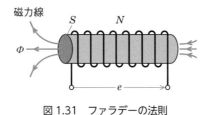

図 1.31　ファラデーの法則

磁束が変化しないと起電力は発生しないよ．

8 | コイルの接続

[1] コイルのインダクタンス

コイルの磁束は電流によって発生するので，電流が変化すると起電力が発生します．発生する起電力の大きさによって定まるコイルの定数を**インダクタンス** L 〔H〕と呼びます．

微小時間 Δt 〔s〕の間に電流が微小変化 ΔI 〔A〕するとき，コイルに発生する誘導起電力 e 〔V〕は次式で表されます．

補足
コイルに流れる電流が変化しないと電圧は発生しないので，直流電流を流しても電圧は発生しません．交流電流を流したときに電圧が発生します．

$$e = L\frac{\Delta I}{\Delta t} \ [\text{V}] \tag{1.29}$$

コイルの**インダクタンスを大きくする**には，次の方法があります．

① コイルの**巻数を増やす**．

② コイルの**断面積を大きくする**．（直径を大きくする．）

③ **コイルの中心に比透磁率の大きな磁性体を挿入する**．

重要
コイルのインダクタンスを大きくするには，次の方法があります．①巻数を増やす．②断面積を大きくする．③比透磁率の大きな磁性体を挿入する．

[2] 直列接続

互いの磁束が影響しない状態のコイルを図1.32 (a) のように直列接続したとき，合成インダクタンス L_S 〔H〕の値は次式で表されます．

$$L_S = L_1 + L_2 + L_3 \;[\text{H}] \tag{1.30}$$

[3] 並列接続

互いの磁束が影響しない状態のコイルを図1.32 (b) のように並列接続したとき，合成インダクタンス L_P 〔H〕とすると，次式が成り立ちます．

$$\frac{1}{L_P} = \frac{1}{L_1} + \frac{1}{L_2} + \frac{1}{L_3} \tag{1.31}$$

コイルを接続したときの計算法は，抵抗と同じだよ．

コイルが二つの場合は次式によって求めることができます．

$$L_P = \frac{L_1 L_2}{L_1 + L_2} \;[\text{H}] \tag{1.32}$$

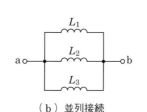

（a）直列接続　　　　　（b）並列接続

図1.32　コイルの接続

9　磁気回路

図1.33のように，環状鉄心に導線を N 回巻いた環状コイルに電流 I 〔A〕が流れているとき，鉄心の平均円周を l 〔m〕，真空の透磁率を μ_0，鉄心の比透磁率を μ_r，鉄心の透磁率を $\mu = \mu_r \mu_0$，断面積を S 〔m^2〕とすると，鉄心内の磁束 $\varPhi$ 〔Wb〕は次式で表されます．

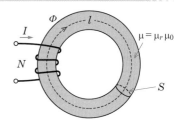

図1.33　磁気回路

$$\varPhi = \frac{\mu_r \mu_0 SNI}{l} \;[\text{Wb}] \tag{1.33}$$

ここで，次式のように起磁力を F_m 〔A〕，磁気抵抗を R_m 〔H^{-1}〕とすると

$$F_m = NI \ [\text{A}] \tag{1.34}$$

$$R_m = \frac{l}{\mu_r \mu_0 S} \ [\text{H}^{-1}] \tag{1.35}$$

起磁力と磁気抵抗を用いて，磁束 $\varPhi$ 〔Wb〕は次式で表すことができます．

$$\varPhi = \frac{F_m}{R_m} \ [\text{Wb}] \tag{1.36}$$

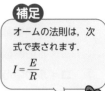

磁束 $\varPhi$ を電流 I に，起磁力 F_m を起電力 E に，磁気抵抗 R_m を抵抗 R に置き換えたときに，電気回路のオームの法則と同様に計算することができるので，式（1.36）の関係を**磁気回路のオームの法則**といいます．

10 電気磁気などに関する単位

電気磁気量は国際単位系（SI）で表されます．それらの量及び単位の名称と単位記号などを次の表 1.1 に示します．

表 1.1　電磁気などの単位

量	名称及び単位記号	量記号	量記号と関係する式と単位
長さ	メートル〔m〕	l	
質量	キログラム〔kg〕	m	
時間	秒〔s〕	t	
力	ニュートン〔N〕	F	
仕事（エネルギー）	ジュール〔J〕	W	$W = P \times t$ 〔W・s〕
電流	アンペア〔A〕	I	$I = \dfrac{V}{R}$ 〔V/Ω〕
電圧	ボルト〔V〕	V	$V = \dfrac{P}{I}$ 〔W/A〕
抵抗	オーム〔Ω〕	R	$R = \dfrac{V}{I}$ 〔V/A〕
電力	ワット〔W〕	P	$P = V \times I$ 〔V・A〕
電荷	クーロン〔C〕	Q	$Q = I \times t$ 〔A・s〕
磁束	ウェーバ〔Wb〕	$\varPhi$	$\varDelta\varPhi = V \times \varDelta t$ 〔V・s〕
静電容量	ファラド〔F〕	C	$C = \dfrac{Q}{V}$ 〔C/V〕
インダクタンス	ヘンリー〔H〕	L	$L = \dfrac{\varDelta\varPhi}{\varDelta I}$ 〔Wb/A〕
周波数	ヘルツ〔Hz〕	f	$f = \dfrac{1}{t}$ 〔1/s〕

問 1

磁界中に置かれた導体に電流が流れると，電磁力が生ずる．フレミングの左手の法則では，左手の親指，人差し指，中指をそれぞれ直角にし，親指を電磁力の方向とすると，□□□の方向となる．

① 人差し指は電流，中指は磁界 　② 人差し指は電流，中指は起電力

③ 人差し指は磁界，中指は電流 　④ 人差し指は磁界，中指は起電力

解説 p.21 の図 1.29 のように左手の親指，人さし指，中指を互いに直角に開き，親指が力の方向とすると，**人さし指は磁界**の方向，**中指は電流**の方向となります．

中指から電・磁・力だよ．

解答 ③

問 2

平行に置かれた 2 本の直線状の電線に，互いに反対向きに直流電流を流したとき，両電線間には□□□．

① 互いに反発し合う力が働く

② 互いに引き合う力が働く

③ 引き合う力も反発し合う力も働かない

解説 p.21 の図 1.30 のように 2 本の導線が平行に置かれているとき，互いに反対向きに直流電流を流すと互いに**反発し合う力が働きます**．

反対向きが引き合うよ．

解答 ①

問 3

コイルのインダクタンスを大きくするには，□□□方法がある．

① コイルの中心に比透磁率の大きい磁性体を挿入する

② 巻線の断面積を小さくする

③ 巻線の巻数を少なくする

解説 コイルのインダクタンスを大きくするには，「**コイルの中心に比透磁率の大きい磁性体を挿入する**」，「巻き線の断面積を大きくする」，「巻線の巻数を多くする」の三つの方法があります．

解答 ①

問4 磁気回路において，磁束を ϕ，起磁力を F，磁気抵抗を R とすると，これらの間には，$\phi = \boxed{}$ の関係がある．

① $\dfrac{F}{R}$ ② $\dfrac{R}{F}$ ③ RF

解説 p.24 の式 (1.36) より，磁束 ϕ は起磁力 F と磁気抵抗 R を用いて次式のように表すことができます．

$$\phi = \frac{F}{R}$$

解答 ①

問5 電荷量の単位であるクーロンと同じ単位は，$\boxed{}$ である．

① アンペア・秒   ② ワット・秒   ③ ボルト・秒

解説 p.24 の表 1.1 より，電荷 Q 〔C〕は $I \times t$ 〔A・s〕と表すことができます．

解答 ①

問6 静電容量の単位であるファラドと同一の単位は，$\boxed{}$ である．

① ボルト／アンペア   ② ジュール／クーロン   ③ クーロン／ボルト

解説 p.24 の表 1.1 より，電荷 C 〔F〕は Q/V 〔C/V〕と表すことができます．

解答 ③

1.4 交流回路

出題のポイント
- ●コイルとコンデンサに流れる交流電流と電圧の位相
- ●リアクタンス，インピーダンスの値の求め方
- ●インピーダンスの電流と電圧の求め方
- ●直列共振回路の特性
- ●ひずみ波交流の周波数成分

1 交 流

図 1.34 のように時間とともに電圧や電流の大きさや向きが変化する電気を**交流**といいます．商用電源を送る電灯線の電圧や電流は交流で，電池の電圧や電流は直流です．

図 1.34 の交流波形は + − に変化する状態を繰り返します．一つのサイクルを繰り返す時間を**周期** T 〔s〕と呼び，1 秒間の周期の数を**周波数** f 〔Hz〕といいます．

図 1.34 の交流電源の正弦波電圧 v 〔V〕と電流 i 〔A〕は三角関数を用いて表します．三角関数は三角形の角度の関数なので，θ 〔rad〕または〔°〕の単位で表されますが，時間

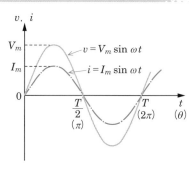

図 1.34　正弦波交流の電圧と電流

とともに変化する電圧は，時間 t 〔s〕を角度に変換する角周波数 ω 〔rad/s〕を用いて，次式で表されます．

$$v = V_m \sin \theta = V_m \sin \omega t \ \text{〔V〕} \tag{1.37}$$
$$i = I_m \sin \theta = I_m \sin \omega t \ \text{〔A〕} \tag{1.38}$$

ω は周波数 f 〔Hz〕を用いると，$\omega = 2\pi f$ で表されます．

ただし，π は円周率 $\pi ≒ 3.14$ です．

交流は，時間とともに電圧や電流の大きさが変化するので，直流と比較して同じ働き（熱や明るさなど）ができる大きさを表す量が必要です．これを**実効値**といい，一般に交流は実効値で表されます．図 1.34 の正弦波交流電圧の最大値を V_m 〔V〕とすると，実効値 V 〔V〕は，次式で表されます．

$$V = \frac{V_m}{\sqrt{2}} ≒ \frac{V_m}{1.4} ≒ 0.7 \times V_m \ \text{〔V〕} \tag{1.39}$$

> 家庭のコンセントの電気は 100〔V〕だけど，最大値は 140〔V〕だね．周波数は東日本では 50〔Hz〕，西日本では 60〔Hz〕だよ．

商用電源（電灯線）の電圧の実効値 V は 100〔V〕，その最大値 V_m は約 140〔V〕です．

2 交流回路

[1] 抵抗

抵抗 R〔Ω〕に交流の電圧 v_R〔V〕が加わっているとき，直流と同じように電流 i_R〔A〕が流れます．このとき，電圧と電流の関係を図に示すと図 1.35 のようになります．電圧と電流は時間的なずれがないので，このような関係を電圧と電流は同位相であるといいます．交流電圧の実効値を V〔V〕とすると，回路を流れる電流の実効値 I_R〔A〕は次式で表されます．

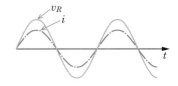

図 1.35　抵抗の電圧と電流

$$I_R = \frac{V}{R} \text{〔A〕} \tag{1.40}$$

[2] リアクタンス

コイル（インダクタンス）やコンデンサ（静電容量）に交流電圧を加えると電流が流れるのを妨げる作用があります．これを**リアクタンス**といい，単位は抵抗と同じオーム（記号〔Ω〕）です．交流の周波数を f〔Hz〕，コイルのインダクタンスを L〔H〕，コンデンサの静電容量を C〔F〕とすると，**コイルのリアクタンス** X_L〔Ω〕，**コンデンサのリアクタンス** X_C〔Ω〕は，次式で表されます．

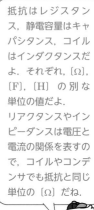

抵抗はレジスタンス，静電容量はキャパシタンス，コイルはインダクタンスだよ．それぞれ，〔Ω〕，〔F〕，〔H〕の別な単位の値だよ．リアクタンスやインピーダンスは電圧と電流の関係を表すので，コイルやコンデンサでも抵抗と同じ単位の〔Ω〕だね．

$$X_L = \omega L = 2\pi f L \text{〔Ω〕} \tag{1.41}$$

$$X_C = \frac{1}{\omega C} = \frac{1}{2\pi f C} \text{〔Ω〕} \tag{1.42}$$

コイルのリアクタンスは周波数が高くなるほど大きくなり，コンデンサのリアクタンスは周波数が高くなるほど小さくなります．

回路を流れる電流の実効値を I〔A〕とすると，コイルとコンデンサの電圧の実効値 V_L, V_C〔V〕は次式で表されます．

$$V_L = X_L I \text{〔V〕} \tag{1.43}$$

$$V_C = X_C I \text{〔V〕} \tag{1.44}$$

重要

$$V = XI$$
$$I = \frac{V}{X}$$
$$X = \frac{V}{I}$$

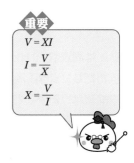

また，図 1.36 のように，コイルやコンデンサの電流と電圧は時間的なずれが生じます．これを**位相差**といいます．位相差は角度（〔°〕または〔rad〕）で表され，1 周期を 360〔°〕（2π〔rad〕）として表します．**電流を基準とするとコイルの電圧は 90〔°〕（$\pi/2$〔rad〕）進み，コンデンサの電圧は 90〔°〕（$\pi/2$〔rad〕）遅れ**ます．電圧を基準とするとコイルの電流は 90〔°〕（$\pi/2$〔rad〕）遅れ，コンデンサの電流は 90〔°〕（$\pi/2$〔rad〕）進みます．

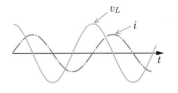

（a）コイルの電圧と電流

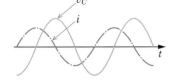

（b）コンデンサの電圧と電流

図1.36　コイルとコンデンサ

重要

コイル（インダクタンス）に流れる電流の位相に対して，電圧の位相は90〔°〕進みます．インダクタンスと抵抗の直列回路でも電流の位相に対して，電圧の位相は90〔°〕までの範囲で進みます．

電圧と電流の関係は，図1.37のようなベクトル図で表すことができます．$\dot{V}$ や $\dot{I}$ のように・が付いている記号は，複素数で表されるベクトル量です．

（a）電流と抵抗の電圧

（b）電流とコイルの電圧

（c）電流とコンデンサの電圧

図1.37　ベクトル図

[3] コイルとコンデンサのリアクタンス

電流を基準とすると，コイルの電圧 V_L の位相が 90〔°〕（$\pi/2$〔rad〕）進み，コンデンサの電圧 V_C の位相は 90〔°〕（$\pi/2$〔rad〕）遅れます．したがって，V_L と V_C の位相差は 180〔°〕（π〔rad〕）の逆位相となるので，V_L を＋とすると V_C は－として計算します．同様に，コイルのリアクタンス X_L〔Ω〕とコンデンサのリアクタンス X_C〔Ω〕は，X_L を＋として X_C を－として計算します．

[4] インピーダンス

抵抗 R〔Ω〕，コイルやコンデンサのリアクタンス X_L〔Ω〕，X_C〔Ω〕が直列や並列に接続された回路全体の交流の電流を妨げる値を**インピーダンス** Z〔Ω〕といいます．抵抗やリアクタンスのみの場合でもインピーダンスということもあります．抵抗やリアクタンスが接続されたインピーダンスを求めるときは，抵抗とリアクタンスに生じる電圧の位相が 90〔°〕（$\pi/2$〔rad〕）異なるので，単純な代数和では求める事ができません．そこで，ベクトル図を用います．図1.38（a）の回路図のベクトル図は図1.38（b）のようになり，回路に加わる電圧 V〔V〕と抵抗とコイルの電圧 V_R，V_L〔V〕は，直角三角形の三平方の定理を用いて，次式のように表すことができます．

コイルは電流が変化しようとすると電圧が発生するので，電流がすぐには流れないんだね．なので電流の位相は電圧より遅れるんだね．コンデンサは電流が流れると電荷が貯まって電圧が上がるので，電圧の位相は電流より遅れるんだよ．

$$V = \sqrt{V_R{}^2 + V_L{}^2}\ \text{〔V〕} \tag{1.45}$$

$V_R = RI$，$V_L = X_L I$ の関係から，図1.38（a）の直列回路のインピーダンス Z〔Ω〕は，次式で表されます．

重要

コイルとコンデンサが直列接続しているときのリアクタンスの大きさ X〔Ω〕は $X = |X_L - X_C|$ によって求めます．

$$Z = \sqrt{R^2 + X_L{}^2}\ \text{〔Ω〕} \tag{1.46}$$

図 1.38 (a) の直列回路に流れる電流 I 〔A〕は，次式で表されます.

$$I = \frac{V}{Z} = \frac{V}{\sqrt{R^2 + X_L{}^2}} \ [\text{A}] \tag{1.47}$$

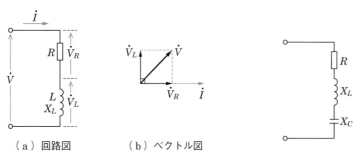

（a）回路図　　（b）ベクトル図

図 1.38　インピーダンス回路　　　図 1.39　直列共振回路

[5] 共振回路

　図 1.39 のようにコイルとコンデンサを接続した回路を**直列共振回路**といいます．直列回路の合成インピーダンス Z 〔Ω〕は，次式で表されます.

$$Z = \sqrt{R^2 + (X_L - X_C)^2} = \sqrt{R^2 + \left(\omega L - \frac{1}{\omega C}\right)^2} \ [\Omega] \tag{1.48}$$

補足

$X_L - X_C$ の値が−となっても，2 乗するので，−の符号はなくなります．

　電源の周波数 f 〔Hz〕を変化させていくと，周波数がある値のときに，回路のリアクタンス $(X_L - X_C)$ 〔Ω〕の値が 0 〔Ω〕となります．このとき，**共振**したといい，**インピーダンスは最小** $(Z = R)$，**回路を流れる電流は最大**になります．このときの周波数を**共振周波数** f_r 〔Hz〕と呼び，次式で表されます.

$$f_r = \frac{1}{2\pi\sqrt{LC}} \ [\text{Hz}] \tag{1.49}$$

重要

直列共振回路のインピーダンスは，共振時に最小になります．

　また，コイルとコンデンサを並列に接続した回路を**並列共振回路**と呼びます．並列共振回路が共振したときの**インピーダンスは最大**となり，**電流は最小**になります.

3 ひずみ波交流

　図 1.40 のように，正弦波ではない周期波形は，基本波とその整数倍の正弦波の合成波として表されます．このとき，基本波の周波数 f 〔Hz〕の 2 倍，3 倍，…n 倍の周波数成分を**高調波**と呼びます.

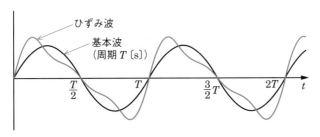

図1.40　ひずみ波交流

補足

一般にトランジスタなどの半導体素子を用いた増幅回路に正弦波を入力すると，出力波形が入力波形と異なり，ひずみが発生します。

問 1

抵抗とインダクタンスの直列回路の両端に交流電圧を加えたとき，電圧の位相は，流れる電流の位相に対して，_____．

① 同じである　② 遅れている　③ 進んでいる

解説　流れる電流を基準とすると，抵抗の電圧は同位相で，インダクタンス（コイル）の電圧は 90〔°〕（$\pi/2$）**進む**ので，それらの和の電圧も位相が進んでいます．

出る

インダクタンスがコイルという表現になっている問題も出題されています．

解答 ③

問 2

図1.41 に示す回路において，端子 a–b 間に 45 ボルトの交流電圧を加えたとき，この回路に流れる電流は，_____アンペアである．

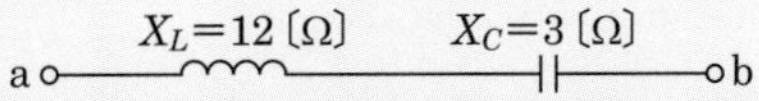

$$X_L = 12 \,[\Omega] \qquad X_C = 3 \,[\Omega]$$

a ○———〔コイル〕———〔コンデンサ〕———○ b

図1.41

① 3　② 5　③ 9

解説　コイルのリアクタンス $X_L = 12$〔Ω〕，コンデンサのリアクタンス $X_C = 3$〔Ω〕より，合成リアクタンス $X = X_L - X_C = 12 - 3 = 9$〔Ω〕なので，交流電圧を V〔V〕とすると，回路を流れる電流 I〔A〕は次式で表されます．

$$I = \frac{V}{X} = \frac{45}{9} = 5 \,[\text{A}]$$

解答 ②

コイルとコンデンサのリアクタンスの大きさは，どちらかの大きい値から小さい値を引いて求めてね．

出る

電流がわかっていて電圧を求める問題も出題されています．

問3 図1.42 に示す回路において，端子 a-b 間に 65 ボルトの交流電圧を加えたとき，回路に流れる電流が 5 アンペアであった．この回路の誘導性リアクタンス X_L は，□□□オームである．

$$a \circ\!\!-\!\!\boxed{R=5\,[\Omega]}\!\!-\!\!\curvearrowright\!\!-\!\!\circ b$$
$$X_L$$

図1.42

① 12　② 13　③ 15

解説　交流電圧を V [V]，電流を I [A] とすると，抵抗とリアクタンスのインピーダンス Z [Ω] は，次式で表されます．

$$Z = \frac{V}{I} = \frac{65}{5} = 13 \ [\Omega] \tag{1}$$

抵抗 R [Ω] とリアクタンス X_L [Ω] より，インピーダンス Z [Ω] は次式で表されます．

$$Z = \sqrt{R^2 + X_L{}^2} \ [\Omega] \tag{2}$$

式 (2) に式 (1) （$Z = 13$）と $R = 5$ を代入して

$$13 = \sqrt{5^2 + X_L{}^2} \ [\Omega] \tag{3}$$

式 (3) の両辺を 2 乗して X_L を求めると

$$169 = 25 + X_L{}^2$$
$$X_L{}^2 = 169 - 25 = 144 = 12^2 \quad よって \quad X_L = \mathbf{12} \ [\Omega]$$

> 抵抗 R とリアクタンス X_L を直列接続したインピーダンス Z が 13 [Ω] だからリアクタンス X_L は 13 [Ω] よりも小さいので答は①しかないね．ここまで計算すればわかるね．選択肢の値に注意しながら計算してね．

解答　①

問4 図1.43 に示す回路において，端子 a-b 間に 6.0 アンペアの交流電流が流れているとき，端子 a-b 間の交流電圧は，□□□ボルトである．

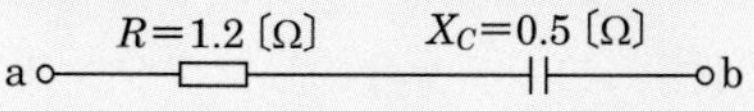

$$a \circ\!\!-\!\!\boxed{R=1.2\,[\Omega]}\!\!-\!\!\dashv\vdash\!\!-\!\!\circ b$$
$$X_C=0.5\,[\Omega]$$

図1.43

① 6.6　② 7.8　③ 8.4

解説 抵抗 R〔Ω〕とリアクタンス X_C〔Ω〕より，インピーダンス Z〔Ω〕は次式で表されます．

$$Z = \sqrt{R^2 + X_C{}^2} = \sqrt{1.2^2 + 0.5^2}$$

$$= \sqrt{\left(\frac{12}{10}\right)^2 + \left(\frac{5}{10}\right)^2} = \frac{1}{10}\sqrt{12^2 + 5^2} = \frac{1}{10}\sqrt{144 + 25}$$

$$= \frac{1}{10}\sqrt{169} = \frac{1}{10}\sqrt{13^2} = \frac{1}{10} \times 13 = 1.3 \text{〔Ω〕}$$

回路を流れる電流を I〔A〕とすると，交流電圧 V〔V〕は次式で表されます．

$$V = ZI = 1.3 \times 6 = \mathbf{7.8} \text{〔V〕}$$

コツ
抵抗とコンデンサのインピーダンスも抵抗とコイルのインピーダンスと同じように計算します．

解答 ②

問 5 R オームの抵抗，L ヘンリーのコイル及び C ファラドのコンデンサを直列に接続した RLC 直列回路のインピーダンスは，共振時に [   ] となる．
① 最大 ② 最小 ③ ゼロ

解説 RLC 直列回路のインピーダンス Z は次式で表されます．

$$Z = \sqrt{R^2 + (X_L - X_C)^2} = \sqrt{R^2 + \left(\omega L - \frac{1}{\omega C}\right)^2}$$

共振時は $\left(\omega L - \dfrac{1}{\omega C}\right)^2$ が 0 となるため，インピーダンス Z は**最小** $(Z = R)$ になります．

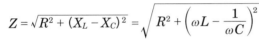
R があるからゼロにはならないよ．

解答 ②

問 6 正弦波でない交流は，一般に，ひずみ波交流といわれ，周波数の異なる幾つかの正弦波交流成分に分解することができる．これらの正弦波交流成分のうち，基本波以外は，[   ] といわれる．
① 定在波 ② リプル ③ 高調波

解説 正弦波ではない周期波形は，基本波とその整数倍の正弦波の合成波として表されます．このとき，基本波の周波数 f〔Hz〕の 2 倍，3 倍，…n 倍の周波数成分を**高調波**と呼びます．

高調波は整数倍の周波数だよ．高周波じゃないよ．

解答 ③

1.5 半導体・ダイオード

出題のポイント

● 真性半導体, 不純物半導体の種類と特性

● ダイオードの種類, 特徴, 用途

● ダイオードを用いたクリップ回路の動作

1 n形半導体・p形半導体

物質の電気伝導は, 原子に存在する電子のうちの価電子帯の電子によります. 不純物を含まない**真性半導体**のゲルマニウムやシリコンは4価の価電子を持ち, ヒ素やアンチモンなど5価の価電子を持つ不純物を混ぜたものを**n形半導体**といいます. 半導体の原子は隣り合う原子が電子を共有する**共有結合**している結晶構造ですが, **不純物を加えると**電子の過不足が生じることによりキャリアが発生し, **導電率が大きく**なります. n形半導体の電気伝導は, 自由電子によって行われます. ホウ素やインジウムなど3価の価電子を持つ不純物を混ぜたものは**p形半導体**と呼び, 電気伝導は価電子が不足してプラスの電荷と考えることができる正孔(ホール)によって行われます. **n形半導体では自由電子**を, **p形半導体では正孔(ホール)**を**多数キャリア**と呼びます. 少ない方のキャリアを**少数キャリア**と呼び, **n形半導体では正孔**が少数キャリア, **p形半導体では自由電子**が少数キャリアです.

また, 正孔(ホール)はプラスの電荷, 電子はマイナスの電荷を持っていますので, 電流の向きと電子の移動する向きは逆向きです. p形半導体に加える不純物を**アクセプタ**, n形半導体に加える不純物を**ドナー**と呼びます.

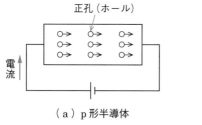
（a）p形半導体

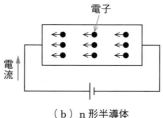
（b）n形半導体

図1.44 半導体

半導体は導体と絶縁体の間の抵抗率を持っています. 一般に金属などの導体は, 周囲温度が上昇すると抵抗率が大きくなりますが, 半導体は周囲温度が上昇すると抵抗率が小さくなる特性を持っています.

シリコンなどの半導体は, 導体と絶縁体の中間の抵抗率なので, 半導体だね.

補足
導電率 σ は, 抵抗率 ρ の逆数です. 導電率が大きくなると電流が流れやすくなります.
$$\sigma = \frac{1}{\rho}$$

重要
半導体に不純物を加えると導電率が大きくなり, 導電性が高まります.

重要
p形半導体の不純物はアクセプタ, n形半導体の不純物はドナーです.

2 ダイオード

　p形半導体とn形半導体を接続した素子を**ダイオード**といい，記号を図1.45（a）に示します．pn接合面では，正孔と自由電子が結合してキャリアが存在しない**空乏層**と呼ばれる領域が発生します．図1.45（b）のようにダイオードのp形半導体に正，n形半導体に負の向きの電圧を加えると電流が流れます．図1.45（c）のように電流の向きを逆にすると電流が流れない性質を持っています．**逆方向電圧を加えると**n形半導体の多数キャリアの自由電子は電源の正（＋）の電極に引かれ，p形半導体の多数キャリアの正孔は負（－）の電極に引かれることによって，**空乏層が広がります**．

　ダイオードの**順方向抵抗**は，**周囲温度が上昇すると小さくなる**特性を持っています．

重要
キャリアの存在しない領域を空乏層といいます．
逆方向電圧を加えると空乏層は広がります．

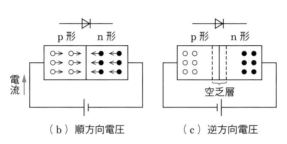

図1.45　ダイオード

（a）記号　　（b）順方向電圧　　（c）逆方向電圧

各種ダイオードの名称や特徴を表1.2に示します．

表1.2　各種ダイオードの名称と特徴

名称及び図記号	特　徴
接合ダイオード	電源の整流用にはシリコンダイオードが用いられます．
点接触ダイオード	低い順方向電圧でも整流作用があるので，検波回路などに用いられます．
ツェナーダイオード	**逆方向電圧**を増加させていくと**ある値を超えると急激に電流が増加する**特性を持ちます．このとき広い電流の範囲でダイオードの電圧がほぼ一定となるので定電圧回路に用いられます．
可変容量ダイオード（バラクタダイオード）	逆方向電圧を加えるとダイオードが静電容量を持ち，**逆方向電圧**の大きさを変化させると**静電容量が変化する**特性を利用したダイオードです．
発光ダイオード（LED）	**順方向電圧を加えて**，電流を流すと**発光する**特性を利用したダイオードです．
ホトダイオード	pn接合部に逆方向電圧を加え，**光を照射すると**光の強さに応じて**電流が流れる**特性を利用した素子です．この現象を**光電効果**といいます．
バリスタ	ダイオードではありませんが，半導体を利用した素子です．酸化亜鉛などの半導体材料に添加物を加えたセラミックスで作られています．電圧が低いときは電流が流れませんが，**印加電圧がある値を超えると抵抗値が急激に低下**して電流が増大する特性を持ちます．

重要
ツェナーダイオードは，回路の電流が広い範囲で電圧を一定に保つ特性があります．

可変容量ダイオードに順方向電圧を加えると電流が流れるので，静電容量を持たないね．電流が流れない逆方向だね．

重要
バリスタはダイオードのような極性がありません．電話器の衝撃性雑音やサージ電圧の吸収回路などに用いられます．

3 ダイオード回路

[1] クリップ回路

図1.46のダイオードを用いた回路は**クリップ回路**といいます．クリップ回路は入力波形の一部を切り取り，波形を成形することができます．図1.46 (a)のように入力波形の電圧が低い部分を切り取るベースクリッパと図1.46 (b)のように高い部分を切り取るピーククリッパがあります．

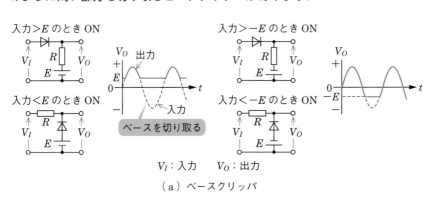

（a）ベースクリッパ

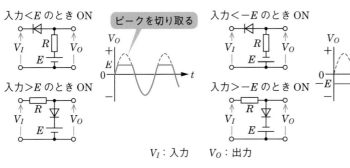

（b）ピーククリッパ

図 1.46　クリップ回路

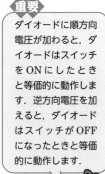

重要

ダイオードに順方向電圧が加わると，ダイオードはスイッチをONにしたときと等価的に動作します．逆方向電圧を加えると，ダイオードはスイッチがOFFになったときと等価的に動作します．

[2] クランプ回路

図1.47は**クランプ回路**といいます．図の直流分付加正クランプ回路の出力波形は電源電圧 E〔V〕の値を最も低い値として変化する波形となります．

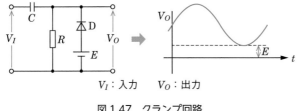

V_I：入力　　V_O：出力

図 1.47　クランプ回路

ダイオードに加わる電圧が順方向ならダイオードをショートして，逆方向ならダイオードを切り離して考えればいいんだね．

問 1 真性半導体に不純物が加わると，結晶中において共有結合を行う電子に過不足が生じて
キャリアが生成されることにより， ⬚ が増大する.
① 抵抗率　② 導電率　③ 禁制帯幅

解説　真性半導体の原子は隣り合う原子が電子を共有する共有結合している
結晶構造ですが，不純物を加えると電子の過不足が生じることにより
キャリアが発生し，**導電率**が大きくなります.

解答 ②

問 2 純粋な半導体の結晶内に不純物原子が加わると， ⬚ 結合を行う結晶中の電子に過不
足が生ずることによりキャリアが発生し，導電性が高まる.
① 共有　② イオン　③ 誘導

解説　純粋な（真性）半導体の原子は隣り合う原子が電子を共有する**共有結
合**をしています. ここに不純物を加えると電子の過不足が生じることに
よりキャリアが発生し，導電性が高まります.

解答 ①

問 3 p形半導体において，正孔を作るために加えられた不純物は， ⬚ といわれる.
① ドナー　② キャリア　③ アクセプタ

解説　p形半導体に加える不純物を**アクセプタ**といいます.
なお，n形半導体に加える不純物をドナーといいます.

解答 ③

問 4 n形半導体において， ⬚ を作るために加えられた5価の不純物はドナーといわれる.
① 正孔　② 自由電子　③ 価電子

解説　n形半導体は，4価の価電子をもつ真性半導体のゲルマニウムやシリ
コンにヒ素やアンチモンなど5価の価電子を持つ不純物（ドナー）を
混ぜることで電子が余分に生じます. この余分に生じた電子（**自由電
子**）が電気伝導に寄与します.

解答 ②

問5 n形半導体の多数キャリアは，☐☐☐☐☐であり，キャリアが動くことによって電流が流れる．
① イオン　② 自由電子　③ 正孔

解説 n形半導体の多数キャリアは**自由電子**です．
なお，p形半導体の多数キャリアは正孔（ホール）です．

p形半導体の多数
キャリア（正孔）を
答える問題も出題さ
れています．

解答 ②

問6 電子デバイスに使われている半導体には，p形とn形がある．通電時に電荷を運ぶ主役が☐☐☐☐☐であるものは，p形半導体といわれる．
① 電子　② 正孔　③ イオン

解説 通電時に電荷を運ぶ主役のことを多数キャリアといいます．n形半導体とp形半導体では多数キャリアが異なり，p形半導体では**正孔**（ホール），n形半導体では自由電子が多数キャリアとなります．

解答 ②

問7 半導体には電気伝導に寄与するキャリアの違いによりp形とn形があり，このうちn形の半導体における少数キャリアは，☐☐☐☐☐である．
① 自由電子　② イオン　③ 正孔

解説 半導体のキャリアには，自由電子と正孔（ホール）があります．数が多い方のキャリアを多数キャリア，数が少ない方のキャリアを少数キャリアといいます．n形半導体では，自由電子が多数キャリア，**正孔が少数キャリア**となります．逆に，p形半導体では，正孔が多数キャリア，自由電子が少数キャリアとなります．

解答 ③

問8 半導体のpn接合の接合面付近には，拡散と再結合によって電子などのキャリアが存在しない☐☐☐☐☐といわれる領域がある．
① 禁制帯　② 絶縁層　③ 空乏層

解説 半導体のpn接合面では，正孔と電子が結合してキャリアが存在しない**空乏層**と呼ばれる領域が発生します．

解答 ③

問9 半導体の pn 接合に外部から逆方向電圧を加えると，p 形領域の多数キャリアである正孔は電源の負極に引かれ，□□□□が広がる.

① 荷電子帯　② 空乏層　③ n 形領域

解説 半導体の pn 接合に逆方向電圧を加えると n 形半導体の多数キャリアの自由電子は電源の正（＋）の電極に引かれ，p 形半導体の多数キャリアの正孔は負（−）の電極に引かれることによって，**空乏層**が広がります.

接合部では，自由電子と正孔が空になるよ.

解答 ②

問10 ダイオードの順方向抵抗は，一般に，周囲温度が□□□□.

① 上昇すると大きくなる　② 上昇しても変化しない

③ 上昇すると小さくなる

解説 半導体で作られたダイオードの順方向抵抗は，周囲温度が**上昇すると小さくなる**特性を持っています.

解答 ③

問11 逆方向に加えた電圧がある値を超えると急激に電流が増加し，広い電流範囲で電圧を一定に保つ特性を有するダイオードは，□□□□ダイオードといわれる.

① トンネル　② PIN　③ ツェナー

解説 逆方向電圧がある値を超えると急激に電流が増加する特性を持つのは，**ツェナーダイオード**です.

ツェナーダイオードは定電圧ダイオードともいうよ.

解答 ③

問12 可変容量ダイオードは，コンデンサの働きを持つ半導体素子であり，pn 接合ダイオードに加える□□□□電圧の大きさを変化させることにより，静電容量が変化することを利用している.

① 低周波　② 高周波　③ 逆方向　④ 順方向

解説 可変容量ダイオードは，**逆方向電圧**の大きさを変化させると静電容量が変化する特性を利用したダイオードです.

解答 ③

問13 LED は，pn 接合ダイオードに ____ を加えて発光させる半導体光素子である.
　　① 磁界　　② 逆方向の電圧　　③ 順方向の電圧

解説　LED（発光ダイオード）は**順方向の電圧**を加えて，電流を流すと発光する特性を利用したダイオードです.

逆方向の電圧だと電流が流れないので発光しないよ.

解答 ③

問14 pn 接合ダイオードに光を照射すると光の強さに応じた電流が流れる現象である光電効果を利用して，光信号を電気信号に変換する機能を持つ半導体素子は，一般に，____ といわれる.
　　① 発光ダイオード　　② 可変容量ダイオード　　③ ホトダイオード

解説　光電効果を利用して光信号を電気信号に変換する機能を持つ半導体素子は**ホトダイオード**です.

出る

下線の部分が穴埋めになった問題も出題されています.

解答 ③

問15 電話機の衝撃性雑音の吸収回路などに用いられる ____ は，印加電圧がある値を超えると，その抵抗値が急激に低下して電流が増大する非直線性を持つ素子である.
　　① PIN ダイオード　　② バリキャップ　　③ バリスタ

解説　**バリスタ**はダイオードのような極性がなく，電話器の衝撃性雑音やサージ電圧の吸収回路などに用いられます.

解答 ③

問16 加えられた電圧がある値を超えると急激に ____ が低下する非直線性の特性を利用し，サージ電圧から回路を保護するためのバイパス回路などに用いられる半導体素子は，バリスタといわれる.
　　① 抵抗値　　② 容量値　　③ インダクタンス

解説　バリスタは酸化亜鉛などの半導体材料に添加物を加えたセラミックスで作られています. 電圧が低いときは電流が流れませんが，印加電圧がある値を超えると**抵抗値**が急激に低下して電流が増大する特性を持ちます.

出る

下線の部分が穴埋めになった問題も出題されています.

解答 ①

問17 図1.48に示す回路に，図1.49に示す波形の入力電圧 V_I を加えると，出力電圧 V_O は，☐の波形となる．ただし，ダイオードは理想的な特性を持ち，$|V| > |E|$ とする．

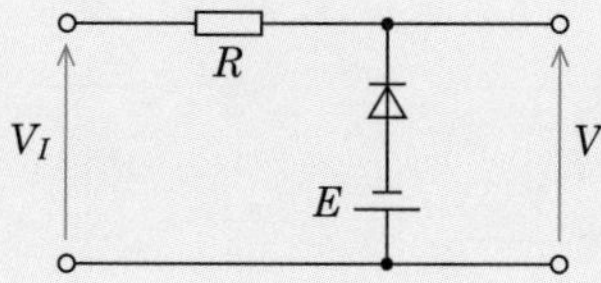

図1.48

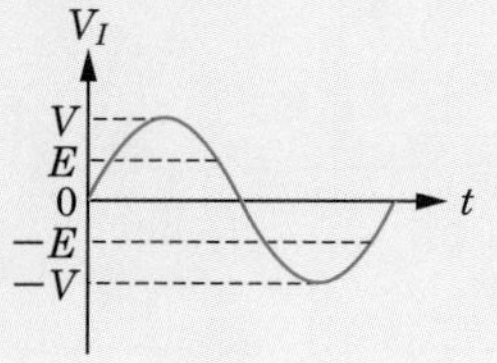

図1.49

① ② 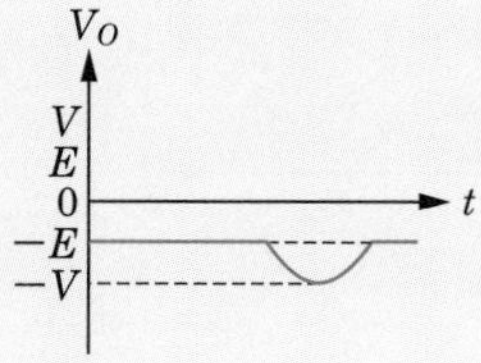 ③ 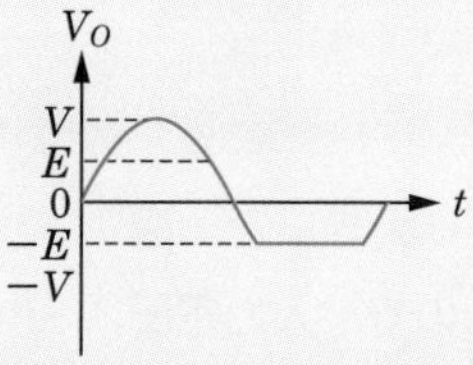 ④

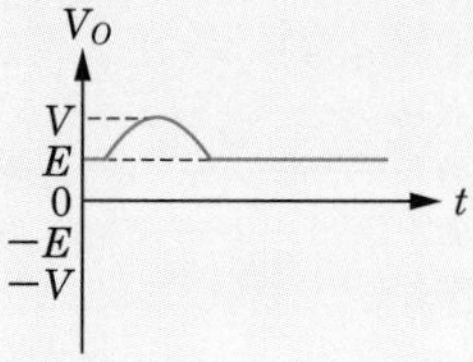

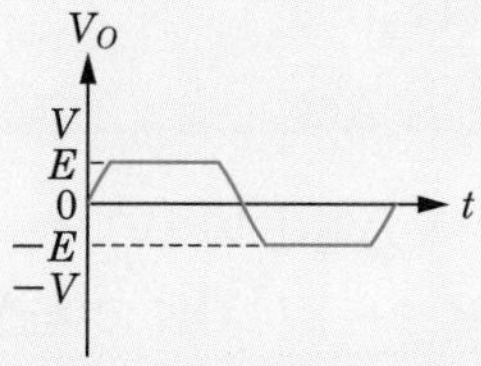

解説 入力電圧 V_I〔V〕が $-E$〔V〕より小さい（−に大きい）ときは，図1.50（a）のようにダイオードがONの導通状態となるので，電源電圧 $-E$〔V〕が出力されます．

入力電圧 V_I〔V〕が $-E$〔V〕より大きいと，図1.50（b）のようにダイオードはOFFの状態となるので入力電圧 V_I〔V〕の波形がそのまま出力されます．

コツ ダイオードがONのときはダイオードをショートして，OFFのときはダイオードを切り離して考えましょう．

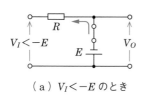

（a）$V_I < -E$ のとき

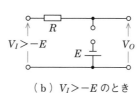

（b）$V_I > -E$ のとき

図1.50

解答 ③

問18 ◯◯◯ に示す回路に，図 1.51 に示す波形の入力電圧 V_I を加えると，出力電圧 V_O は，図 1.52 に示すような波形となる．ただし，ダイオードは理想的な特性を持ち，$|V| > |E|$ とする．

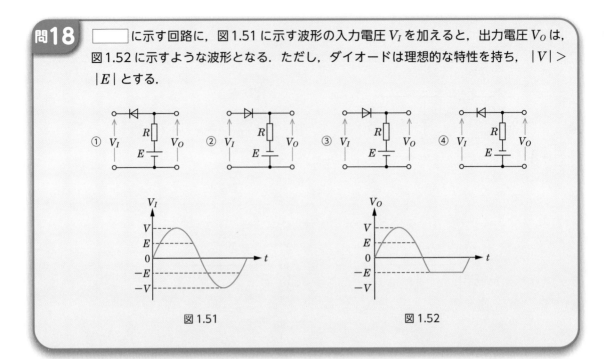

図 1.51　　　　　　　　　　図 1.52

解説　選択肢②の回路は，入力電圧 V_I〔V〕が $-E$〔V〕より大きいと，図 1.53（a）のようにダイオードは ON の導通状態となるので，入力電圧 V_I〔V〕の波形がそのまま出力されます．入力電圧 V_I〔V〕が $-E$〔V〕より小さい（－に大きい）ときは，図 1.53（b）のようにダイオードが OFF の状態となるので，電源電圧 $-E$〔V〕が出力されて，出力波形は図 1.52 のようになります．

補足
ダイオードが ON のときに，入力電圧の波形が出力されます．

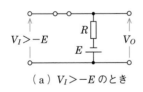　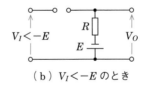

（a）$V_I > -E$ のとき　　　（b）$V_I < -E$ のとき

図 1.53

解答　②

1.6 トランジスタ

出題のポイント
●トランジスタの各電極と流れる電流
●FETの構造と特性
●ICとメモリの種類

1 接合形トランジスタ

　n形半導体の間にきわめて薄いp形半導体を接合したものを **npn形トランジスタ**，p形半導体の間にきわめて薄いn形半導体を接合したものを **pnp形トランジスタ**と呼び，これらを**接合形トランジスタ**（バイポーラトランジスタ）といいます．構造図及び記号を図1.54に示します．図の電極のうち，ベースとエミッタ間の電流をわずかに変化させると，コレクタとエミッタの間の電流を大きく変化させることができます．この特性を利用して増幅回路などに用いられます．

補足
一般に「トランジスタ」というとnpn形またはpnp形の接合形トランジスタを指します．

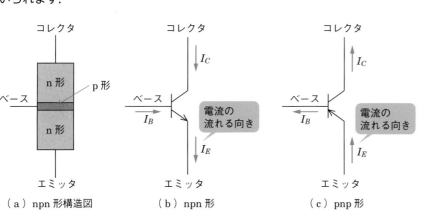

図1.54　トランジスタ

補足
npn形トランジスタは，BからEの向きに，CからEの向きに電流が流れます．

　トランジスタのベース電流をI_B，コレクタ電流をI_C，エミッタ電流をI_Eとすると，次式の関係があります．

$$I_E = I_B + I_C \ [\text{A}] \tag{1.50}$$

重要
$I_E = I_B + I_C$
$I_B = I_E - I_C$
$I_C = I_E - I_B$

2 電界効果トランジスタ

　図1.55のようにn形半導体で構成されたチャネルにp形半導体のゲートを接合したものを**nチャネル接合形電界効果トランジスタ（FET）**といいま

す．図 1.55 の電極のうち，ソースとゲート間の電圧をわずかに変化させると，ソースとドレイン間の電流を大きく変化させることができます．この特性を利用して増幅回路などに用いられます．n 形半導体の多数キャリアの電子をゲートとソース間の加えた電圧による電界で制御するので，**電圧制御型トランジスタ**と呼ばれます．電界はゲートとソース間の加えた電圧による空間の電位差によって発生します．また，接合形トランジスタは電流制御型トランジスタです．

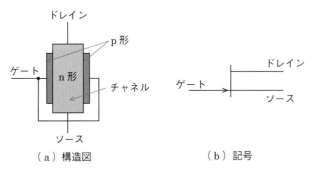

（a）構造図　　　　　　　　（b）記号

図 1.55　n チャネル接合形 FET

電界効果トランジスタの電流が流れるチャネルは p 形または n 形なので**ユニポーラ（単極）トランジスタ**といいます．これに対して，接合形トランジスタは，pn 接合間を電流が流れるので**バイポーラ（2 極）トランジスタ**といいます．

FET には，図 1.56 のような接合形 FET や MOS 型 FET があります．

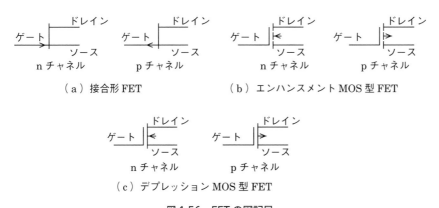

（a）接合形 FET　　　　　（b）エンハンスメント MOS 型 FET

（c）デプレッション MOS 型 FET

図 1.56　FET の図記号

接合形 FET は，ゲートに電圧を加えない状態でドレイン－ソース間に電圧を加えると電流が流れ，ゲートに電圧を加えるとその電流が減少します．同様にデプレッション（減少）MOS 型 FET もゲート電圧を加えると電流が減少します．エンハンスメント（増大）MOS 型 FET は，ゲートに電圧を加えない状態ではドレイン－ソース間の電流が流れませんが，ゲートに電圧を加えると電流が流れます．

半導体の集積回路を **IC** と呼びます．IC は用いられる半導体素子の種類によって，バイポーラ型 IC またはユニポーラ型 IC に分類されます．ユニポーラ型 IC の代表的なものに MOS 型 FET を用いた MOS 型 IC があります．

記憶素子（メモリ）は IC で構成され，データやプログラムを格納する素子として利用されています．データなどを随時読み書き可能なメモリを **RAM**（Random Access Memory），読み出し専用のメモリを **ROM**（Read Only Memory）と呼びます．RAM のうち一定時間ごとにデータのリフレッシュ（再書き込み）が必要な RAM を **揮発性メモリ** と呼び，その一つに **DRAM**（Dynamic RAM）があります．データのリフレッシュが不要なメモリを **不揮発性メモリ** と呼び，その一つに **SRAM**（Static RAM）があります．

重要
MOS 型 IC はユニポーラ型です．

重要
揮発性メモリの一つに DRAM があります．

問 1

トランジスタ回路において，ベース電流が [　　] マイクロアンペア，コレクタ電流が 2.48 ミリアンペア流れているとき，エミッタ電流は 2.52 ミリアンペアとなる．

① 0.04　② 40　③ 50

解説　コレクタ電流を $I_C = 2.48$〔mA〕，エミッタ電流を $I_E = 2.52$〔mA〕とすると，ベース電流 I_B は次式で表されます．

$$I_B = I_E - I_C = 2.52 - 2.48 = 0.04 \text{〔mA〕} = \mathbf{40} \text{〔}\boldsymbol{\mu}\mathbf{A}\text{〕}$$

解答 ②

コツ
mA 値を 1 000 倍すれば μA に換算することができます．

問 2

トランジスタ回路において，ベース電流が 40 マイクロアンペア，エミッタ電流が 2.62 ミリアンペアのとき，コレクタ電流は [　　] ミリアンペアである．

① 2.22　② 2.58　③ 2.66

解説　ベース電流を $I_B = 40$〔μA〕$= 0.04$〔mA〕，エミッタ電流を $I_E = 2.62$〔mA〕とすると，コレクタ電流 I_C は次式で表されます．

$$I_C = I_E - I_B = 2.62 - 0.04 = \mathbf{2.58} \text{〔}\mathbf{mA}\text{〕}$$

解答 ②

コツ
μA 値を 1/1 000 にすれば mA に換算することができます．

出る
エミッタ電流を求める問題も出題されています．

問 3 電界効果トランジスタは，半導体の ☐ キャリアを電界によって制御する電圧制御型のトランジスタに分類される半導体素子である．

① 多数　② 少数　③ 真性

解説　電界効果トランジスタは，**多数キャリア**を電界で制御します．

解答　①

問 4 半導体の集積回路（IC）は，回路に用いられるトランジスタの動作原理から，バイポーラ型とユニポーラ型に大別され，ユニポーラ型の IC の代表的なものに ☐ IC がある．

① アナログ　② MOS 型　③ プレーナ型

解説　ユニポーラ型 IC の代表的なものに MOS 型 FET を用いた **MOS 型 IC** があります．

解答　②

問 5 半導体メモリは揮発性メモリと不揮発性メモリに大別され，揮発性メモリの一つに ☐ がある．

① フラッシュメモリ　② EPROM　③ DRAM

解説　揮発性メモリは，一定時間ごとにデータのリフレッシュ（再書き込み）が必要なメモリです．**DRAM**（Dynamic RAM）は，揮発性メモリの一つです．

解答　③

1.7 電子回路

出題のポイント

- ●トランジスタの電流増幅率の求め方
- ●トランジスタ増幅回路の接地方式と特徴
- ●トランジスタのバイアス回路
- ●トランジスタのスイッチング動作
- ●帰還増幅回路の特性

1　トランジスタ増幅回路

　トランジスタは，ベース電流の変化に伴って，コレクタ電流を大きく変化する増幅作用があります．小さい振幅の信号をより大きな振幅の信号にするための電子回路を**増幅回路**と呼びます．

[1] 接地方式

　トランジスタのどの電極を入力側と出力側で共通に使用するかを**接地方式**といい，ベース接地増幅回路，エミッタ接地増幅回路，コレクタ接地増幅回路があります．各接地方式を図1.57に示します．

重要
トランジスタは増幅作用があります．

トランジスタは，小さなベース電流の変化でコレクタ電流を大きく変化させることができるので，増幅作用があるんだね．

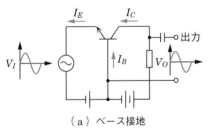

（a）ベース接地

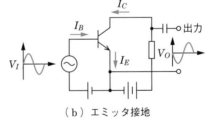

（b）エミッタ接地

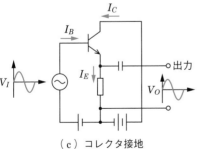

（c）コレクタ接地

I_B：ベース電流
I_E：エミッタ電流
I_C：コレクタ電流

図1.57　接地方式

補足
エミッタ接地増幅回路において，入力電圧 V_I が最大になるとベース電流 I_B とコレクタ電流 I_C は最大になります．このとき，V_O は最小になります．

　直流電源自体のインピーダンスは 0〔Ω〕なので，交流増幅回路では，直流電源は短絡していると見なして，図1.57（c）はコレクタ接地増幅回路と呼びます．

［2］電流増幅率

　出力電流と入力電流の比を**電流増幅率**といいます．図1.57 (a) のベース接地増幅回路において，エミッタ電流の変化分を I_E〔A〕，コレクタ電流の変化分を I_C〔A〕とすると，ベース接地増幅回路の電流増幅率 α は，次式で表されます．

$$\alpha = \frac{I_C}{I_E} \tag{1.51}$$

　図1.56 (b) のエミッタ接地増幅回路において，ベース電流の変化分を I_B〔A〕，コレクタ電流の変化分を I_C〔A〕とすると，エミッタ接地増幅回路の電流増幅率 β は次式で表されます．

$$\beta = \frac{I_C}{I_B} \qquad I_C \text{ を求めるときは} \quad I_C = \beta I_B \text{〔A〕} \tag{1.52}$$

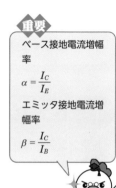

重要

ベース接地電流増幅率

$$\alpha = \frac{I_C}{I_E}$$

エミッタ接地電流増幅率

$$\beta = \frac{I_C}{I_B}$$

　β はトランジスタの特性を表す h パラメータによって h_{FE} の記号で表されることがあります．β は，かなり大きい 100 くらいの値を持ち，α は1より小さい 0.99 くらいの値を持ちます．エミッタ接地増幅回路は，入力のベース電流を小さく変化させるとコレクタ電流を大きく変化させることができるので，増幅回路として用いることができます．

［3］各接地方式の特徴

① 　ベース接地：**電流増幅度が1より小さい（ほぼ1）**．入力インピーダンスが低い．出力インピーダンスが高い．出力から入力の帰還が少ない．入力電圧と出力電圧は同位相．

② 　エミッタ接地：電流増幅率が大きい．**電力増幅度が大きい**．入力電圧と出力電圧は**逆位相**．

③ 　コレクタ接地：電圧増幅度が1より小さい（ほぼ1）．入力インピーダンスが高い．出力インピーダンスが低い．入力電圧と出力電圧は同位相．エミッタホロワ回路とも呼ぶ．

重要

ベース接地は，電流増幅度がほぼ1なので，入出力電流がほぼ同じ．
エミッタ接地は，電力増幅度が大きくて，入出力電圧は逆位相．

［4］動作点

　トランジスタは，ダイオードと同じように片方向にしか電流が流れません．そこで＋－に変化する交流信号を増幅するためには，図1.58 (a) のように入力信号電圧に直流電圧を加えてベース電圧とします．この加える電圧のことを**バイアス電圧**といいます．また，図1.58 (b) の点 P_A, P_B, P_C のことを**動作点**といい，この動作点の位置によって増幅回路は A 級，B 級，C 級の3種類に分類することができます．

　A 級増幅回路は入力信号の全周期の信号を増幅することができますが，B 級や C 級増幅回路では，入力信号の一部しか増幅することができません．そこで，主に B 級増幅回路は正と負の半周期ずつ別なトランジスタで増幅するプッシュプル増幅回路に用いられ，C 級増幅回路は出力に基本波を通過させる

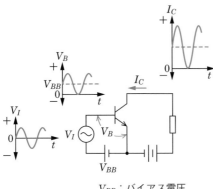
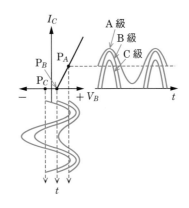

（a）バイアス回路 　　　　　　　　　（b）動作点

V_{BB}：バイアス電圧

図 1.58　増幅回路の動作点

フィルタを設けた高周波増幅回路に用いられます．

[5] バイアス回路

　バイアス回路は**トランジスタの動作点を設定する**ために，ベースに**直流電流を供給する**ときに必要な回路です．ベースのバイアス電圧として，コレクタ側の電源を使用するために用いられるバイアス回路の種類を図 1.59 に示します．トランジスタの特性の違いや温度変化などで動作点が変化しますが，固定バイアス回路はそれらの影響を受けやすく，電流帰還バイアス回路が最も安定に動作します．

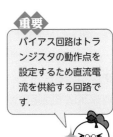

重要

バイアス回路はトランジスタの動作点を設定するため直流電流を供給する回路です．

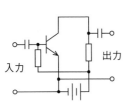
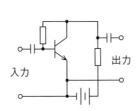
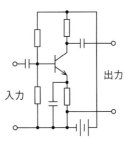

（a）固定バイアス回路　　　　（b）自己バイアス回路　　　（c）電流帰還バイアス回路

図 1.59　バイアス回路の種類

[6] スイッチング動作

　エミッタ接地増幅回路において，トランジスタにベース電流 I_B を流さないとコレクタ-エミッタ間の抵抗値は非常に大きな値になります．ベース電流 I_B を十分大きく流すとコレクタ電流 I_C が I_B の電流増幅率 β 倍の範囲（$I_C = \beta I_B$）において，コレクタ-エミッタ間の抵抗値は非常に小さな値を持ちます．この状態をトランジスタの**飽和領域**といいます．このときコレクタ-エミッタ間の電圧はほぼ 0 〔V〕となります．

補足

トランジスタのスイッチング動作は，飽和領域を利用します．

図 1.60 のように，入力電圧 V_I を加えてベース電流を ON-OFF させることによって，コレクタ-エミッタ間をあたかもスイッチのような回路として動作させることができます．これを**トランジスタのスイッチング動作**と呼びます．

トランジスタスイッチは，小さな電流で大きな電流を切り替えることができるよ．

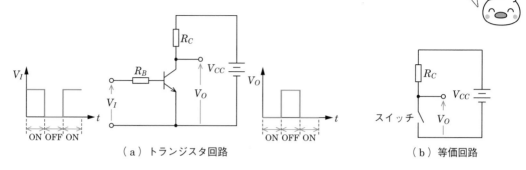

（a）トランジスタ回路　　　　　　　　　　（b）等価回路

図 1.60　スイッチング動作

2 負帰還増幅回路

図 1.61 の帰還増幅回路において，出力電圧 V_O を帰還回路を通して入力と逆位相の電圧 $-V_F$ で入力に戻すことを**負帰還**といいます．負帰還をかけると負帰還増幅回路の増幅度は小さくなりますが，増幅回路を安定に動作させることができ，出力インピーダンスや入力インピーダンスを変えることができます．また，周波数特性が改善され周波数帯域幅が広くなる，雑音やひずみが減少するなどの特徴があります．

重要

出力の一部を同位相で入力に戻すのは正帰還，逆位相で戻すのは負帰還です．

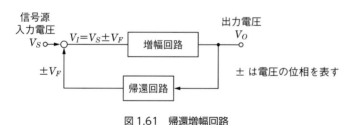

図 1.61　帰還増幅回路

3 正帰還増幅回路

出力電圧を帰還回路で同位相で入力に戻すことを**正帰還**といいます．正帰還をかけると出力に含まれる雑音などが帰還され，回路の特性で決まる特定の周波数の出力電圧が出力に現れます．これを**発振回路**と呼びます．

問 1 図1.62 に示すトランジスタ回路において，ベース電流 I_B の変化に伴って，コレクタ電流 I_C が大きく変化する現象は，トランジスタの ☐ 作用といわれる.

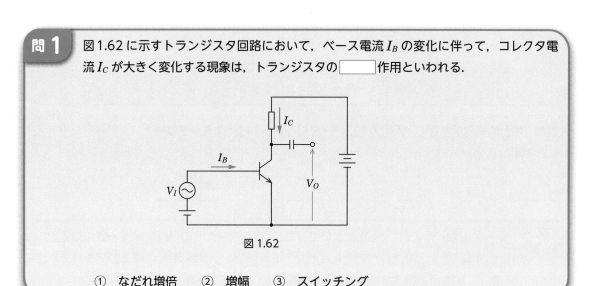

図 1.62

① なだれ増倍　② 増幅　③ スイッチング

解説 図1.62 のトランジスタは，小さなベース電流の変化でコレクタ電流を大きく変化させることができるので，**増幅作用**があります.

解答 ②

問 2 図1.63 に示すトランジスタ増幅回路において，正弦波の入力信号電圧 V_I に対する出力電圧 V_{CE} は，この回路の動作点を中心に変化し，コレクタ電流 I_C が ☐ のとき，V_{CE} は最も小さくなる.

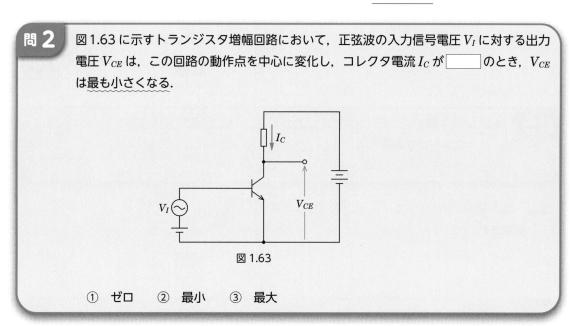

図 1.63

① ゼロ　② 最小　③ 最大

解説 コレクタ電流が**最大**のとき，コレクタに接続された抵抗の電圧降下が最大となるので，V_{CE} は最小となります.

解答 ③

下線の部分は，ほかの試験問題で穴埋めの字句として出題されています.

問 3 トランジスタ回路を接地方式により分類したとき，電力増幅度が最も大きく，入力電圧と出力電圧が逆位相となるのは， ☐ 接地方式である．

① エミッタ ② ベース ③ コレクタ

解説 電力増幅度が大きく，入出力電圧が逆位相となるのは，**エミッタ接地**です．

解答 ①

問 4 ベース接地トランジスタ回路において，コレクタ-ベース間の電圧 V_{CB} を一定にして，エミッタ電流を 2 ミリアンペア変化させたところ，コレクタ電流が 1.96 ミリアンペア変化した．このトランジスタ回路の電流増幅率は， ☐ である．

① 0.04 ② 0.98 ③ 49

解説 エミッタ電流の変化分を $I_E = 2$ 〔mA〕，コレクタ電流の変化分を $I_C = 1.96$ 〔mA〕とすると，ベース接地増幅回路の電流増幅率 α は，次式で表されます．

$$\alpha = \frac{I_C}{I_E} = \frac{1.96}{2} = \mathbf{0.98}$$

> ベース接地増幅回路の電流増幅率は，1 より小さくてほぼ 1 に近い値だよ．計算しなくても答がわかるね．

解答 ②

問 5 トランジスタ回路の三つの接地方式のうち，入出力電流がほぼ等しくなる回路は， ☐ 接地方式である．

① ベース ② エミッタ ③ コレクタ

解説 電流増幅率がほぼ 1 で，入出力電流がほぼ等しくなるのは，**ベース接地**です．

解答 ①

問 6 トランジスタ増幅回路における ☐ 回路は，トランジスタの動作点を設定するための回路である．

① バイアス ② 共振 ③ 平滑

解説 トランジスタの動作点を設定するため，ベースに直流電流を供給するときに必要な回路が**バイアス回路**です．

解答 ①

問 7 トランジスタによる増幅回路を構成する場合のバイアス回路は，トランジスタの動作点の設定を行うために必要な ☐ を供給するために用いられる.

① 入力信号 ② 出力信号 ③ 交流電流 ④ 直流電流

解説 バイアス回路はトランジスタの動作点を設定するため，ベースに**直流電流**を供給するときに必要な回路です.

解答 ④

問 8 図 1.64 に示すトランジスタスイッチング回路において，I_B を十分大きくすると，トランジスタの動作は ☐ 領域に入り，出力電圧 V_O は，ほぼゼロとなる. このようなトランジスタの状態は，スイッチがオンの状態と対応させることができる.

① 飽和 ② 遮断 ③ 降伏

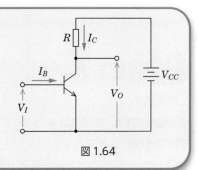

図 1.64

解説 ベース電流 I_B を十分大きく流すと，コレクタ電流 I_C が I_B の電流増幅率 β 倍の範囲 $(I_C = \beta I_B)$ において，コレクタ-エミッタ間の抵抗値は非常に小さな値を持ちます. この状態をトランジスタの**飽和領域**といいます.

解答 ①

問 9 図 1.65 において，信号源の入力電圧 V_S と入力側に戻る電圧 V_F とによって，増幅回路の入力電圧 V_I を合成するとき，V_S と V_F とが ☐ の関係にある帰還（フィードバック）を正帰還といい，発振回路に用いられる.

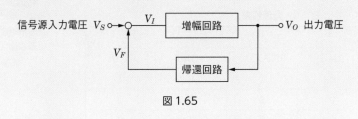

図 1.65

① 直列 ② 並列 ③ 逆位相 ④ 同位相

解説 出力の一部を**同位相**で入力に戻すのは正帰還，逆位相で戻すのは負帰還です.

解答 ④

1.8 論理回路

出題のポイント

● 論理素子の種類と動作
● ベン図によるブール代数の表し方
● 2進数と10進数の変換
● タイミングチャートによるデジタル回路の動作
● ブール代数の公式を使った式の変形

1 論理素子

論理素子はコンピュータなどに用いられるデジタル回路の基本回路のことです．電圧の高い状態（H または "1"）及び低い状態（L または "0"）のみで電子回路を構成します．

図1.66 に論理回路の論理素子（論理ゲート）を示します．

図 1.66　論理回路のシンボル

2 真理値表

論理素子の入力と出力の状態を表した表を**真理値表**といいます．基本論理回路の真理値表を表1.3 に示します．

表 1.3　真理値表

入力		出力 F				
A	B	NOT	AND	NAND	OR	NOR
0	0	1	0	1	0	1
0	1	1	0	1	1	0
1	0	0	0	1	1	0
1	1	0	1	0	1	0
論理式		$F = \overline{A}$	$F = A \cdot B$	$F = \overline{A \cdot B}$	$F = A + B$	$F = \overline{A + B}$

「—」否定　　「＋」和　　「・」積　　　NOT の B 入力はありません．

また，論理素子の演算ではブール代数が用いられます．各論理素子の論理式は表1.3 のとおりです．

3 ベン図

　ベン図はブール代数の変数全体を四角形の枠内として，そこに変数用のいくつかの円を重ねて描き，円の内側が"1"の領域，外側が"0"の領域として関数の領域を図 1.67 のように色で表した図です．

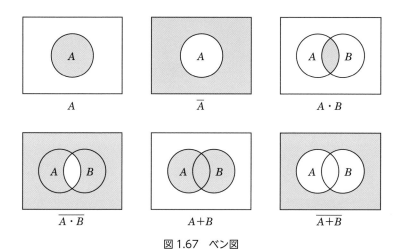

図 1.67　ベン図

4 2進数

　デジタル回路では，"0"と"1"のみで表した**2進数**が使われています．2進数では 10 進数の 10 の桁が 2 を表し，桁数が増えるにしたがって 2 の倍数の数値を表します．また，2進数の一つの桁を**bit**（ビット）と呼びます．

［1］2進数から 10 進数への変換

　2進数の各桁に，"1"のときは下の位から 2^0，2^1，2^2，2^3，2^4，2^5…の 10 進数の数値に直して，それらの和を求めます．

　2進数 1101 を 10 進数に直すと下から 4 桁目と 3 桁目と 1 桁目が"1"なので $2^3 + 2^2 + 2^0 = 8 + 4 + 1 = 13$ となります．

［2］10 進数から 2 進数への変換

　図 1.68 に示す手順のように，10 進数を 2 で次々に割っていき，"1"または"0"になるまで繰り返します．最後の"1"（あるいは"0"）と余りを下から 2 進数の上の桁の順番に並べていけば，2進数に変換することができます．

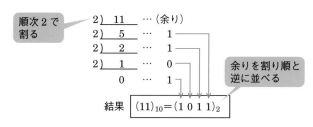

図 1.68　10 進数から 2 進数への変換

[3] 2進数から16進数への変換

2進数を4桁に分けて，それぞれを表1.4のように16進数で表します．

表1.4　10進数と2進数・16進数の対応

10進数	2進数	16進数	10進数	2進数	16進数
0	0	0	8	1000	8
1	1	1	9	1001	9
2	10	2	10	1010	A
3	11	3	11	1011	B
4	100	4	12	1100	C
5	101	5	13	1101	D
6	110	6	14	1110	E
7	111	7	15	1111	F

16進数では数字として用いられる

5　タイミングチャート

図1.69のように論理素子の入力を変化させたときの出力の変化を時間的に表したものを**タイミングチャート**といいます．

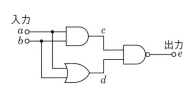

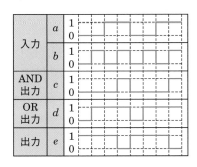

図1.69　タイミングチャート

6　ブール代数の公式

ブール代数の公式を次に示します．

論理和　$A + A = A$　　$A + 1 = 1$　　$A + 0 = A$　　$A + \overline{A} = 1$

論理積　$A \cdot A = A$　　$A \cdot 1 = A$　　$A \cdot 0 = 0$　　$A \cdot \overline{A} = 0$

交換則　$A + B = B + A$　　$A \cdot B = B \cdot A$

結合則　$(A + B) + C = A + (B + C)$　　$(A \cdot B) \cdot C = A \cdot (B \cdot C)$

分配則　$A + (B \cdot C) = (A + B) \cdot (A + C)$

　　　　$A \cdot (B + C) = (A \cdot B) + (A \cdot C)$

吸収則　$A + (A \cdot B) = A$　　$A \cdot (A + B) = A$

ド・モルガンの定理　$\overline{A + B} = \overline{A} \cdot \overline{B}$　　$\overline{A \cdot B} = \overline{A} + \overline{B}$

ブール代数の公式はわかりにくいね．変数に"1"と"0"を入れて計算してみてね．

問 1

図1.70，図1.71及び図1.72に示すベン図において，A，B及びCが，それぞれの円の内部を表すとき，図1.70，図1.71及び図1.72の色部分を示すそれぞれの論理式の論理積は，□□□□と表すことができる．

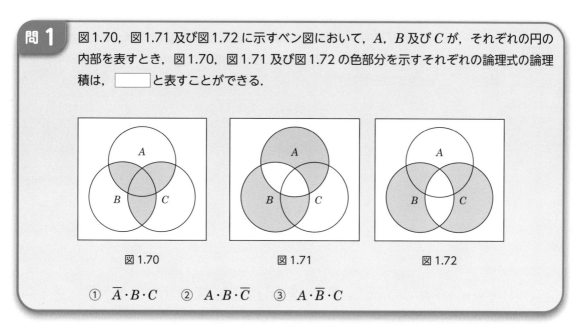

図1.70   図1.71   図1.72

① $\overline{A} \cdot B \cdot C$ ② $A \cdot B \cdot \overline{C}$ ③ $A \cdot \overline{B} \cdot C$

解説 問題の図1.70〜図1.72の論理積をとると，図1.73のようになります．

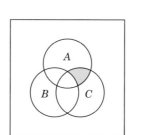

図1.73

> 図1.70〜図1.72の論理積は，全ての色部分が重なっているところだよ．

選択肢の式をベン図で表すと図1.74のようになります．

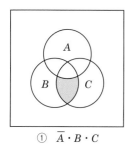
① $\overline{A} \cdot B \cdot C$

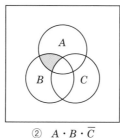
② $A \cdot B \cdot \overline{C}$

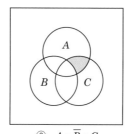
③ $A \cdot \overline{B} \cdot C$

図1.74

図1.73と図1.74を比較すると，**③**となります．

解答 ③

問2 図1.75，図1.76及び図1.77に示すベン図において，A，B及びCが，それぞれの円の内部を表すとき，図1.75，図1.76及び図1.77の色部分を示すそれぞれの論理式の論理積は，□と表すことができる.

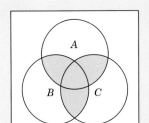

図1.75

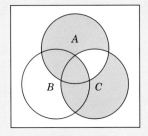

図1.76

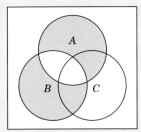

図1.77

① $A \cdot B + B \cdot C$ ② $A \cdot \overline{B} \cdot C + \overline{A} \cdot B \cdot C$ ③ $\overline{A} \cdot B \cdot C$

解説 問題の図1.75〜図1.77の論理積をとると，図1.78のようになります.

選択肢の式において，各論理積の項をベン図で表すと図1.79のようになります.

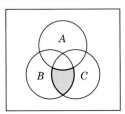

図1.78

> 図1.75〜図1.77の論理積は，全ての色部分が重なっているところだよ.

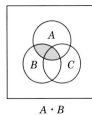
$A \cdot B$

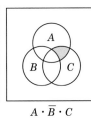
$B \cdot C$

$A \cdot \overline{B} \cdot C$

$\overline{A} \cdot B \cdot C$

図1.79

図1.79を用いて選択肢のベン図を表すと図1.80のようになります.

① $A \cdot B + B \cdot C$

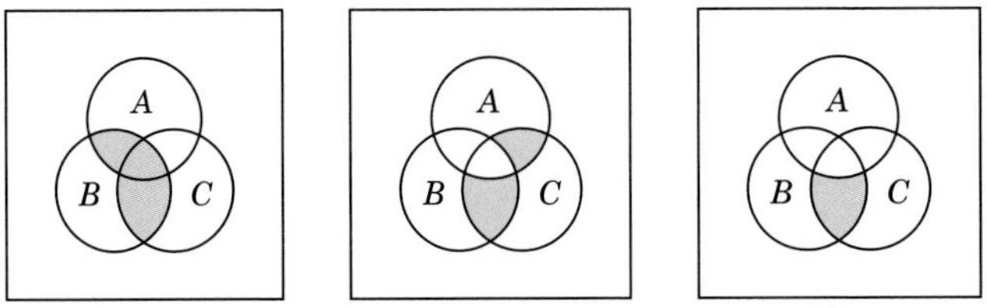

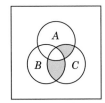
② $A \cdot \overline{B} \cdot C + \overline{A} \cdot B \cdot C$

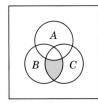
③ $\overline{A} \cdot B \cdot C$

図1.80

図1.78と図1.80を比較すると，**③**となります.

解答 ③

問3 図1.81，図1.82及び図1.83に示すベン図において，A，B及びCが，それぞれの円の内部を表すとき，色部分を示す論理式が $A \cdot \overline{B} + B \cdot \overline{C} + \overline{B} \cdot C$ と表すことができるベン図は，□ である．

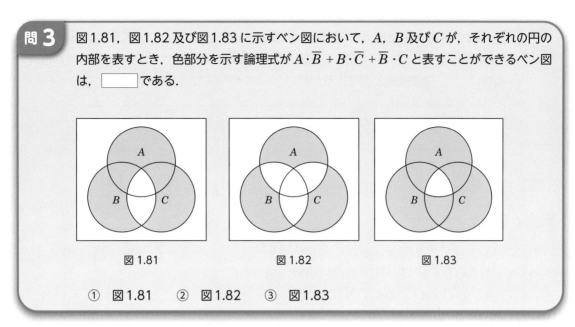

図1.81　　　図1.82　　　図1.83

①　図1.81　　②　図1.82　　③　図1.83

解説　問題文の式において，各論理積の項をベン図で表すと図1.84のようになります．

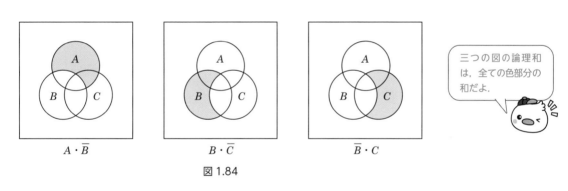

$A \cdot \overline{B}$　　　$B \cdot \overline{C}$　　　$\overline{B} \cdot C$

図1.84

三つの図の論理和は，全ての色部分の和だよ．

図1.84の三つの図の論理和をとると，問題の①となります．

解答　①

図1.85，図1.86 及び図1.87 に示すベン図において，A，B 及び C が，それぞれの円の内部を表すとき，図1.85，図1.86 及び図1.87 の色部分を示すそれぞれの論理式の論理和は，☐ と表すことができる．

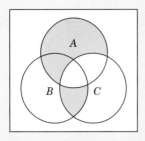
図 1.85

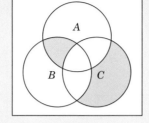
図 1.86

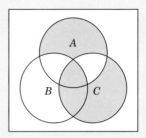
図 1.87

① $A \cdot \overline{C} + \overline{A} \cdot C$　　② $A \cdot \overline{C} + \overline{A} \cdot C + A \cdot B \cdot C$

③ $A \cdot \overline{C} + A \cdot B \cdot C + \overline{A} \cdot \overline{B} \cdot C$

解説　問題の図1.85 ～図1.87 の論理和をとると，図1.88 のようになります．

選択肢の式において，各論理積の項をベン図で表すと図1.89 のようになります．

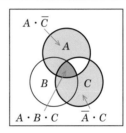
図 1.88

> 論理積「・」は円が重なったところで，論理和「+」は全ての円の領域だよ。
> 否定「－」は外側だね。
> 図1.85，図1.86，図1.87 の論理和は全ての色部分の和だよ。

$A \cdot \overline{C}$

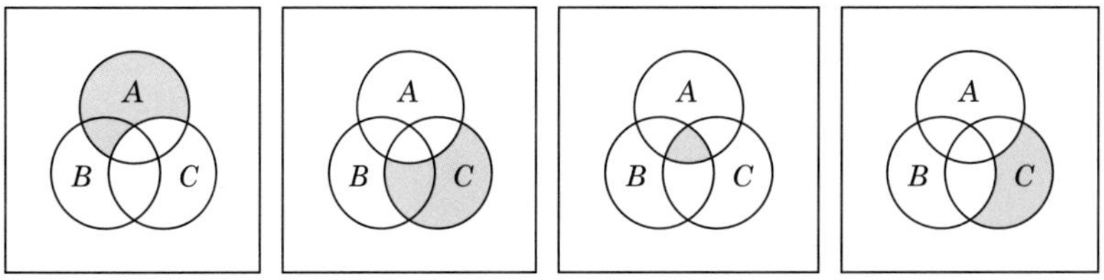

$\overline{A} \cdot C$

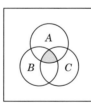
$A \cdot B \cdot C$

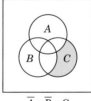
$\overline{A} \cdot \overline{B} \cdot C$

図 1.89

図1.89 を用いて選択肢のベン図を表すと図1.90 のようになります．

① $A \cdot \overline{C} + \overline{A} \cdot C$

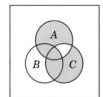
② $A \cdot \overline{C} + \overline{A} \cdot C + A \cdot B \cdot C$

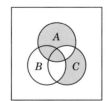
③ $A \cdot \overline{C} + A \cdot B \cdot C + \overline{A} \cdot \overline{B} \cdot C$

図 1.90

図1.88 と図1.90 を比較すると，②となります．

解答 ②

問5

表に示す2進数 X_1, X_2 について，各桁それぞれに論理和を求め2進数で表記した後，10進数に変換すると，□□□になる．

① 20

② 29

③ 49

2進数
$X_1 = 11100$
$X_2 = 10101$

解説 X_1 と X_2 の各桁それぞれの論理和を求めると

X_1	1	1	1	0	0
X_2	1	0	1	0	1
OR	1	1	1	0	1

各桁それぞれの論理和なので桁上げしないよ．

2進数から10進数に変換するため，各桁と10進数に対応する数値（2^n）の表にすると

1	1	1	0	1
2^4	2^3	2^2	2^1	2^0

2^n の数値
$2^0 = 1$, $2^1 = 2$,
$2^2 = 4$, $2^3 = 8$,
$2^4 = 16$, $2^5 = 32$,
$2^6 = 64$, $2^7 = 128$,
$2^8 = 256$, $2^9 = 512$

10進数に変換すると

$2^4 + 2^3 + 2^2 + 2^0 = 16 + 8 + 4 + 1 = \textbf{29}$

解答 ②

問6

表に示す2進数 X_1, X_2 について，各桁それぞれに論理和を求め2進数で表記した後，10進数に変換すると，□□□になる．

① 260

② 477

③ 737

2進数
$X_1 = 110001100$
$X_2 = 101010101$

解説 X_1 と X_2 の各桁それぞれの論理和を求めると

X_1	1	1	0	0	0	1	1	0	0
X_2	1	0	1	0	1	0	1	0	1
OR	1	1	1	0	1	1	1	0	1

2 進数から 10 進数に変換するため，各桁と 10 進数に対応する数値 (2^n) の表にすると

1	1	1	0	1	1	1	0	1
2^8	2^7	2^6	2^5	2^4	2^3	2^2	2^1	2^0

> 何桁目かを間違いやすいので，簡単な表を作った方がいいね.

10 進数に変換すると

$$2^8 + 2^7 + 2^6 + 2^4 + 2^3 + 2^2 + 2^0 = 256 + 128 + 64 + 16 + 8 + 4 + 1$$
$$= \mathbf{477}$$

解答 ②

問7 表に示す 2 進数の X_1，X_2 を用いて，計算式（加算）$X_0 = X_1 + X_2$ から X_0 を求め 2 進数で表記した後，10 進数に変換すると，□□□ になる.

① 481

② 737

③ 1 474

2 進数
$X_1 = 110001100$
$X_2 = 101010101$

解説 $X_0 = X_1 + X_2$ を求めると

```
      110001100
 +)   101010101
```
$X_0 = 1\underline{0}111\underline{0}0001$ （＿は桁上げした桁を示します.）

> 2 進数の足し算は桁上げに注意してね.

2 進数から 10 進数に変換するため，各桁と 10 進数に対応する数値 (2^n) の表にすると

1	0	1	1	1	0	0	0	0	1
2^9	2^8	2^7	2^6	2^5	2^4	2^3	2^2	2^1	2^0

10 進数に変換すると

$$2^9 + 2^7 + 2^6 + 2^5 + 2^0 = 512 + 128 + 64 + 32 + 1 = \mathbf{737}$$

解答 ②

問8 表に示す2進数の X_1, X_2 を用いて，計算式（加算）$X_0 = X_1 + X_2$ から X_0 を求め，2進数で表示すると，X_0 の左から7番目と8番目の数字は，□ である．

① 00

② 01

③ 10

④ 11

2進数
$X_1 = 10011101$
$X_2 = 101101111$

解説 $X_0 = X_1 + X_2$ を求めると

$$
\begin{array}{r}
10011101 \\
+)\ 101101111 \\
\hline
X_0 = 1100001100
\end{array}
$$
（＿は桁上げした桁を示します．）

左からの順番　123456789↑
　　　　　　　　　　　10

左から7番目と8番の数字は，**11** です．

何番目かを間違わないように，順番を書いた方がいいね．

解答 ④

問9 表に示す2進数 X_1, X_2 について，各桁それぞれに論理積を求め2進数で表記した後，10進数に変換すると，□ になる．

① 297

② 511

③ 594

2進数
$X_1 = 110101011$
$X_2 = 101111101$

解説 X_1 と X_2 の各桁それぞれの論理積を求めると

X_1	1	1	0	1	0	1	0	1	1
X_2	1	0	1	1	1	1	1	0	1
AND	1	0	0	1	0	1	0	0	1

　2進数から10進数に変換するため，各桁と10進数に対応する数値（2^n）の表にすると

1	0	0	1	0	1	0	0	1
2^8	2^7	2^6	2^5	2^4	2^3	2^2	2^1	2^0

2^n の数値
$2^0 = 1$, $2^1 = 2$,
$2^2 = 4$, $2^3 = 8$,
$2^4 = 16$, $2^5 = 32$,
$2^6 = 64$, $2^7 = 128$,
$2^8 = 256$

10進数に変換すると

$2^8 + 2^5 + 2^3 + 2^0 = 256 + 32 + 8 + 1 = $ **297**

解答 ①

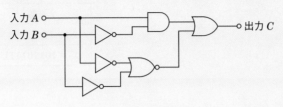

問10 図1.91に示す論理回路において，入力 A 及び B から出力 C の論理式を求め変形せずに表すと，$C = \boxed{}$ となる．

図1.91

① $(\overline{A} + \overline{B}) + \overline{\overline{A} \cdot \overline{B}}$ ② $(\overline{A + \overline{B}}) \cdot (\overline{A} + B)$ ③ $A \cdot \overline{B} + (\overline{\overline{A} + \overline{B}})$

解説 各論理素子の出力は，図1.92のようになります．図1.92の出力 C は次式で表されます．

$$C = X + Y = A \cdot \overline{B} + (\overline{\overline{A} + \overline{B}})$$

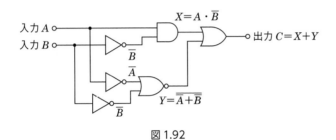

図1.92

解答 ③

問11 図1.93に示す論理回路において，Mの論理素子が ◻ であるとき，入力 a 及び b と出力 c との関係は，図1.94で示される．

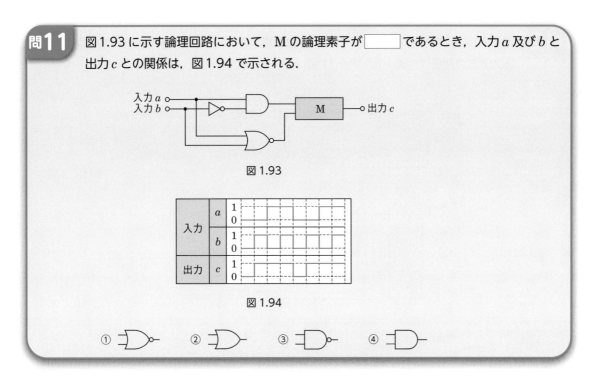

図1.93

図1.94

① ② ③ ④

解説 入力が二つなので組合せは4とおりとなります．各論理素子の出力を図1.95として，問題の図1.94のタイミングチャートから真理値表を作ると表1.5のように表されます．

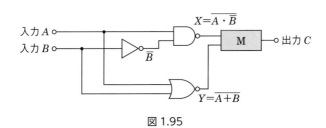

図1.95

表1.5

A	B	X	Y	C
0	0	1	1	0
0	1	1	0	1
1	0	0	0	1
1	1	1	0	1

X と Y の真理値表に "0" "1" の組合せはないけど，表にある組合せだけで回路を見つければいいよ．

真理値表の X，Y を入力として C が出力となる論理回路は NAND 回路なので，**③**が正解です．

解答 ③

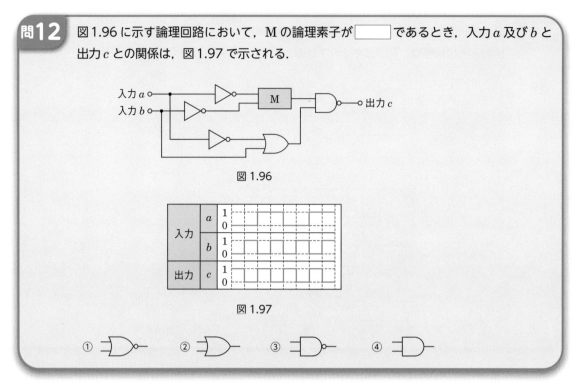

問12 図 1.96 に示す論理回路において，M の論理素子が [____] であるとき，入力 a 及び b と出力 c との関係は，図 1.97 で示される．

図 1.96

図 1.97

① ② ③ ④

解説 入力が二つなので組合せは 4 とおりとなります．各論理素子の出力を図 1.98 として，問題の図 1.97 のタイミングチャートから真理値表を作ると表 1.6 のように表されます．

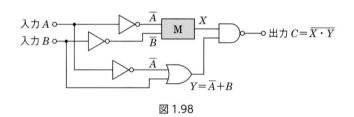

図 1.98

表 1.6

A	B	$\overline{A}$	$\overline{B}$	X	Y	C
0	0	1	1	0	1	1
0	1	1	0	1	1	0
1	0	0	1	?	0	1
1	1	0	0	1	1	0

補足 真理値表の " ？ " は "0" または "1" のどちらでも成り立ちます．

$C = \overline{X \cdot Y}$ なので，$C = 0$ となるのは $X = 1$，$Y = 1$ のときのみです．$Y = 0$ で $C = 1$ となるのは $X = 0$ または $X = 1$ のときです．真理値表の $\overline{A}$，$\overline{B}$ を入力として " ？ " を "1" 及び "0" とすれば，X が出力となる論理回路は NAND 回路なので③が正解です．

解答 ③

問13　次の論理関数 X は，ブール代数の公式等を利用して変形し，簡単にすると，☐ になる．

$$X = \overline{A}\,(\overline{\overline{B} + \overline{C}}) \cdot C + (\overline{\overline{A} + C}) \cdot \overline{B} \cdot C$$

① 0　　② $\overline{A} \cdot B \cdot C$　　③ $A \cdot \overline{B} + \overline{A} \cdot B \cdot C$

解説　論理関数 X をブール代数の公式を利用して変形すると

$$X = \overline{A} \cdot (\overline{\overline{B} + \overline{C}}) \cdot C + (\overline{\overline{A} + C}) \cdot \overline{B} \cdot C$$
$$= \overline{A} \cdot (\overline{\overline{B}} \cdot \overline{\overline{C}}) \cdot C + (\overline{\overline{A}} \cdot \overline{C}) \cdot \overline{B} \cdot C \quad \text{(ド・モルガンの定理)}$$
$$= \overline{A} \cdot B \cdot C \cdot C + A \cdot \overline{C} \cdot \overline{B} \cdot C \quad\quad (C \cdot C = C,\ \overline{C} \cdot C = 0)$$
$$= \boldsymbol{\overline{A} \cdot B \cdot C}$$

となります．

ド・モルガンの定理を使うと
$$\overline{\overline{B} + \overline{C}} = \overline{\overline{B}} \cdot \overline{\overline{C}}$$
$$\overline{\overline{A} + C} = \overline{\overline{A}} \cdot \overline{C}$$
だね．

解答　②

問14　次の論理関数 X は，ブール代数の公式等を利用して変形し，簡単にすると，☐ になる．

$$X = (A + B) \cdot ((A + \overline{C}) + (\overline{A} + B)) \cdot (\overline{A} + \overline{C})$$

① 1　　② $B + \overline{C}$　　③ $A \cdot \overline{C} + \overline{A} \cdot B + B \cdot \overline{C}$

解説　論理関数 X をブール代数の公式を利用して変形すると

$$X = (A + B) \cdot ((A + \overline{C}) + (\overline{A} + B)) \cdot (\overline{A} + \overline{C})$$
$$= (A + B) \cdot ((A + \overline{A}) + B + \overline{C}) \cdot (\overline{A} + \overline{C}) \quad\quad (A + \overline{A} = 1)$$
$$= (A + B) \cdot (1 + B + \overline{C}) \cdot (\overline{A} + \overline{C}) \quad\quad (1 + B + \overline{C} = 1)$$
$$= (A + B) \cdot (\overline{A} + \overline{C})$$
$$= A \cdot \overline{A} + A \cdot \overline{C} + B \cdot \overline{A} + B \cdot \overline{C} \quad\quad (A \cdot \overline{A} = 0)$$
$$= \boldsymbol{A \cdot \overline{C} + \overline{A} \cdot B + B \cdot \overline{C}}$$

となります．

公式が難しいね．"1" と "0" を入れて計算してみてね．

解答　③

2.1 伝送路

出題のポイント

- ●絶対レベルの求め方
- ●電気通信回線の伝送損失・利得・伝送量の求め方
- ●特性インピーダンスと電圧反射係数
- ●誘導電圧と信号対雑音電力比
- ●漏話と漏話減衰量の求め方
- ●伝送路上のデータ信号速度の表し方

1 伝送量の表し方

電気通信回線などの電気信号の伝送割合は dB（デシベル）の単位を用いて表します．入力電力を P_1〔W〕，出力電力を P_2〔W〕とすると，伝送量 N〔dB〕は次式で表されます．

$$N = 10 \log_{10} \frac{P_2}{P_1} \text{〔dB〕} \tag{2.1}$$

デシベルを用いることで，大きな数値でも計算しやすくなります．

[1] 相対レベルと絶対レベル

一般にデシベルで表す場合は，入力電力を基準とした出力電力の比などの相対値を表し，これを**相対レベル**といいます．基準電力を 1〔mW〕として，1〔mW〕に対する比で表したデシベル値を**絶対レベル**と呼び，P〔W〕の絶対レベル S〔dBm〕は次式で表されます．

補足
相対レベルは単位がありません．絶対レベルの単位は〔dBm〕を用います．

$$S = 10 \log_{10} \frac{P}{1\text{〔mW〕}} \text{〔dBm〕} \tag{2.2}$$

P〔mW〕の絶対レベル S〔dBm〕は次式で表されます．

$$S = 10 \log_{10} P \text{〔dBm〕} \tag{2.3}$$

[2] 電力増幅度と電圧増幅度のデシベル

伝送路や増幅回路などの電力や電圧の比は**デシベル**で表されます．電力増幅度 G をデシベル G_{dB}〔dB〕で表すと，次式で表されます．

補足
試験問題で用いられる式は，電力比です．

$$G_{\mathrm{dB}} = 10 \log_{10} G \text{〔dB〕} \tag{2.4}$$

また，電圧増幅度 A をデシベル A_{dB}〔dB〕で表すと，次式で表されます．

$$A_{dB} = 20 \log_{10} A \ [\mathrm{dB}] \tag{2.5}$$

$\log_{10}$ は常用対数です．$x = 10^y$ の関係があるとき，次式で表されます．

$$y = \log_{10} x \tag{2.6}$$

---

column　デシベルの計算に必要な公式と数値

デシベルの計算に必要な公式を示します．

$$\log_{10} (ab) = \log_{10} a + \log_{10} b$$

$$\log_{10} \frac{a}{b} = \log_{10} a - \log_{10} b$$

$$\log_{10} a^b = b \log_{10} a$$

$$\log_{10} 10^n = n$$

よく使われる数値を次に示します．

$$\log_{10} 1 = \log_{10} 10^0 = 0$$

$$\log_{10} 10 = \log_{10} 10^1 = 1$$

$$\log_{10} 100 = \log_{10} 10^2 = 2$$

$$\log_{10} \frac{1}{10} = \log_{10} 10^{-1} = -1$$

$$\log_{10} 2 \fallingdotseq 0.3$$

$$\log_{10} 3 \fallingdotseq 0.48$$

$$\log_{10} 4 = \log_{10} (2 \times 2) = \log_{10} 2 + \log_{10} 2 \fallingdotseq 0.6$$

試験問題のデシベルを使う計算では，10^n の値の計算ができれば大丈夫だよ．

---

[3] 伝送量の計算

図 2.1 のように，伝送路は電気通信回線と増幅器などで構成されます．電気通信回線では伝送損失により信号は減衰します．信号の減衰を補うためには増幅器が用いられます．このような伝送路全体の伝送量は，増幅器の利得のデシベル値から伝送損失のデシベル値を引いて計算することができます．

線路の単位長さ（1〔km〕）当たりの減衰量を L_x〔dB/km〕とすると，長さ l〔km〕の線路の伝送損失 L〔dB〕は，次式で表されます．

$$L = L_x \times l \ [\mathrm{dB}] \tag{2.7}$$

補足
普通は，デシベルの値は掛け算で計算しませんが，線路の減衰量はデシベルの値と線路の長さの掛け算で求めます．

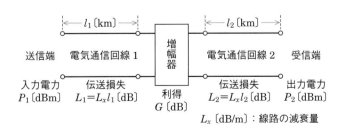

図 2.1　伝送路の伝送量

図 2.1 の電気通信回線において，出力電力 P_R 〔dBm〕は次式で表されます.

$$P_2 = P_1 - L_1 + G - L_2 \ \text{〔dBm〕} \tag{2.8}$$

また，受信端の電力 P_2 〔mW〕と送信端の電力 P_1 〔mW〕の比を**伝送量**といい，伝送量のデシベル値 N 〔dB〕は，式 (2.8) より，次式で表されます.

$$N = 10 \log_{10} \frac{P_2}{P_1} \ \text{〔dB〕} \tag{2.9}$$

$$N = P_2 \ \text{〔dBm〕} - P_1 \ \text{〔dBm〕} = G - L_1 - L_2 \ \text{〔dB〕} \tag{2.10}$$

2 線路の伝送特性

[1] 線路の特性インピーダンス

平行線路などの伝送線路に高周波電流を流すと，単位長さ当たりの導体の抵抗 R 〔Ω/m〕，インダクタンス L 〔H/m〕，静電容量 C 〔F/m〕，漏れコンダクタンス G 〔S/m〕の値を持った分布定数回路として表されます．線路上の電圧と電流の比はこれらの値で求めることができるインピーダンスで表されます．これを**線路の特性インピーダンス**といいます．**無限長の線路**では，線路の**入力インピーダンスは特性インピーダンスに等しくなります**.

[2] 反 射

図 2.2 のように，線路の特性インピーダンスが異なる線路を接続すると，接続点において，送信端から受信端に進む入射波電圧 V_F 〔V〕の一部の電圧が反射波電圧 V_R 〔V〕となって送信端に戻ります．このとき，電圧反射係数 Γ （ガンマ）は次式で表されます.

$$\Gamma = \frac{V_R}{V_F} \tag{2.11}$$

図 2.3 のように，特性インピーダンス Z_0 〔Ω〕の線路の受信端に負荷インピーダンス Z_1 〔Ω〕を接続したときの電圧反射係数 Γ は次式で表されます.

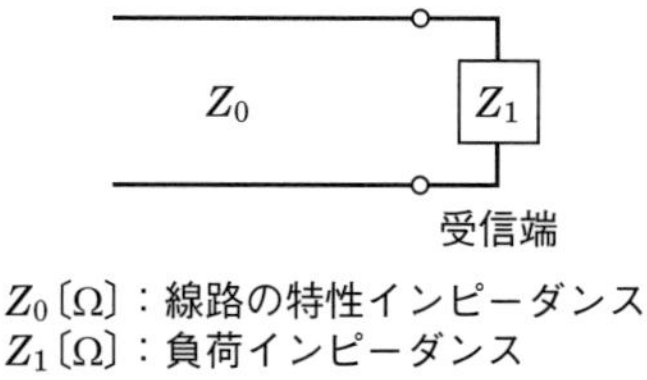

$$\Gamma = \frac{Z_1 - Z_0}{Z_1 + Z_0} \tag{2.12}$$

式 (2.12) において，$Z_1 = Z_0$ のときは $\Gamma = 0$ で反射がない状態．$Z_1 = 0$ の受信端の負荷が短絡しているときは $\Gamma = -1$ となって**反射波は逆位相で全反射**される状態．$Z_1 = \infty$ （**無限大**）の受信端に負荷がつながっていないときは $\Gamma = 1$ となって**反射波は同位相で全反射**される状態となります.

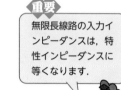

重要

無限長線路の入力インピーダンスは，特性インピーダンスに等しくなります.

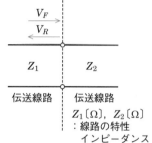

Z_1 〔Ω〕，Z_2 〔Ω〕 ：線路の特性インピーダンス

図 2.2 線路の接続

重要

反射係数は，波が反射する係数だから，反射波電圧と入射波電圧の比で表されます.

Z_0 〔Ω〕：線路の特性インピーダンス
Z_1 〔Ω〕：負荷インピーダンス

図 2.3 反射

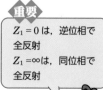

重要

$Z_1 = 0$ は，逆位相で全反射
$Z_1 = \infty$ は，同位相で全反射

$Z_1 = Z_0$ のときは，送信端から受信端を見た入力インピーダンスは特性インピーダンス Z_0 と等しい値を持ちます．$Z_1 \neq Z_0$ で線路に反射がある状態では，送信端から受信端を見たインピーダンスは，Z_1，Z_0，使用周波数，線路の長さによって決まる値を持ちます．

[3] 整　合

図2.4のように，線路の特性インピーダンスが異なる線路 Z_1，Z_2〔Ω〕を接続するとき，反射波が生じないように変成器（トランス）などを用いてインピーダンスを整合します．変成器の1次側と2次側の巻数を n_1，n_2 とすると，次式の関係のとき整合を取ることができます．

$$\left(\frac{n_1}{n_2}\right)^2 = \frac{Z_1}{Z_2} \tag{2.13}$$

補足
変成器の電圧は巻数に比例します．電流は 1/（巻数）に比例します．インピーダンスは（電圧）/（電流）で表されるので，巻数の2乗に比例します．

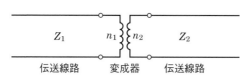

伝送線路　　変成器　　伝送線路

Z_1〔Ω〕，Z_2〔Ω〕：線路の特性インピーダンス
n_1，n_2：巻数

図2.4　整合

3 線路に発生する雑音と漏話

[1] 線路の種類

① 平衡対ケーブル

図2.5のように，2本の導線を平行に並べてビニルなどの誘電体で絶縁した構造です．屋内配線のようにケーブル長が短い場合は平行線を用いますが，一般に2本の導線を撚り合わせた図2.5（a）の対撚りケーブルや2対4本の導線を撚り合わせた図2.5（b）の星形カッド撚りケーブルを使用します．外部からの電磁誘導や静電誘導により，平衡対ケーブルに誘導電圧が発生します．撚りケーブルでは，撚られた導線の向きが交互に変わることによって，誘導電圧も逆向きとなるので，外部からの誘導の影響が小さい特徴があります．

補足
ケーブルを伝わる電気は，導線の周りの空間に発生する電界や磁界によって伝わります．電圧によって生じる電界と電流によって生じる磁界の比がケーブルの特性インピーダンスとなります．特性インピーダンスは，導線の直径や周りの誘電体によって決まる特定の値を持ち，平衡対撚りケーブルは約100〔Ω〕で，同軸ケーブルは50〔Ω〕か75〔Ω〕です．

（a）対撚りケーブル　　（b）星形カッド撚りケーブル

図2.5　平衡対ケーブル

② 同軸ケーブル

図 2.6 のように，一般に単銅線または撚り銅線の内部導体と網組銅線を用いた外部導体をポリエチレンなどの誘電体で絶縁した構造です．外部導体は円筒形で内部導体を覆った構造なので，外部導体で心線を外部の電磁界から遮蔽することができます．

外部導体

内部導体　誘電体

図 2.6　同軸ケーブル

[2] 雑　音

① 伝送系で発生する雑音

雑音は，特にアナログ信号を伝送するときに影響します．平衡対ケーブルの回線相互間の静電結合や電磁結合によって発生する漏話雑音，複数のチャネルを伝送する多重伝送において増幅器の非直線性により発生する準漏話雑音などがあります．また，電力線からの誘導作用により発生する雑音電圧は，静電誘導電圧と電磁誘導電圧があります．**静電誘導電圧**は電力線の**電圧に比例**して変化し，**電磁誘導電圧**は電力線の**電流に比例**して変化します．

重要

電力線から平衡対ケーブルに誘起される静電誘導電圧は，電力線の電圧に比例して変化します．

② 信号対雑音比

電気通信回線などの信号電力と雑音電力の比を表したものが**信号対雑音比**です．信号対雑音比は，一般に dB（デシベル）で表されます．信号電力を P_S〔W〕，雑音電力を P_N〔W〕とすると，信号電力対雑音電力比 S/N〔dB〕は次式で表されます．

$$S/N = 10 \log_{10} \frac{P_S}{P_N} \tag{2.14}$$

雑音電力が小さいほど S/N は大きくなるので，S/N が大きい回線ほど良好な回線を表します．

重要

信号電力対雑音電力比

$S/N = 10 \log_{10} \dfrac{P_S}{P_N}$

[3] 漏　話

電気通信回線は多数の導線で構成されていますが，それらの導線は電磁的あるいは静電的に結合することがあります．このとき，他の回線からの信号が伝送回線に漏れてくる信号を**漏話**といいます．一般にアナログ回線では信号を判別することができますが，デジタル回線では漏話雑音となって信号対雑音比が劣化します．

① 近端漏話と遠端漏話

図 2.7 のように，誘導回線の信号が被誘導回線に現れる漏話において，誘導

補足

誘導する回線の送信端側に遠い方が遠端漏話で，近い方が近端漏話です．

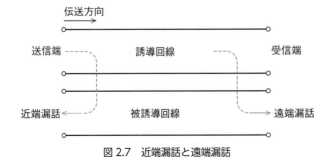

図 2.7　近端漏話と遠端漏話

回線の伝送方向を正の方向として，**正の方向に現れる漏話**を**遠端漏話**といい，その反対方向の**負の方向に現れる漏話**を**近端漏話**といいます．

② 漏話の発生原因

図2.5のような**平衡対ケーブル**において，誘導回線に流れる信号電流による電磁結合によって，被誘導回線に漏話が発生します．**電磁結合による漏話**は誘導回線の**電流に比例**します．また，誘導回線と被誘導回線の導線間の静電結合によって漏話が発生します．誘導結合による漏話は，ケーブルの片方の向きに誘導電流が発生しますが，静電結合による漏話は両方の向きに誘導電流が発生するため，近端漏話や遠端漏話として方向性のある漏話が発生します．

同軸ケーブルは，一般に内部導体の静電結合や電磁結合による漏話は発生しませんが，外部導体に発生する不平衡起電力が他の同軸ケーブルに導電結合し漏話が発生します．通常の伝送周波数帯域において，同軸ケーブルを伝送する信号の周波数が高いと外部導体を流れる電流は外部導体の内側に集中するので漏話は小さくなり，**周波数が低くなると大きく**なります．

③ 漏話減衰量

誘導回線の信号電力を P_S〔W〕，被誘導回線の漏話による電力を P_X〔W〕とすると，漏話減衰量 X は次式で表されます．

$$X = 10 \log_{10} \frac{P_S}{P_X} \text{〔dB〕} \tag{2.15}$$

漏話減衰量が大きいほど良好な回線を表します．

補足

電磁誘導はコイルに発生する誘導起電力と同じです．導線が直線でも発生します．

重要

同軸ケーブルの漏話は信号の周波数が低くなると大きくなります．

重要

漏話減衰量

$X = 10 \log_{10} \dfrac{P_S}{P_X}$

4 伝送速度の表し方

伝送路上に2進符号で表されるデジタル信号を伝送するときは，1秒間に何ビット〔bit〕のデータを伝送することができるかを表す**データ信号速度**で表され，単位は，ビット毎秒〔bit/s〕です．図2.8のような，2進符号のデータ信号を直接伝送するシリアル伝送において，データ信号のパルス幅が T〔s〕のとき，データ信号速度 S〔bit/s〕は次式で表されます．

$$S = \frac{1}{T} \text{〔bit/s〕} \tag{2.16}$$

2進数で表されるデジタル信号の単位はビット〔bit〕だね．1秒間に何ビット送れるかがデータ信号速度だよ．

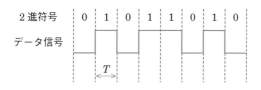

図2.8 データ信号速度

問 1 ☐ミリワットの電力を絶対レベルで表すと，10 〔dBm〕である.
　① 1　② 10　③ 100

解説　P〔mW〕の絶対レベル S〔dBm〕は次式で表されます.

$$S = 10 \log_{10} P \tag{1}$$

式 (1) に $S = 10$ を代入すると

$$10 = 10 \log_{10} P$$

よって　$P = 10^1$〔mW〕= **10**〔**mW**〕

10〔mW〕は 10〔dBm〕，100〔mW〕は 20〔dBm〕を覚てね.

解答 ②

問 2 ☐ミリワットの電力を絶対レベルで表すと，20〔dBm〕である.
　① 1　② 10　③ 100

解説　$S = 10 \log_{10} P$ の式に $S = 20$ を代入すると

$$20 = 10 \log_{10} P$$

よって　$P = 10^2$〔mW〕= **100**〔**mW**〕

10 は 0 が一つ，20 は 0 が二つだよ.

解答 ③

問 3 ☐ミリワットの電力を絶対レベルで表すと，− 20〔dBm〕である.
　① 0.01　② 0.1　③ 1

解説　$S = 10 \log_{10} P$ の式に $S = -20$ を代入すると

$$-20 = 10 \log_{10} P$$

よって　$P = 10^{-2}$〔mW〕= $\dfrac{1}{100}$〔mW〕= **0.01**〔**mW**〕

0.1〔mW〕は − 10〔dBm〕，0.01〔mW〕は − 20〔dBm〕を覚えてね.

解答 ①

問 4 図2.9において，電気通信回線への入力電力が 160 ミリワット，その伝送損失が 1 キロメートル当たり 0.8 デシベル，電力計の読みが 1.6 ミリワットのとき，増幅器の利得は，□□□ デシベルである．ただし，入出力各部のインピーダンスは整合しているものとする．

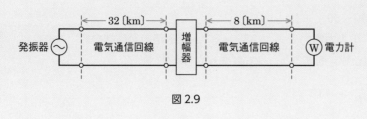

図 2.9

① 8　② 10　③ 12

解説 電気通信回線への入力電力を $P_1 = 160$ 〔mW〕，伝送路の受信端の電力計の読みを $P_2 = 1.6$ 〔mW〕とすると，伝送量 N 〔dB〕は次式で表されます．

$$N = 10 \log_{10} \frac{P_2}{P_1} = 10 \log_{10} \frac{1.6}{160} = 10 \log_{10} \frac{1}{100}$$

$$= 10 \log_{10} 10^{-2} = 10 \times (-2) = -20 \text{〔dB〕}$$

$$100 = 10^2$$
$$1 = 10^0$$
$$\frac{1}{100} = \frac{10^0}{10^2}$$
$$= 10^{0-2}$$
$$= 10^{-2}$$

線路の単位長さ当たりの減衰量を $L_x = 0.8$ 〔dB/km〕とすると，長さ $l_1 = 32$ 〔km〕，$l_2 = 8$ 〔km〕の線路の伝送損失 L_1，L_2 〔dB〕は，次式で表されます．

$$L_1 = L_x \times l_1 = 0.8 \times 32 = 25.6 \text{〔dB〕}$$

$$L_2 = L_x \times l_2 = 0.8 \times 8 = 6.4 \text{〔dB〕}$$

増幅器の利得を G 〔dB〕とすると，伝送量 N 〔dB〕は次式で表されます．

$$N = G - L_1 - L_2 \text{〔dB〕}$$

よって　$G = N + L_1 + L_2 = -20 + 25.6 + 6.4 = \mathbf{12} \text{〔\textbf{dB}〕}$

解答 ③

問 5 図2.10において，電気通信回線への入力電力が 78 ミリワット，その伝送損失が 1 キロメートル当たり 1.5 デシベル，増幅器の利得が 50 デシベルのとき，電力計の読みは □□□ ミリワットである．ただし，入出力各部のインピーダンスは整合しているものとする．

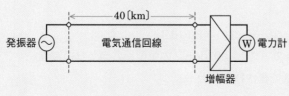

図 2.10

① 7.8　② 78　③ 780

解説 線路の単位長さ当たりの減衰量を $L_x = 1.5$ 〔dB/km〕とすると，長さ $l = 40$ 〔km〕の線路の伝送損失 $L = 1.5 \times 40 = 60$ 〔dB〕なので，増幅器の利得を $G = 50$ 〔dB〕とすると，伝送量 N 〔dB〕は次式で表されます．

$$N = G - L = 50 - 60 = -10 \text{ 〔dB〕}$$

電気通信回線への入力電力を $P_1 = 78$ 〔mW〕，伝送路の受信端の電力計の読みを P_2 〔mW〕とすると，次式が成り立ちます．

$$N = 10 \log_{10} \frac{P_2}{P_1} = -10$$

よって $\dfrac{P_2}{P_1} = 10^{-1}$

したがって $P_2 = P_1 \times 10^{-1} = 78 \times 0.1 =$ **7.8** 〔**mW**〕 **解答** ①

電力比の100倍は 20〔dB〕＝ 10^2 1/100 は -20〔dB〕 1/10 は -10〔dB〕 を覚えると計算が楽だね．

問6 図2.11において，電気通信回線への入力電力が25ミリワット，その伝送損失が1キロメートル当たり □ デシベル，増幅器の利得が26デシベルのとき，電力計の読みは，2.5ミリワットである．ただし，入出力各部のインピーダンスは整合しているものとする．

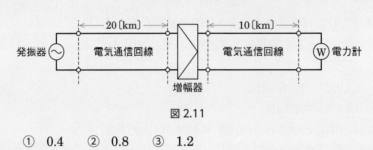

図 2.11

① 0.4 ② 0.8 ③ 1.2

解説 電気通信回線への入力電力を $P_1 = 25$ 〔mW〕，伝送路の受信端の電力計の読みを $P_2 = 2.5$ 〔mW〕とすると，伝送量 N 〔dB〕は次式で表されます．

$$N = 10 \log_{10} \frac{P_2}{P_1} = 10 \log_{10} \frac{2.5}{25} = 10 \log_{10} \frac{1}{10}$$

$$= 10 \log_{10} 10^{-1} = 100 \times (-1) = -10 \text{ 〔dB〕}$$

線路の伝送損失を $L = L_1 + L_2$ 〔dB〕，増幅器の利得を G 〔dB〕とすると，次式が成り立ちます．

$$N = G - L \text{ 〔dB〕}$$

よって $L = G - N = 26 - (-10) = 36$ 〔dB〕

線路の長さ $l = l_1 + l_2 = 20 + 10 = 30$ 〔km〕の単位長さ当たりの減衰量 L_x 〔dB/km〕は，次式で表されます．

$$L_x = \frac{L}{l} = \frac{36}{30} = \textbf{1.2} \text{ 〔\textbf{dB/km}〕}$$ **解答** ③

L の値はマイナスなので，計算をするときは（ ）を付けて，間違わないように計算してね．

問7 無限長の一様線路における入力インピーダンスは，その線路の特性インピーダンス□□□．

① の$\frac{1}{2}$である　② の2倍である　③ と等しい

解説 無限長の一様線路における入力インピーダンスは，その線路の特性インピーダンスと**等しく**なります．

解答 ③

問8 線路の接続点に向かって進行する信号波の接続点での電圧を V_F とし，接続点で反射される信号波の電圧を V_R としたとき，接続点における電圧反射係数は□□□で表される．

① $\dfrac{V_R}{V_F + V_R}$　② $\dfrac{V_F - V_R}{V_F}$　③ $\dfrac{V_R}{V_F}$　④ $\dfrac{V_F}{V_R}$

解説 電圧反射係数 Γ は信号波が反射する係数で，反射される信号波の電圧 V_R〔V〕と進行する信号波の電圧 V_F〔V〕の比を用い，次式で表されます．

$$\Gamma = \frac{V_R}{V_F}$$

解答 ③

問9 特性インピーダンスが Z_0 の通信線路に負荷インピーダンス Z_1 を接続する場合，□□□のとき，接続点での入射電圧波は，逆位相で全反射される．

① $Z_1 = 0$　② $Z_1 = \dfrac{Z_0}{2}$　③ $Z_1 = Z_0$

解説 特性インピーダンス Z_0〔Ω〕の線路の受信端に負荷インピーダンス Z_1〔Ω〕を接続したときの電圧反射係数 Γ は次式で表されます．

$$\Gamma = \frac{Z_1 - Z_0}{Z_1 + Z_0} \tag{1}$$

式(1)において，受信端の負荷が短絡しているとき（$Z_1 = 0$ のとき），$\Gamma = -1$ となり，入射電圧波は逆位相で全反射されます．

$Z_1 = 0$ は，逆位相で全反射
$Z_1 = \infty$は，同位相で全反射
だよ．

解答 ①

問10 特性インピーダンスが Z_0 の通信線路に負荷インピーダンス Z_1 を接続する場合，□□□ のとき，接続点での入射電圧波は，同位相で全反射される.

① $Z_1 = Z_0$　　② $Z_1 = \dfrac{Z_0}{2}$　　③ $Z_1 = \infty$

解説　特性インピーダンス Z_0 〔Ω〕の線路の受信端に負荷インピーダンス Z_1 〔Ω〕を接続したときの電圧反射係数 Γ は次式で表されます.

$$\Gamma = \frac{Z_1 - Z_0}{Z_1 + Z_0} = \frac{1 - \dfrac{Z_0}{Z_1}}{1 + \dfrac{Z_0}{Z_1}} \tag{1}$$

$Z_1 = 0$ は，逆位相で全反射
$Z_1 = \infty$ は，同位相で全反射
だよ.

式 (1) において，受信端に負荷がつながっていないとき（$Z_1 = \infty$（無限大），よって $1/Z_1 = 0$ のとき），$\Gamma = 1$ となり，入射電圧波は同位相で全反射されます.

解答 ③

問11 電力線からの誘導作用によって通信線（平衡対ケーブル）に誘起される□□□電圧は，一般に，電力線の電圧に比例して変化する.

① 電磁誘導　　② 静電誘導　　③ 放電

解説　電力線の電圧に比例して変化するのは，**静電誘導電圧**です.

解答 ②

問12 信号電力を P_S ワット，雑音電力を P_N ワットとすると，信号電力対雑音電力比は，□□□デシベルである.

① $10 \log_{10} \dfrac{P_N}{P_S}$　　② $10 \log_{10} \dfrac{P_S}{P_N}$　　③ $20 \log_{10} \dfrac{P_N}{P_S}$　　④ $20 \log_{10} \dfrac{P_S}{P_N}$

解説　信号電力対雑音電力比 S/N 〔dB〕は次式で表されます.

$$S/N = 10 \log_{10} \frac{P_S}{P_N} \text{ 〔dB〕}$$

電力比の dB は，$10 \log_{10}$ だよ.

雑音電力が小さいほど S/N は大きくなるので，S/N が大きい回線ほど良好な回線を表します.

解答 ②

問13 誘導回線の信号が被誘導回線に現れる漏話のうち，誘導回線の信号の伝送方向を正の方向とし，その反対方向を負の方向とすると，正の方向に現れるものは， ☐ 漏話といわれる．

① 直接　② 間接　③ 遠端　④ 近端

解説 誘導回線の伝送方向を正の方向として，正の方向に現れる漏話を**遠端漏話**といいます．

なお，反対方向（負の方向）に現れる漏話を近端漏話といいます．

解答 ③

問14 誘導回線の信号が被誘導回線に現れる漏話のうち，誘導回線の信号の伝送方向を正の方向とし，その反対方向を負の方向とすると，負の方向に現れるものは， ☐ 漏話といわれる．

① 直接　② 間接　③ 遠端　④ 近端

解説 誘導回線の伝送方向を正の方向として，負の方向（反対方向）に現れる漏話を**近端漏話**といいます．

なお，正の方向に現れる漏話を遠端漏話といいます．

解答 ④

問15 ケーブルにおける漏話について述べた次の二つの記述は， ☐ ．

A　平衡対ケーブルを用いて構成された電気通信回線間の電磁結合による漏話は，心線間の相互誘導作用により生ずるものであり，その大きさは，誘導回線の電流に反比例する．

B　同軸ケーブルの漏話は，導電結合により生ずるが，一般に，その大きさは，通常の伝送周波数帯域において伝送される信号の周波数が低くなると大きくなる．

① Aのみ正しい　② Bのみ正しい

③ AもBも正しい　④ AもBも正しくない

解説 A 「誘導回線の電流に**反比例**」ではなく，正しくは「誘導回線の電流に**比例**」です．

解答 ②

電磁誘導による結合で発生する電圧は，電流に比例するよ．

問16

同軸ケーブルの漏話は，導電的な結合により生ずるが，一般に，その大きさは，通常の伝送周波数帯域において，伝送される信号の周波数が低くなると [   ].

① ゼロとなる ② 小さくなる ③ 大きくなる

解説 通常の伝送周波数帯域において，同軸ケーブルを伝送する信号の周波数が高いと外部導体を流れる電流は外部導体の内側に集中するので漏話は小さくなり，逆に周波数が低くなると漏話は**大きく**なります.

解答 ③

問17

平衡対ケーブルにおける誘導回線の信号電力を P_S ワット，被誘導回線の漏話による電力を P_X ワットとすると，漏話減衰量は， [   ] デシベルである.

① $10 \log_{10} \dfrac{P_S}{P_X}$ ② $10 \log_{10} \dfrac{P_X}{P_S}$ ③ $20 \log_{10} \dfrac{P_S}{P_X}$ ④ $20 \log_{10} \dfrac{P_X}{P_S}$

解説 誘導回線の信号電力を P_S [W]，被誘導回線の漏話による電力を P_X [W] とすると，漏話減衰量 X は次式で表されます.

$$X = 10 \log_{10} \frac{P_S}{P_X} \ [\text{dB}]$$

漏話減衰量が大きいほど良好な回線を表します.

電力比の dB は，$10 \log_{10}$ だよ.

解答 ①

問18

データ信号速度は 1 秒間に何ビットのデータを伝送するかを表しており，シリアル伝送によるデジタルデータ伝送方式において，図 2.12 に示す 2 進符号によるデータ信号を伝送する場合，データ信号のパルス幅 T が 2.5 ミリ秒のとき，データ信号速度は [   ] ビット／秒である.

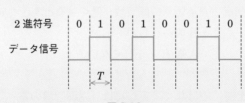

| 2進符号 | 0 | 1 | 0 | 1 | 0 | 0 | 1 | 0 |

図 2.12

① 250 ② 400 ③ 800

解説 パルス幅が $T = 2.5$ [ms] $= 2.5/1\,000$ [s] のとき，データ信号速度 S [bit/s] は次式で表されます.

$$S = \frac{1}{T} = \frac{1\,000}{2.5} = \frac{10\,000}{25} = \mathbf{400} \ [\textbf{bit/s}]$$

ミリ [m] を 1/1 000 で計算すると計算が楽だね.

解答 ②

2.2 変調方式

出題のポイント

- ●アナログ信号のSSB伝送方式
- ●デジタル信号の変調方式
- ●標本化定理のサンプリング周波数
- ●PCMのデータ信号速度の求め方

1 変 調

　伝送路を使って送られる高周波の搬送波を音声などの低周波信号やデジタル信号などの信号波に応じて変化させることを**変調**といいます．受信側で変調された被変調波から信号を取り出すことを**復調**といいます．

　変調された被変調波は搬送波の周波数を変えれば，いくつかの被変調波を同じ伝送路で同時に伝送することができます．また，電波として伝送するときにも用いられます．デジタル信号をアナログ回線や光回線で伝送するときに用いられる変復調装置を **MODEM**（モデム）といいます．

　搬送波の振幅を信号波の**振幅で変化させる変調方式**を**振幅変調**（AM），搬送波の**周波数を変化させる変調方式**を**周波数変調**（FM），搬送波の**位相を変化させる変調方式**を**位相変調**（PM）といいます．

　各変調方式の波形を図2.13に示します．

> AM は，Amplitude^{アンプリチュード}（振幅）Modulation^{モジュレーション}（変調）
> FM は，Frequency^{フリークエンシー}（周波数）Modulation
> PM は，Phase^{フェーズ}（位相）Modulation の略語だよ．

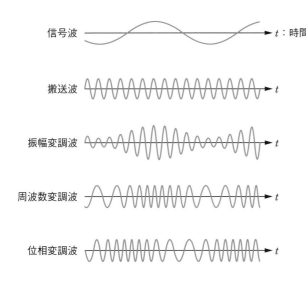

図 2.13　各変調方式の波形

2 | SSB

振幅変調された被変調波は，搬送波の周波数を f_c〔Hz〕，信号波の周波数を f_s〔Hz〕とすると，図 2.14 (a) のように，搬送波の上下の周波数 $f_c + f_s$〔Hz〕と $f_c - f_s$〔Hz〕に側波が発生します．図 2.14 (b) の音声信号で振幅変調された被変調波では，搬送波の上下の周波数に図 2.14 (c) のような側波帯が発生します．

搬送波と両方の側波帯を伝送する方式を**両側波帯（DSB）**伝送と呼び，片方の側波帯のみを伝送する方式を**単側波帯（SSB）**伝送といいます．

SSB は，Single（単一）Side Band（側波帯）の略語だよ．

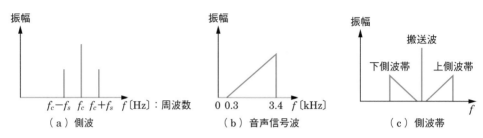

図 2.14　振幅変調の周波数成分

3 | デジタル信号の変調

デジタル信号の "1" と "0" に対応して，搬送波の**振幅を変化**させる変調方式を **ASK**，搬送波の**周波数を変化**させる変調方式を **FSK**，搬送波の**位相を変化**させる変調方式を **PSK** と呼びます．図 2.15 に各変調波形を示します．

PSK などの S は Shift（偏移）K は Keying（断続操作）の略語だよ．

重要

ASK は搬送波の振幅を，FSK は搬送波の周波数を，PSK は搬送波の位相を変化させます．

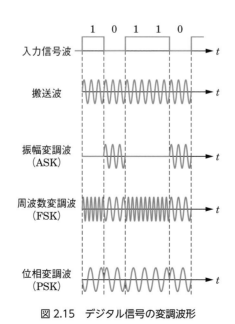

図 2.15　デジタル信号の変調波形

PSK において，図2.16 (a) の搬送波の位相を図2.16 (b) のようにデジタル信号の "0" または "1" に合わせて，二つの位相 0〔°〕と 180〔°〕に偏移させる方式を BPSK または 2PSK 方式といいます．図2.16 (c) のように位相の偏移を 0〔°〕，90〔°〕，180〔°〕，270〔°〕とすると，1回の変調で 4 値の情報を伝送することができます．それらを "00"，"01"，"11"，"10" の符号に対応させて 1回の変調で $2^2 = 2$〔ビット〕の情報を伝送する方式をQPSK または 4PSK 方式といいます．位相や振幅の偏移を組み合わせることによって，1回の変調で多値の情報を伝送する方式を**多値符号**といいます．多値符号を用いると伝送路の帯域をあまり変えずに情報の**伝送速度を上げる**ことができます．

重要

多値符号は，情報の伝送速度を上げることができます．

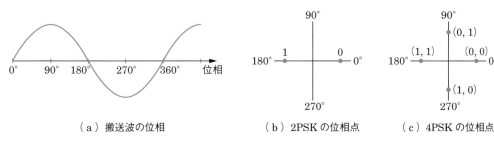

（a）搬送波の位相   （b）2PSK の位相点   （c）4PSK の位相点

図 2.16　PSK の位相点

4　パルス変調

信号波で変調する搬送波が方形パルスのときは，図2.17 に示す変調方式が用いられます．

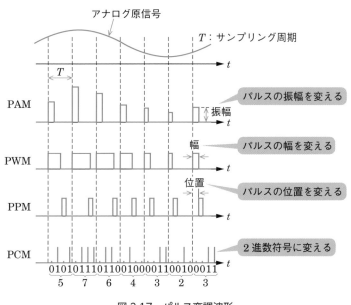

図 2.17　パルス変調波形

① PAM （パルス振幅変調）：信号波の振幅でパルスの振幅を変化させる.

② **PWM**（パルス幅変調）：信号波の振幅で**パルスの幅を変化させる**.

③ PPM （パルス位置変調）：信号波の振幅で繰り返しパルスの時間的な位置を変化させる.

④ **PCM** （パルス符号変調）：信号波の振幅を標本化，量子化した後に 2 進数符号に変換してパルス列とする.

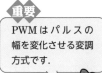

重要
PWM はパルスの幅を変化させる変調方式です.

5 PCM

連続量を持つアナログ信号を 2 進数で表されるデジタル信号に変換するには，PCM 方式が用いられています．図 2.18 に PCM に変換する過程を示します.

［1］標本化（サンプリング）

アナログ信号の振幅を一定の時間間隔で抽出します.

［2］量子化

標本化されたパルスの振幅を何段階かの定まったレベルとします.

［3］符号化

量子化されたパルスの振幅の値を，2 進数の符号で表される一定振幅のパルスにします.

デジタル量にするには，いくつかの定められた値にするんだよ．それが量子化だよ.

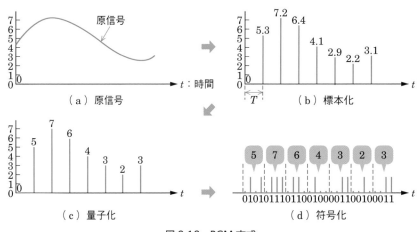

図 2.18　PCM 方式

6 標本化定理

PCM の変調過程において，標本化はアナログ信号の振幅値をある一定の時間間隔で読み出しますが，そのとき，アナログ信号に含まれる周波数成分のうち，**最高周波数の 2 倍の周波数にあたる周期で標本化すれば，受信側で元のアナログ信号の波形を復元することができます**．これを**標本化定理**といい，**標本化（サンプリング）周波数**はアナログ信号に含まれている**最高周波数の 2 倍以上の周波数**とします.

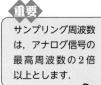

重要
サンプリング周波数は，アナログ信号の最高周波数の 2 倍以上とします.

標本化周波数を f〔kHz〕，符号化のビット数を n〔bit〕とすると，データ信号速度 S〔kbit/s〕は，次式で表されます．

$$S = fn \text{〔kbit/s〕} \tag{2.17}$$

電話の音声伝送で用いられる周波数は，300〔Hz〕から 3 400〔Hz〕です．余裕をみて最高周波数を 4〔kHz〕とすると，8〔kHz〕で標本化して，8〔bit〕（$2^8 = 256$）の 2 進符号に符号化します．一般の伝送路では，それを $8 \times 8 = 64$〔bit/s〕のデータ信号速度で伝送します．

問 1

振幅変調によって生じた上側波帯と下側波帯のいずれかを用いて信号を伝送する方法は，◻︎◻︎◻︎伝送といわれる．

① 両側波帯（DSB）　② 単側波帯（SSB）　③ 残留側波帯（VSB）

解説　片方の側波帯のみを伝送する方式を**単側波帯（SSB）**伝送と呼びます．なお，搬送波と両方の側波帯を伝送する方式は両側波帯（DSB）伝送といいます．

S は，シングルだから単だよ．

解答 ②

問 2

デジタル信号の変調において，デジタルパルス信号の 1 と 0 に対応して正弦搬送波の◻︎◻︎◻︎を変化させる方式は，一般に，FSK（Frequency Shift Keying）といわれる．

① 振幅　② 位相　③ 周波数

解説　FSK は搬送波の**周波数**（Frequency）を変化させる方式です．

解答 ③

問 3

デジタル信号の変調において，デジタルパルス信号の 1 と 0 に対応して正弦搬送波の周波数を変化させる方式は，一般に，◻︎◻︎◻︎といわれる．

① ASK　② FSK　③ PSK

解説　搬送波の周波数を変化させる方式は **FSK**（Frequency Shift Keying）です．

解答 ②

問 4 デジタル信号の変調において，PSK（Phase Shift Keying）は，デジタルパルス信号の1と0のビットパターンに対応して正弦搬送波の□□□□を変化させる変調方式である．
① 周波数　② 位相　③ 振幅

解説 PSK は搬送波の**位相**（Phase）を変化させる方式です．

解答 ②

問 5 デジタル信号の変調において，デジタルパルス信号の1と0に対応して正弦搬送波の位相を変化させる方式は，一般に，□□□□といわれる．
① ASK　② PSK　③ PWM

解説 搬送波の位相を変化させる方式は **PSK**（Phase Shift Keying）です．

解答 ②

問 6 デジタル伝送に用いられる伝送路符号には，伝送路の帯域を変えずに情報の伝送速度を上げることを目的とした□□□□符号がある．
① ハミング　② CRC　③ 多値

解説 1回の変調で多値の情報を伝送する方式を**多値符号**といい，多値符号を用いると伝送路の帯域を変えずに情報の伝送速度を上げることができます．

解答 ③

問 7 搬送波として連続する方形パルスを使用し，入力信号の振幅に対応して方形パルスの□□□□を変化させる変調方式は，PWM（Pulse Width Modulation）といわれる．
① 幅　② 強度　③ 位置

解説 PWM（Pulse Width Modulation）はパルスの**幅**（Width）を変化させる変調方式です．

解答 ①

問8 標本化定理によれば，サンプリング周波数を，アナログ信号に含まれている ☐☐☐☐ の2倍以上にすると，元のアナログ信号の波形が復元できるとされている．

① 最低周波数 ② 平均周波数 ③ 最高周波数

解説 アナログ信号に含まれる周波数成分のうち，**最高周波数**の2倍以上の周波数にあたる周期で標本化すれば，受信側で元のアナログ信号の波形を復元することができ，これを標本化定理といいます．

解答 ③

問9 4キロヘルツ帯域幅の音声信号を8キロヘルツで標本化し，☐☐☐☐キロビット／秒で伝送するためには，1標本当たり，7ビットで符号化すればよい．

① 32 ② 56 ③ 64

解説 標本化周波数を $f = 8$〔kHz〕，符号化のビット数を $n = 7$〔bit〕とすると，データ信号速度 S〔kbit/s〕は次式で表されます．

$$S = fn = 8 \times 7 = \mathbf{56} \text{ 〔\textbf{kbit/s}〕}$$

解答 ②

出る

下線の部分は，ほかの試験問題で穴埋めの字句として出題されています．

問10 4キロヘルツ帯域幅の音声信号を8キロヘルツで標本化し，64キロビット／秒で伝送するためには，1標本当たり，☐☐☐☐ビットで符号化する必要がある．

① 8 ② 16 ③ 32

解説 標本化周波数を $f = 8$〔kHz〕，データ信号速度を $S = 64$〔kbit/s〕とすると，符号化のビット数 n〔bit〕は次式で表されます．

$$n = \frac{S}{f} = \frac{64}{8} = \mathbf{8} \text{ 〔\textbf{bit}〕}$$

解答 ①

f〔kHz〕と S〔kbit/s〕の単位は両方 k なので，そのまま割算していいよ．

2.3 伝送方式

出題のポイント
- 多重方式の原理と特徴
- 多元接続方式の原理と特徴
- デジタル伝送方式の雑音特性
- 伝送品質の測定で用いられるエラーチェック方式
- ビット誤りの検出や訂正に用いられる符号方式

1 多重方式

多重通信とは，多数の信号（情報）を一つの伝送路上で同時に伝送する通信方式です．チャネルと呼ばれる各々の信号を周波数別に並べて伝送する方式を**周波数分割多重通信方式**（FDM：Frequency Division Multiplex），各チャネルを時間別に並べて伝送する方式を**時分割多重通信方式**（TDM：Time Division Multiplex）といいます．主に FDM 方式はアナログ信号の多重に，TDM 方式はデジタル信号の多重に用いられます．

[1] FDM 方式

図2.19 のように一定の周波数間隔ごとに配列するために異なる周波数の副搬送波で信号波を変調し，その側波帯を互いに重複しないようにするため伝送周波数軸上に配列することによって，信号波を多重化して伝送する方式です．主にアナログ方式で用いられ振幅変調の SSB 方式が用いられます．

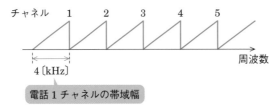

図 2.19 FDM 方式

[2] TDM 方式

図2.20 のように多数のデジタル信号を，各チャネルのパルスまたはパルス群に分割し，一定の時間間隔で複数の信号を**時間的に少しずつずらして配列**する方式です．時分割多重通信方式は**デジタル伝送方式**なので，伝送系に非直線ひずみがあっても回線相互間の漏話は生じない特徴があります．

4〔kHz〕帯域の1チャネルのアナログ音声信号を TDM 方式で用いられている PCM 方式によってデジタル信号に変換すると，64〔kbit/s〕の信号となり，アナログ変調方式で用いられている FDM 方式よりも**広い伝送周波数帯域が必要**です．

多重方式や多元接続方式は，ケーブルや無線などのある伝送路をいくつものユーザで利用するときに必要なんだね．電気通信回線はみんなで使うから多重伝送が多いよ．

FDM は，
Frequeycy（周波数）
Division（分割）
Multiplex（多重）
TDM は，Time（時間）Division Multiplex
の略語だよ．

重要

TDM 方式は，複数の信号を時間的に少しずつずらして配列する方式です．

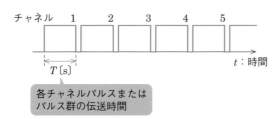

図 2.20　TDM 方式

FDM 方式のアナログ信号を伝送すると伝送路で漏話や雑音の影響を受けます. デジタル信号を TDM 方式で伝送するときは, パルス波の振幅に比較して小さい雑音は, 波形整形回路によって除去することができるので, 伝送路において, 外部からの雑音などの影響を受けにくい特徴があります.

補足

PCM 方式は, 広い伝送周波数帯域が必要ですが, 外部の雑音の影響を受けにくい特徴があります.

2　多元接続方式

複数のユーザが一つ伝送路を分割して利用する場合に, 多元接続方式が用いられます. 多元接続方式の種類を次に示します.

[1] FDMA（周波数分割多元接続）方式

伝送周波数帯域を**複数の周波数帯域に分割**して, 各帯域にそれぞれ別のチャネルを割り当てることによって, 複数のユーザ（利用者）が**同時に通信を行う**ことができる方式です.

[2] TDMA（時分割多元接続）方式

複数のユーザに**時間帯を分割**して割り当てる方式です. 各ユーザは一定時間ごとに自局に割り当てられた時間帯（**タイムスロット**）を利用します. 一定数のパルス群の信号は**フレーム**と呼ばれます. 伝送路の送信側と受信側では, フレームのなかに含まれる基準信号を元に**フレーム同期**を確立しなければ, 受信側で信号を復調することができません.

[3] CDMA（符号分割多元接続）方式

スペクトラム拡散変調によって, 固有の PN（擬似雑音）符号を各ユーザに割り当てて接続する方式です. 主に無線伝送路に用いられます.

FDMA は, Frequency Division Multiplex（多元）Access（接続）
TDMA は, Time Division Multiple Access
CDMA は, Code（符号）Division Multiple Access
の略語だよ.

重要

TDMA 方式 では, 基準信号を元にフレーム同期を確立する必要があります.

3　再生中継方式

PCM 方式などのデジタル伝送方式において, 長距離を伝送する場合は, 信号が減衰するので伝送区間の途中に増幅器が必要となります. 中継器では雑音などが含まれた受信波形から元の波形を再生することにより, 雑音を取り除いて中継することができます. これを**再生中継方式**といいます. アナログ信号では, 元の波形を完全に再生することが不可能なので, 中継器の数が増えると雑音も増加しますが, 再生中継伝送を行っているデジタル伝送方式では, 中継区間で発生した**雑音や波形ひずみ**は, 一般に**次の中継区間には伝達されません**.

デジタルパルスは, "1" か "0" なので元の信号を再生するのが簡単だね.

4 PCM方式の雑音

[1] 量子化雑音

標本化されたアナログ信号は，量子化の過程で一定の段階に分割されたデジタル信号となります．このとき，アナログ信号とデジタル信号には誤差が発生します．これを再生すると階段状のアナログ信号となるので再生波形の雑音となります．

重要

量子化雑音は，アナログ信号をデジタル信号に変換する過程で発生します．

[2] 折返し雑音

標本化するときに，アナログ信号を低域通過フィルタによって，標本化周波数の 1/2 となるように高域の周波数成分を制限しますが，理想的な特性が得られないため高域の周波数成分が標本化されて雑音となります．このとき標本化周波数の 1/2 を超える成分がその周波数で折り返して，それ以下の周波数の雑音となるので折返し雑音と呼ばれます．

[3] 補完雑音

受信側で復号されたパルス状の信号は，低域通過フィルタによってアナログ信号に変換されます．このとき，入力信号の最高周波数以上を通さない理想的な特性が得られないと，それらの成分が雑音となります．

5 符号誤りと訂正技術

[1] 符号誤り率

① BER（長時間符号誤り率）

測定時間中に伝送された符号（ビット）の全個数と，その間に**誤って受信された符号の個数の割合**で表した評価尺度です．

② ％ES

1秒ごとに測定した符号誤り率が一定値（10^{-3}）以上になる時間が長時間（10秒以上）継続した時間をアンアベイラブル時間と呼びます．そうでないアベイラブル時間において符号誤りの発生した秒（ES）の締める割合を百分率で表した評価尺度を％ES といいます．％ES は，測定時間中の**ある時間帯にビットエラーが集中的に発生**しているか否かを判断するための指標となります．

③ ％SES

1秒ごとに平均符号誤り率を測定して，10^{-3} を超える符号誤りが発生した秒（SES）がアベイラブル時間中に占める割合を百分率で表した評価尺度です．

BER は，Bit（2進符号）Errored（誤り）Rate（割合）
％ES は Percent（百分率）Errored Seconds（秒）
％SES は Percent Severely（きびしく）Errored Seconds の略語だよ．

重要

％ES は，ある時間帯に符号誤りが集中して発生しているかどうかの評価尺度です．

[2] 符号誤りの発生原因

長時間に発生する BER は，主に雑音や漏話による S/N の低下により発生します．突発的な雑音の増加などで発生する符号誤りはバースト誤りといいます．短時間に集中して発生する符号誤りは，％ES や％SES によって評価す

ることができます．%SESはフェージングによる同期外れなどが原因で発生することがあります．伝送するパルス列が時間的に遅れたとき，その**遅延時間の揺らぎをジッタ**と呼びます．光中継システムの再生中継ではタイミングパルスのふらつきや共振回路の特性により発生します．

重要
伝送するパルスの遅延時間の揺らぎをジッタといいます．

[3] 誤り訂正符号

伝送路上で発生した符号誤りは，送信側において情報ビットに冗長ビットを付加して送り，それを元に受信側で符号誤りの検出及び訂正を行うことができます．

重要
符号誤り訂正方式には，ハミング符号やCRC符号による誤り訂正方式があります．

1文字ごとにチェックするキャラクタチェック方式には，垂直パリティチェック方式，定マーク符号チェック方式，**ハミング符号**チェック方式などがあります．また，一定の文字数ごとにチェックするブロックチェック方式には，水平垂直パリティチェック方式，群計数チェック方式，**CRC符号**方式などがあります．

I編
2章

電気通信の基礎

問1 デジタル伝送における信号の多重化には，複数の信号を時間的に少しずつずらして配列する□□□方式がある．
　　① TDM　　② SDM　　③ FDM

解説 複数の信号を時間（Time）的に少しずつずらして配列する方式は**TDM**（Time Division Multiplex）方式です．

解答 ①

問2 伝送する音声信号のチャネル数が同じ場合，デジタルパルス変調方式であるPCM方式は，アナログ変調方式であるFDM方式と比較して，必要とする□□□が広くなるが，伝送路において，外部からの雑音などの影響を受けにくいといった特徴を有している．
　　① 伝送周波数帯域　　② スクランブル域　　③ パルス幅

解説 PCM方式は，広い**伝送周波数帯域**が必要ですが，外部からの雑音などの影響を受けにくい特徴があります．

解答 ①

問3 伝送周波数帯域を複数の帯域に分割し，各帯域にそれぞれ別のチャネルを割り当てることにより，複数の利用者が同時に通信を行うことができる多元接続方式は，□□□といわれる．
　　① FDMA　　② TDMA　　③ CDMA

解説 周波数（Frequency）帯域を割り当てるので **FDMA**（Frequency Division Multiplex Access）です.

解答　①

問4 ユーザごとに割り当てられたタイムスロットを使用し，同一の伝送路を複数のユーザが時分割して利用する多元接続方式は，□□□□といわれる.
　① CDMA　　② TDMA　　③ FDMA

解説 一定時間ごとに自局に割り当てられた時間帯（タイムスロット）を使用し，同一の伝送路を複数のユーザが時分割して利用する多元接続方式を **TDMA**（時分割多元接続）といいます.

解答　②

問5 TDMA 方式は，複数のユーザが伝送路を□□□□に分割し，各ユーザが割り当てられたタイムスロットを使用する多元接続方式であり，送受信端末間でフレーム同期をとる必要がある.
　① 空間的　　② 時間的　　③ 周波数的

解説 TDMA（時分割多元接続）は，複数のユーザが伝送路を **時間的** に分割し，各ユーザが割り当てられたタイムスロットを使用する多元接続方式です.

T は Time，時間のことだね.

解答　②

問6 複数のユーザが同一伝送路を時分割して利用する多元接続方式である TDMA 方式では，一般に，基準信号を基に□□□□同期を確立する必要がある.
　① 調歩　　② スタッフ　　③ フレーム

解説 TDMA 方式では，伝送路の送信側と受信側において，フレーム（一定数のパルス群の信号）のなかに含まれる基準信号を元に **フレーム同期** を確立しなければ，受信側で信号を復調することができません.

解答　③

問7 再生中継器を使用している PCM 伝送方式において，それぞれの中継区間で発生した識別レベル以下の伝送路雑音は，再生中継ごとに ☐ ．

① 増幅され累積する

② 再生され後位の中継器に伝搬する

③ 再生されず後位の中継器に伝搬しない

解説 再生中継器では，識別レベル以下の伝送路雑音を取り除いて，元の波形が再生されるので，識別レベル以下の伝送路雑音は，再生中継ごとに**再生されず後位の中継器に伝搬しません**．

解答 ③

問8 デジタル伝送における雑音について述べた次の二つの記述は， ☐ ．

A PCM 伝送方式特有の雑音には，白色雑音，ガウス雑音，折返し雑音，補間雑音などがある．

B アナログ信号をデジタル信号に変換する過程で生ずる雑音は量子化雑音といわれる．

① A のみ正しい ② B のみ正しい

③ A も B も正しい ④ A も B も正しくない

解説 A PCM 伝送方式特有の雑音には，**量子化雑音**，折返し雑音，補間雑音などがあります．

解答 ②

問9 デジタル伝送路などにおける伝送品質の評価尺度の一つであり，測定時間中に伝送された符号（ビット）の総数に対する，その間に誤って受信された符号（ビット）の個数の割合を表したものは ☐ といわれる．

① ％EFS ② BER ③ ％SES

解説 **BER**（長時間符号誤り率）についての説明です．なお，BER は Bit（2 進符号）Errored（誤り）Rate（割合）の略語です．

解答 ②

問10 デジタル信号の伝送系における品質評価尺度の一つに，測定時間中のある時間帯にビットエラーが集中的に発生しているか否かを判断するための指標となる□□□□がある．

① ％ES ② MOS ③ BER

解説 ％ES についての説明です．なお，％ES は Percent（百分率）Errored（誤り）Seconds（秒）の略語です．

解答 ①

問11 伝送するパルス列の遅延時間の揺らぎは，□□□□といわれ，光中継システムなどに用いられる再生中継器においては，タイミングパルスの間隔のふらつきや共振回路の同調周波数のずれが一定でないことなどに起因している．

① ジッタ ② 相互変調 ③ 干渉

解説 伝送するパルス列が時間的に遅れたとき，その遅延時間の揺らぎを**ジッタ**と呼びます．光中継システムの再生中継ではタイミングパルスのふらつきや共振回路の特性により発生します．

解答 ①

問12 デジタル信号の伝送において，ハミング符号や□□□□符号は，伝送路などで生じたビット誤りの検出や訂正のための符号として利用されている．

① B8ZS ② CRC ③ マンチェスタ

解説 符号誤り訂正方式には，ハミング符号や**CRC 符号**による誤り訂正方式があります．なお，CRC は Cyclic（巡回）Redundancy（冗長）Check（検査）の略語です．

解答 ②

問13 デジタル信号の伝送において，CRC 符号や□□□□符号は，伝送路などで生じたビット誤りの検出や訂正のための符号として利用されている．

① B8ZS ② マンチェスタ ③ ハミング

解説 符号誤り訂正方式には，CRC 符号や**ハミング符号**による誤り訂正方式があります．

ハミングは人の名前だよ．

解答 ③

- ●光ファイバの種類と特徴
- ●光変調方式の種類と構成
- ●光ファイバ伝送方式の種類と構成
- ●光伝送システムで発生する雑音と分散

1 光ファイバの構造と伝搬モード

光ファイバは，図2.21のように0.1〔mm〕程度の石英ガラス繊維の中に屈折率の高いコアと屈折率の低いクラッドを持ち，それをナイロン樹脂などで被覆した構造です．コアの中を伝搬する光は，屈折率の違いから特定の角度の全反射を繰り返し，光ファイバ内を伝搬します．

> 0.1〔mm〕の太さは，ちょっと太めの髪の毛くらいだね．

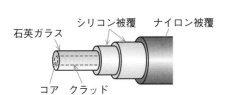

図 2.21　光ファイバの構造

　図2.22（a）はコアの屈折率が一定のステップインデックス型です．伝搬モードが単一の**シングルモード光ファイバ**として用いられます．図2.22（b）は屈折率が特定の曲率分布のグレーデッドインデックス型です．伝搬モードが複数の**マルチモード光ファイバ**として用いられます．**シングルモード光ファイバ**は，マルチモード光ファイバに比較して**コア径が小さい**ので，光がコアとクラッドの境界面に対して特定の反射角度で伝搬します．このような光の伝わり形を**伝搬モード**と呼びます．

　光ファイバは，低損失，広帯域，細径，軽量，無誘導の特長があります．

> **重要**
> シングルモード光ファイバは，マルチモード光ファイバに比較してコアの径が小さいです．

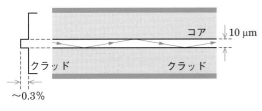

（a）ステップインデックス型光ファイバ

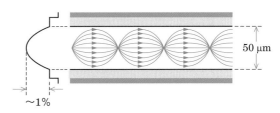

（b）グレーデッドインデックス型光ファイバ

図 2.22　光の伝搬モード

2 光変調方式

[1] 直接変調方式

　発光ダイオード（LED）や半導体レーザダイオード（LD）などの発光素子をパルス信号に応じて，素子の**駆動電流を変化**させることによって，光の強度を変化させて強度変調を行うことにより，電気信号から光信号の変換を行います．直接変調方式では，変調信号が数 GHz 以上になると波長チャーピングと呼ばれるスペクトルの広がりが発生します．

[2] 外部変調方式

　発光ダイオード（LED）や半導体レーザダイオード（LD）などの発光源から一定の強さの光を変調器に入力し，変調器の媒質内を通過させるときに光の**強度**，周波数，**位相**などを変化させて変調を行います．光変調器は電気光学効果や電界吸収効果がある媒体を利用し，電気信号によって**媒体の屈折率や吸収係数を変化**させることができます．

3 光ファイバのネットワーク構成

[1] シングルスター（SS）構成

　図 2.23（a）のように，1 系統の光ファイバを 1 つのユーザが占有する方式です．電気信号を光信号に変換する E/O（Electrical/Optical）変換には発光ダイオード（LED）や半導体レーザダイオード（LD）などが用いられ，O/E 変換にはホトダイオード（PD）やアバランシホトダイオード（APD）などが用いられます．

[2] ダブルスター（DS）構成

　図 2.23（b）のパッシブダブルスター（PDS）構成は，一つの光信号を**光分岐・結合器（光スプリッタ）**によって，複数のユーザに分岐して共用するシステムです．分岐数の多い光スプリッタは**光スターカプラ**とも呼ばれます．

　光-電気変換を行わず受動（Passive）素子のスプリッタを用いて光信号を

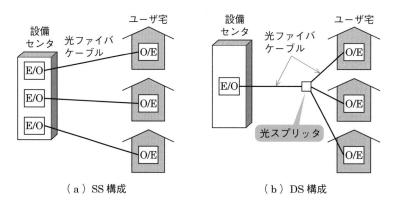

（a）SS 構成　　　　　　（b）DS 構成

図 2.23　光ファイバネットワーク構成

複数に分岐して，複数ユーザで共有するシステムをパッシブオプティカルネットワーク（PON）と呼び，PDS 構成を適用したものは **PON システム**と呼ばれます．

4 双方向多重伝送方式

[1] 時分割多重（TCM）方式

上り方向の信号，下り方向の信号に時間差を設けることにより，1 心の光ファイバで双方向多重伝送を行う方式です．

[2] 波長分割多重（WDM）方式

1 心の光ファイバに波長の異なる複数の光信号を多重化して伝送する方式です．波長の間隔，チャネル数，光空間における信号の増幅機能などから CWDM（低密度波長分割多重）方式と DWDM（高密度波長分割多重）方式に分けられます．**上り方向の信号と下り方向の信号にそれぞれ別の光波長**を割り当てることにより，1 心の光ファイバで上り方向の信号と下り方向の信号を同時に通信できます．

[3] 空間分割多重（SDM）方式

上り信号と下り信号のそれぞれに光ファイバ光を 1 心ずつ割り当てる双方向通信方式で，双方向の波長を同一にすることができます．

TCM は，Time（時間）Compression（圧縮）Multiplexing（多重）
WDM は，Wavelength（波長）Division（分割）Multiplexing
SDM は，Space（空間）Division Multiplexing
の略語だよ．

5 光ファイバ伝送の品質劣化

光ファイバによる伝送において，主な品質劣化の原因には雑音と分散による波形劣化があります．

[1] 雑 音

① **発光源雑音**

受光素子の入力電気信号に重なっている雑音です．

② **暗電流雑音**

受光信号がないのに受光素子に流れる暗電流によって発生する雑音です．

③ **ショット雑音**

受光素子において，受光時に電子が不規則に放出されるため，**受光電流に揺らぎ**が生じて発生する雑音です．

④ **熱雑音**

受光素子から発生する電子の熱運動による雑音です．

[2] 分 散

光ファイバ内を伝搬する間に，光の伝搬速度が伝搬モードや光の波長によって異なり，**受信端での信号の到達時間に差が生じる現象**を分散といいます．分散は伝送パルスの波形が広がる原因となります．分散には次の発生原因があります．

ショット雑音は散弾雑音ともいうよ．散弾銃のたまが不規則に当たることからできた用語だよ．

① モード分散

光ファイバ内に複数の伝搬モードが存在する場合，各モードの速度の違いにより伝搬時間が異なるために生じる分散です．

② 波長分散

光の波長に起因する分散には，次の原因があります．

ア 材料分散

光ファイバを構成するコアやクラッドの屈折率が波長によって異なることにより生じる分散です．

イ 構造分散

コアとクラッドの屈折率の差が小さいことが原因で生じる分散です．光がコアとクラッドの境界で反射するときに，その一部がクラッドに漏れますが，その割合が光の波長によって異なるために生じる分散です．

重要

光ファイバ内における光の伝搬速度がモードや波長により異なり，受信端での信号の到達時間に差が生ずる現象を分散といいます．

問 1 石英系光ファイバには，シングルモード光ファイバとマルチモード光ファイバがあり，一般に，シングルモード光ファイバのコア径はマルチモード光ファイバのコア径と_____．
① 比較して大きい ② 同じである ③ 比較して小さい

解説 シングルモード光ファイバは，マルチモード光ファイバよりも**コア径が小さい**ので，光がコアとクラッドの境界面に対して特定の反射角度でシングル（単一）モードの光が伝搬します．

解答 ③

問 2 光ファイバ通信で用いられる光変調方式の一つに，LED や LD などの光源の駆動電流を変化させることにより，電気信号から光信号への変換を行う_____変調方式がある．
① 間接 ② 直接 ③ 角度

解説 光変調方式には，直接変調方式と外部変調方式があり，LED や LD などの光源の駆動電流を変化させて変調する方式を**直接変調方式**といいます．

なお，光を通過させる媒体の屈折率や吸収係数などを電気信号で変化させて変調する方式を外部変調方式といいます．

解答 ②

問 3 光ファイバ通信における光変調に用いられる外部変調方式では，光を透過する媒体の屈折率や吸収係数などを変化させることにより，光の属性である強度，周波数，　　　　など を変化させている．

① 位相　　② 反射率　　③ スピンの方向

解説 外部変調方式では，発光ダイオード（LED）や半導体レーザダイオード（LD）などの発光源から一定の強さの光を変調器に入力し，変調器の媒質内を通過させるときに光の強度，周波数，**位相**などを変化させて変調を行います．

下線の部分は，ほかの試験問題で穴埋めの字句として出題されています．

解答 ①

問 4 一つの波長の光信号を N 本の光ファイバに分配したり，N 本の光ファイバからの光信号を 1 本の光ファイバに収束したりする機能を持つ光デバイスは，　　　　といわれ，特に，N が大きい場合は，光スターカプラともいわれる．

① 光分岐・結合器　　② 光アイソレータ　　③ 光共振器

解説 一つの光信号を**光分岐・結合器**（光スプリッタ）によって，複数のユーザに分岐して共用するシステムをダブルスター（DS）構成といい，分岐数の多い光スプリッタを光スターカプラといいます．

解答 ①

問 5 光アクセスネットワークの形態の一つで，設備センタとユーザとの間に光スプリッタを設け，設備センタと光スプリッタ間の光ファイバ心線を複数のユーザで共用する星型のネットワーク構成は PDS といわれ，この構成を適用したものは　　　　システムといわれる．

① VPN　　② PON　　③ SS

解説 光-電気変換を行わず受動（Passive）素子のスプリッタを用いて光信号を複数に分岐して，複数ユーザで共有するシステムをパッシブオプティカルネットワーク（PON）と呼び，PDS 構成を適用したものは**PON システム**といいます．

下線の部分は，ほかの試験問題で穴埋めの字句として出題されています．

解答 ②

問 6 光ファイバで双方向通信を行う方式として，□□□□技術を用いて上り方向の信号と下り方向の信号にそれぞれ別の光波長を割り当てることにより，1心の光ファイバで上り方向の信号と下り方向の信号を同時に送受信可能とする方式がある．

① PAM ② PWM ③ WDM

解説 1心の光ファイバに波長の異なる複数の光信号を多重化して伝送する方式を波長分割多重（**WDM**）方式といいます．なお，WDMは，Wavelength（波長）Division（分割）Multiplexing（多重）の略語です．

解答 ③

問 7 光伝送システムに用いられる受光素子において，受光時に電子が不規則に放出されるために生ずる受光電流の揺らぎによる雑音は，一般に，□□□□といわれる．

① 過負荷雑音 ② 熱雑音 ③ ショット雑音

解説 受光素子において，受光時に電子が不規則に放出されることによって受光電流に揺らぎが生じて発生する雑音を**ショット雑音**といいます．

解答 ③

ショット雑音は散弾雑音ともいうよ．
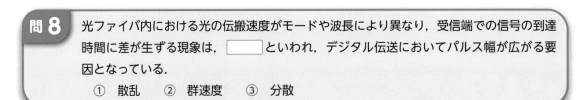

問 8 光ファイバ内における光の伝搬速度がモードや波長により異なり，受信端での信号の到達時間に差が生ずる現象は，□□□□といわれ，デジタル伝送においてパルス幅が広がる要因となっている．

① 散乱 ② 群速度 ③ 分散

解説 光ファイバ内における光の伝搬速度がモードや波長により異なり，受信端での信号の到達時間に差が生ずる現象を**分散**といいます．

解答 ③

II 編 端末設備の接続のための技術及び理論

1章はアクセス技術と電話機や無線LANの知識が問われ，5問程度出題されます．各方式の違いや特徴をしっかり理解しておきましょう．

2章はデータの伝送方式やプロトコル（手順）が問われ，3章はIPネットワークのプロトコルや情報セキュリティの知識が問われ，どちらの章も5問程度出題されます．用語の意味や違いをしっかりと覚えましょう．

4章は電話機やLANの配線や接続工事の知識が問われ，5問程度出題されます．用語や接続の方式を理解してしっかりと身につけましょう．

1.1 ｜ DSL・光アクセス

- ●ADSL の原理と変調方式
- ●ADSL 機器の機能と接続方法
- ●光アクセスシステムの構成と接続機能

1 DSL

デジタル加入者回線（DSL）は，アナログ電話で使用している電話線（メタリック回線）をそのまま利用し，通話の帯域よりも高い周波数帯域を利用して，高速デジタル伝送を同時に利用できる伝送路技術です．

上り（事業者から利用者）下り（利用者から事業者）の回線速度が非対称なADSL，データ転送専用線サービスに用いられる HDSL と SDSL，マンションなどの短距離伝送に用いられる VDSL などのシステムがあります．

DSL は，Digital Subscriber（加入者）Line（線）の略語だよ．

2 ADSL

［1］DMT 方式

ADSL の伝送に用いられている **DMT 方式**は，図 1.1 のように上りと下りに使用する周波帯域を 4.312〔kHz〕の帯域を持つ搬送波群（サブキャリア）に細分化し，それぞれのサブキャリアにデータ信号を変調して伝送する方式です．

DMT は，Discrete（ばらばらの）Multi（多い）Tone（音の高低）の略語だよ．

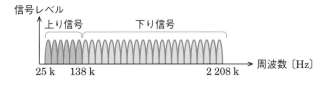

信号レベル

上り信号　下り信号

周波数〔Hz〕

25 k　138 k　2 208 k

図 1.1　ADSL（G.992.1DMT 方式）のキャリアの構成

たくさんのサブキャリアで伝送するので，雑音に強い伝送ができるんだね．

［2］ADSL 装置の構成

図 1.2 にユーザ側の ADSL 装置の構成を示します．

ADSL は，Asymmetric（非対称）DSL の略語だよ．

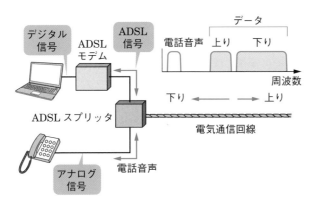

図 1.2　ADSL 装置の構成

[3] ADSL スプリッタ

　ADSL スプリッタは，**アナログ電話サービス**の 4〔kHz〕以下の周波数の音声などの信号と 25〔kHz〕以上の **ADSL サービスの DMT 信号を分離・合成**するための機器で，コイルやコンデンサなどの受動回路素子で構成された**ローパスフィルタ**（LPF：低域通過フィルタ）です．

　図 1.3 に外観図と接続方法を示します．LINE に電気通信回線を接続し，PHONE にアナログ電話，MODEM に ADSL モデムを接続します．LPF によって分離された 4〔kHz〕以下の**音声信号周波数がアナログ電話に伝送**されます．また，**直流成分も伝送**することができるので，ユーザ側の商用電源が停電しても，**電気通信事業者側からの給電**により停電時でも動作する固定電話機を利用することができます．

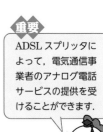

重要

ADSL スプリッタによって，電気通信事業者のアナログ電話サービスの提供を受けることができます．

停電しても電気通信事業者からの給電で使える電話機もあるんだね．

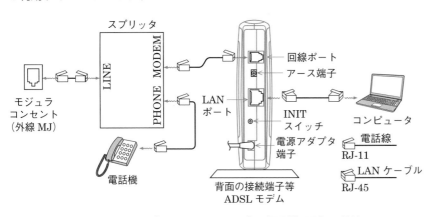

図 1.3　ADSL スプリッタと ADSL モデム（電話共用型）の接続

[4] ADSL モデム

　ADSL モデムは，アナログ電話回線を使用して ADSL 信号を送受信するための機器で，データ信号を DMT 方式によって**変調・復調**します．また，ADSL 信号は ADSL モデムによって，宅内 LAN で使用されているデジタル信号（Ethernet 信号）に変換されるので，LAN ポートにパソコンなどを接続することができます．

図 1.3 の背面図において，各機器を指定されたプラグとケーブルで接続します．**INIT スイッチ**は，モデムに電源が入っているときに数秒間押すことで**工場出荷時の設定に戻す**機能があるので，その操作には注意が必要です．初期化すれば，ADSL モデムを廃棄または他人に譲渡する際に，ユーザが書き込んだ**設定情報を消去する**ことができます．

INIT は，initialize（イニシャライズ）（初期化）のことだね．スイッチはあまり飛び出してないので押しにくいよ．

3 光アクセス

[1] FTTx

電気通信事業者の光ファイバを用いるアクセス方式は FTTx と呼ばれます．このうち FTTH は一般ユーザ宅まで光ケーブルを接続する伝送形態です．FTTB はマンションなどのビル（Building）まで，FTTC は道路脇（Curb）や電柱まで光ケーブルを引き込みユーザまでの残りの区間はメタリックケーブルを用いる伝送形態です．

FTTB には，電気通信事業者のビルから集合住宅の主配線盤（MDF）室などまでの区間には光ファイバケーブルを使用し，MDF 室などから各戸までの区間には VDSL 方式により，既設の電話用配線を利用して伝送する方式が用いられています．

[2] GE-PON

図 1.4 のように，設備センタからの**1 心の光ファイバケーブルを複数のユーザが共用する** P to MP（Point to Multi-Point）システムにおいて，光信号の分岐・合成を行う装置に受動（パッシブ）素子の**光スプリッタ**を用いた光ネットワークを **PON** と呼びます．PON のうち最大の伝送速度が 1 Gbit/s により双方向通信を行うことができるシステムを **GE-PON** といいます．

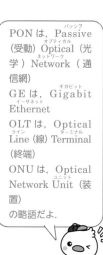

PON は，Passive（パッシブ）（受動）Optical（オプティカル）（光学）Network（ネットワーク）（通信網）
GE は，Gigabit（ギガビット）Ethernet（イーサネット）
OLT は，Optical Line（ライン）（線）Terminal（ターミナル）（終端）
ONU は，Optical Network Unit（ユニット）（装置）
の略語だよ．

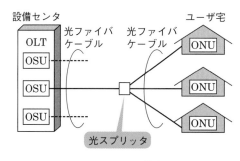

図 1.4　PON 構成

① 上り帯域制御機能

ユーザ側のトラヒックに応じて，設備センタ側が使用帯域を各ユーザ側の ONU（光加入者線網装置）に割り当てる機能です．

補足

トラヒックとはネットワークの通信量のことです．

② P2MP ディスカバリ機能

設備センタ側の OLT（光加入者線終端装置）は，ユーザ側の **ONU がネットワークに接続**されるとその ONU を自動的に発見し，通信リンクを自動で確立します．この機能を **P2MP ディスカバリ機能**といいます．

P2MP は，Point（接続点）to（～へ）Multipoint（多数の接続点）の略語だよ．

③ 選択機能

OLT からの**下り信号**は，放送形式で各ユーザ側の全 ONU に到達するため，各ユーザの ONU は受信したフレームが**自分宛であるかどうかを判断**し，取捨選択を行います．

OLT からの**下り方向の通信**では，OLT は，どの ONU に送信するフレームかを判別し，送信するフレームの**プリアンブル**に送信相手の ONU 用の識別子を埋め込んだ信号をネットワークに送出します．

また，セキュリティを確保するため暗号化技術が用いられています．

補足
フレームはデータを転送するときの構成単位のことです．プリアンブルはフレームの先頭にある同期を取るための信号です．

④ 多重化

ユーザ側の ONU からの上り信号は，OLT 配下の他の ONU からの上り信号と衝突しないように，OLT が各 ONU に対して，**送信許可を通知**することにより，各 ONU からの信号を時間的に分離して送出します．

問 1　アナログ電話サービスの音声信号などと ADSL サービスの信号を分離・合成する機器である□□□は，受動回路素子で構成されている．
① メディアコンバータ　② ADSL モデム　③ ADSL スプリッタ

解説　**ADSL スプリッタ**は，アナログ電話サービスの 4〔kHz〕以下の周波数の音声などの信号と 25〔kHz〕以上の ADSL サービスの DMT 信号を分離・合成するための機器です．

解答 ③

問 2　ADSL スプリッタは受動回路素子で構成されており、アナログ電話サービスの音声信号などと ADSL サービスの□□□信号とを分離・合成する機能を有している．
① FDM（Frequency Division Multiplex）
② DMT（Discrete Multi-Tone）
③ TDM（Time Division Multiplex）

解説　ADSL の伝送に用いられている **DMT 方式**は，上りと下りに使用する周波帯域を 4.312〔kHz〕の帯域を持つ搬送波群（サブキャリア）に細分化し，それぞれのサブキャリアをデータ信号で変調して伝送する方式です．

出る
下線の部分は，ほかの試験問題で穴埋めの字句として出題されています．

解答 ②

問 3 アナログ電話サービスの音声信号などと ADSL サービスの DMT 方式で変調された信号を分離・合成する機器である ADSL スプリッタは，受動回路素子で構成され，[　　]の機能がある.

    ① バンドパスフィルタ　　② ハイパスフィルタ　　③ ローパスフィルタ

解説　ADSL スプリッタは，コイルやコンデンサなどの受動回路素子で構成された**ローパスフィルタ**（低域通過フィルタ）です.

解答　③

問 4 電気通信事業者が提供する電話共用型の ADSL サービス用として契約されているアクセス回線は，ユーザのアナログ電話機を[　　]に接続し，他の機器を経由せずに電気通信事業者側設備との分界点を経て，アナログ電話サービスの提供を受けることができる.

    ① VoIP アダプタ　　② ADSL モデム　　③ ADSL スプリッタ

解説　ユーザはアナログ電話機を **ADSL スプリッタ**に接続し，アナログ電話サービスの提供を受けることができます（p.103 の図 1.2 参照）.

解答　③

問 5 電話共用型の ADSL サービスで用いられる ADSL スプリッタは受動回路素子で構成されており，ユーザ側の商用電源が停電しても，[　　]からの給電により停電時でも動作する固定電話機を利用することができる.

    ① ADSL モデム内にあるバックアップ用の乾電池

    ② 電気通信事業者側

    ③ サーバとして使用中のコンピュータに接続された UPS

解説　ユーザ側の商用電源が停電しても，**電気通信事業者側**からの給電により停電時でも動作する固定電話機を利用することができます.

解答　②

問 6 アナログ電話回線を使用して ADSL 信号を送受信するための機器である[　　]は，データ信号を変調・復調する機能を持ち，変調方式には DMT 方式が用いられている.

    ① ADSL スプリッタ　　② ADSL モデム　　③ DSU（Digital Service Unit）

解説　アナログ電話回線を使用して ADSL 信号を送受信するための機器は **ADSL モデム**です.

解答　②

問 7 図1.5は，ADSLモデム（モデム機能のみの装置）の背面の例を示す．図中のINITスイッチの機能または用途について述べた次の記述のうち，<u>誤っているもの</u>は，☐である．

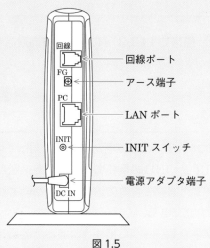

図1.5

① 工場出荷後に書き込まれた設定情報を工場出荷時の状態に戻す．
② ユーザが書き込んだ設定情報を誤って消去しないように保護する．
③ ADSLモデムを廃棄または他人に譲渡する際に，ユーザが書き込んだ設定情報を消去する．

解説 モデムに電源が入っているときにINITスイッチを数秒間押すことで，ユーザが書き込んだ設定情報を消去し，初期化する（工場出荷時の設定情報に戻す）ことができます．
　　なお，**設定情報を保護する機能はありません**．

INITスイッチは設定情報を消しちゃうよ．

解答 ②

問 8 GE-PONは，OLTとONUの間において，光信号を光信号のまま分岐する受動素子である☐を用いて，光ファイバの1心を複数のユーザで共用するシステムである．
① VDSL　② RT　③ 光スプリッタ

解説 設備センタからの1心の光ファイバケーブルを複数のユーザが共用するP to MPシステムにおいて，光信号の分岐・合成を行う装置に受動素子の**光スプリッタ**を用いた光ネットワークをPON（Passive Optical Network）と呼びます．PONのうち最大の伝送速度が1 Gbit/sにより双方向通信を行うことができるシステムをGE-PON（Gigabit Ethernet-Passive Optical Network）といいます．

GEは，1ギガビットのイーサネットのことだよ．

解答 ③

問9 GE-PON システムでは，OLT 〜 ONU 相互間を上り / 下りともに最速で毎秒 [　　] ギガビットにより双方向通信を行うことが可能である．

① 1　② 2.5　③ 10

解説　GE-PON システムでは，最速で **1 Gbit/s** により双方向通信を行うことができます．

解答 ①

問10 GE-PON システムについて述べた次の記述のうち，誤っているものは，[　　] である．

① GE-PON は，OLT と ONU の間において光 / 電気変換を行わず，受動素子である光スプリッタを用いて光信号を複数に分岐することにより，光ファイバの 1 心を複数のユーザで共用する方式である．

② OLT は，ONU がネットワークに接続されるとその ONU を自動的に発見し，通信リンクを自動で確立する機能を有しており，この機能は上り帯域制御といわれる．

③ OLT からの下り信号は，放送形式で配下の全 ONU に到達するため，各 ONU は受信したフレームが自分宛であるかどうかを判断し，取捨選択を行う．

解説　② 「**上り帯域制御**」ではなく，正しくは「**P2MP ディスカバリ機能**」です．

ディスカバリは，「発見する」ことだよ．

解答 ②

問11 GE-PON システムで用いられている OLT 及び ONU の機能などについて述べた次の記述のうち，正しいものは，[　　] である．

① OLT は，ONU がネットワークに接続されるとその ONU を自動的に発見し，通信リンクを自動で確立する．

② ONU からの上り信号は，OLT 配下の他の ONU からの上り信号と衝突しないよう，OLT があらかじめ各 ONU に対して，異なる波長を割り当てている．

③ GE-PON では，光ファイバ回線を光スプリッタで分岐し，OLT 〜 ONU 相互間を上り / 下りともに最大の伝送速度として毎秒 10 ギガビットで双方向通信を行うことが可能である．

解説 ② 「**異なる波長を割り当てている**」ではなく，正しくは「**送信許可を通知することにより，各 ONU からの信号を時間的に分離して送出している**」です．

③ 「**毎秒 10 ギガビット**」ではなく，正しくは「**毎秒 1 ギガビット**」です．

OLT は設備センタ側，ONU はユーザ宅側の設備だよ．

解答 ①

問12 GE-PON システムで用いられている OLT（Optical Line Terminal）及び ONU（Optical Network Unit）の機能などについて述べた次の記述のうち，<u>誤っているもの</u>は，□□□である．

① OLT は，ONU がネットワークに接続されるとその ONU を自動的に発見し，通信リンクを自動で確立する．この機能は P2MP（Point to Multipoint）ディスカバリといわれる．

② OLT からの下り方向の通信では，OLT が，どの ONU に送信するフレームかを判別し，送信する相手の ONU 用の識別子を送信するフレームの宛先アドレスフィールドに埋め込んでネットワークに送出する．

③ OLT からの下り信号は，放送形式で配下の全 ONU に到達するため，各 ONU は受信したフレームが自分宛であるかどうかを判断し，取捨選択を行う．

解説 ② 「**宛先アドレスフィールド**」ではなく，正しくは「**プリアンブル**」です．

プリアンブルは，前置きや前文の意味だよ．

解答 ②

問13 GE-PON において，OLT からの下り方向の通信では，OLT は，どの ONU に送信するフレームかを判別し，送信するフレームの□□□に送信先の ONU 用の識別子を埋め込んだものをネットワークに送出する．

① プリアンブル ② 送信元アドレスフィールド ③ 宛先アドレスフィールド

解説 OLT からの下り方向の通信では，送信する相手の ONU 用の識別子を送信するフレームの**プリアンブル**に送信先の ONU 用の識別子を埋め込んでネットワークに送出します．

解答 ①

1.2 | IP電話・無線LAN

出題のポイント

- ●IP電話のプロトコル
- ●IP電話を接続するための器具と接続方法
- ●IP電話の給電方式
- ●IP電話の番号の種類
- ●無線LANの使用周波数帯
- ●無線LANの接続方式

1 IP電話

IP電話はIPネットワーク技術を利用した音声電話サービスのことです．IPネットワークには，インターネット，事業所内LAN，電気通信事業者の専用IP網などがあります．

[1] IP電話機

IP電話機は，通話音声のアナログ信号をデジタルデータに変換する機能やデジタルデータをIPパケット化する機能を備えています．また，基本機能に加えて，エコーキャンセラや揺らぎ吸収バッファなどの通話品質を確保する機能を備えています．

[2] 呼制御

IPネットワーク内の呼制御サーバは，発信側のIP電話機からの電話番号をIPアドレスに変換し，着信側のIP電話機に接続します．これを**呼が確立した**といいます．その後の音声パケット交換は相手端末と直接，エンド・ツー・エンドで行われます．

[3] IP電話のプロトコル

IETF（Internet Engineering Task Force）は，インターネット技術の標準化を推進する任意団体でRFCという文書で標準化されています．IETFのRFC3261において標準化された**SIP**はIP電話の**呼制御（シグナリング）プロトコル**であり，**IPv4及びIPv6の両方で動作**します．RTRは音声通信のプロトコルです．IPv4とIPv6はインターネットで用いられるIPアドレスの種類です．

補足
プロトコルは，コンピュータどうしが通信をするときにデータを送る手順や方法などの決まり事のことです．

SIPは，Session（会期）Initiation（開始）Protocol（規約）RTRは，Real-time（即時）Transpot（輸送）Protocolの略語だよ．

2 IP電話の利用方式

[1] VoIPゲートウェイ方式

図1.6のように既存のアナログ電話機とPBX（宅内交換機）を利用したま

ま，VoIP ゲートキーパ機能を持つ VoIP ゲートウェイ装置を設置することで，VoIP ネットワークを構築することができます．既存の電話機の音声信号は，VoIP ゲートウェイで IP パケットに変換または逆変換して，IP ネットワークを利用します．一般住宅で電話 1 回線の場合，PBX は必要ありません．

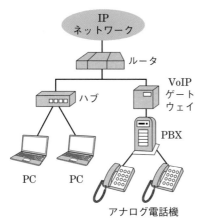

図 1.6　VoIP ゲートウェイ方式

VoIP は，Voice（音声）over（超えて）Internet Protcol
PBX は，Private（自家用）Branch（枝路）eXchange（交換）
の略語だよ．

補足
ゲートキーパ機能とは，IP 電話機などの端末の認証とアドレス変換などを行う機能のことです．

[2] IP-PBX 方式

図 1.7 のような構成です．IP-PBX は，IP 電話機と LAN を使って構築した内線電話網や外線との接続処理などを行います．従来の PBX 機能に加えて，一般加入回線電話網と LAN を接続するためのゲートウェイ機能を備えています．

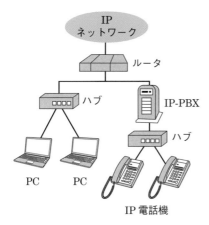

図 1.7　IP-PBX 方式

IP 電話機は，LAN ケーブルで接続するよ．

[3] IP 電話機の接続

機器の背面または底面に LAN ポートを備えた **IP 電話機**を，イーサネット機器のルータなどの **LAN ポート**に接続するためには，LAN ケーブルの両端に図 1.7 のような **RJ-45** といわれる **8 ピン・モジュラプラグ**を取り付けたコードが用いられます．LAN ケーブルは**非シールド撚り対線ケーブル**で図 1.8 のようなピン配置となっています．IP 電話の接続に用いられる LAN の **100**

重要
ADSL モデムの LAN ポートにルータを接続し IP 電話サービスを利用することができます．

BASE-TX は IEEE 802.3u によって標準化されています．IEEE 802.3at Type1 及び Type2 として標準化された **PoE 機能**を使用すると，LAN 配線の信号線対または予備対（空き対）の **2 対 4 心**を使って PoE 機能を持つ IP 電話機に**電力を給電する**ことができます．PoE 機能は，電話機に電力を供給する機能なので電話機は外部電源を必要としません．給電方式のうち**オルタナティブ A** は**信号対**の 2 対 4 心である 1・2 番ペア及び 3・6 番ペアを使用し，**オルタナティブ B** は**予備対**（空き対）の 2 対 4 心である 4・5 番ペアと 7・8 番ペアを使用して給電しています．給電側の機器は給電を開始する前に **IP 電話機**が PoE 機能を持った機器であることを**検知**して給電します．

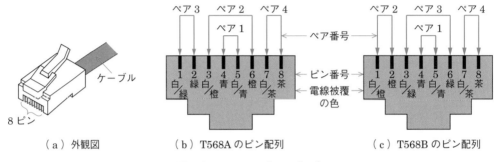

図 1.8　RJ-45 モジュラプラグ

（a）外観図　　　（b）T568A のピン配列　　　（c）T568B のピン配列

[4] IP 電話の番号

　IP 電話の番号は，固定電話で用いられている 0 で始まる 10 桁の数字によって構成される **0AB ～ J 番号**のものと，**050** で始まる 10 桁の数字により構成される番号が割り当てられます．

補足

0AB ～ J 番 号 は「0ABCDEFGHJ」と表され，I を除いたアルファベットは数字を表します．

3　VoIP ゲートウェイの機能

① **ハイブリッド機能**

　2 線式のアナログ電話機と VoIP 内部の 4 線式（上り 2 線 / 下り 2 線）の方式に変換します．

② **アナログ / デジタル変換機能**

　アナログ信号とデジタル信号を相互に変換します．

③ **コーデック機能**

　デジタル信号の符号化と復号化を行います．

④ **パケット交換機能**

　送信側では符号化した音声データを IP パケットに変換し，受信側では IP パケットから音声データに変換します．

⑤ **エコーキャンセラ機能**

　自分の発声が聞こえるのを防止するため，擬似エコーを発生させて実際のエコーと相殺させます．

音声通話が不自然にならないように，いろいろな機能があるんだね．

⑥ **揺らぎ吸収機能**

音声パケットの到達時間が異なったとき，そのまま再生すると不自然になるので，遅延を調整します．

⑦ **パケットロス補完機能**

損失パケットは直前のパケットのコピーで補完します．

⑧ **ゲートキーパ機能**

IP 電話機や VoIP ゲートウェイなどの VoIP 端末の制御や管理を行います.

4 無線 LAN

国内で使用されている IEEE 802.11 規格の無線 LAN は，米国の学会である IEEE（Institute of Electrical and Electronics Engineers）による標準規格です．

［1］無線 LAN の構成

各無線端末がアクセスポイントを介して通信するインフラストラクチャモードと無線端末どうしが直接通信を行うアドホックモードがあります．

［2］使用周波数帯

IEEE 802.11a/b/g/n の 4 種類の規格がありますが，**2.4 GHz 帯**の電波の周波数を使用するのは IEEE 802.11b/g，**5 GHz 帯**の周波数を使用するのは IEEE 802.11a，**2.4 GHz 帯及び 5 GHz 帯**の二つの周波数帯を使用するのは **IEEE 802.11n** です．

2.4 GHz 帯は **ISM バンド**と呼ばれ，電子レンジや産業用機器などによる干渉が発生するので，**スペクトル拡散変調方式**が採用されています．

2.4 GHz 帯の無線 LAN では，**ISM バンドとの干渉によるスループット**（通信速度）**が低下することがあります**が，5 GHz 帯の無線 LAN では ISM バンドとの干渉はありません．

［3］変調方式

① **スペクトル拡散変調方式**

1 次変調されたデジタル信号波を擬似雑音（PN）符号によって拡散変調することで，広い周波数帯域に信号波を拡散して送信します．受信側では同じ PN 符号を使って逆拡散することで，元の信号波を復調します．このとき，受信側の妨害波は受信機で拡散されることによって影響が小さくなります．

② **OFDM 方式**

多数の搬送波を使用し，高速のデータを複数の低速データに分割し並列伝送する方式です．反射波などの遅延波による符号間の干渉を少なくすることができます．

［4］アクセス制御方式

① **CSMA/CA 方式**

有線 LAN のイーサネットで用いられている自律分散制御方式の CSMA/CA

ISM バンドは，Industrial, Scientific and Medical applications の略語で，電波を通信以外の産業機器，科学機器，医療機器などと共用する周波数帯だよ．

重要

IEEE 802.11n は，IEEE 802.11b/a/g との後方互換性を確保し，2.4 GHz 帯及び 5 GHz 帯の周波数帯を用いた方式です．

CSMA/CA は，Carrier Sense Multiple Access with Collision Avoidance の略語で，衝突回避機能付きキャリア感知多重アクセス方式だよ．

方式が用いられています.

CSMA/CA方式は,送信を試みようとする無線端末が他の無線端末が送信しているデータに衝突させないように,事前にチャネルの使用状況を確認して,未使用であればデータを送信し,使用中であれば送信を延期します.

また,送信無線端末からの送信データが他の無線端末からの送信データと衝突しても,送信端末では衝突を検知することが困難であるため,送信端末は,アクセスポイント(AP)からの**ACK信号**を受信することにより,送信データが正常にAPに送信できたことを確認します.

無線端末がAPからのACKフレームを受信した場合は,一定時間待ち,**他の無線端末から電波が出ていないことを確認**してから次のデータを送信します.

② 隠れ端末問題

図1.9に示すように,障害物によって無線端末のSTA1とSTA3及びSTA2とSTA3の電波が到達しないで隠れている状態では,キャリアセンスが不可能なので,これらの端末間ではチャネルの使用状況を確認することができません.たとえば,STA1がAPに送信している時間にSTA3が送信を開始するとデータの衝突が発生し,再送が行われてスループットが低下します.

解決策として,APは,送信をしようとしているSTA1からのRTS信号を受信すると**CTS信号**をSTA1に送信します.このCTS信号は,STA3も受信することがきるので,STA3はNAV期間だけ送信を待つことにより衝突を防止する対策がとられています.NAVは,APと無線端末がネットワークを占有する時間です.

ACKは,ACKnowlegement(承認)
RTSは,request(要求)to send(送信)
CTSは,Clear(許可)to Send
NAVは,Network Allocation(割り当て)Vector(方向)の略語だよ.

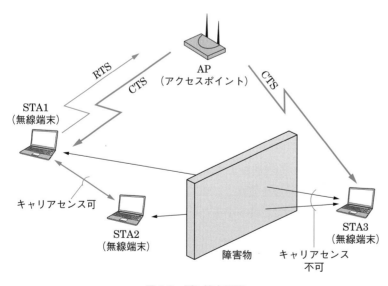

図1.9 隠れ端末問題

問 1　IP 電話のプロトコルとして用いられている SIP は，単数または複数の相手とのセッションを生成，変更及び切断するための呼制御プロトコルであり，□□□□で動作する.

① IPv4 のみ　② IPv6 のみ　③ IPv4 及び IPv6 の両方

解説　SIP は，Session（会期）Initiation（開始）Protocol（規約）の略語で，IP 電話の呼制御プロトコルです．SIP は **IPv4 及び IPv6 の両方**で動作します．

解答 ③

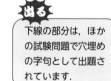

下線の部分は，ほかの試験問題で穴埋めの字句として出題されています．

問 2　IP 電話のプロトコルとして用いられている SIP は，IETF の RFC3261 において標準化された□□□□プロトコルであり，IPv4 及び IPv6 の両方で動作する.

① リンクマネージメント　② ルーティング　③ シグナリング

解説　SIP は IP 電話の呼制御（**シグナリング**）プロトコルです．

解答 ③

問 3　電気通信事業者が提供する専用型の ADSL サービス用として契約されているアクセス回線は，ADSL モデム（モデム機能のみの装置）の□□□□にルータなどを接続することにより，IP 電話サービスを利用することができる.

① LAN ポート　② WAN ポート　③ 回線ポート

解説　ADSL モデムの **LAN ポート**にルータを接続することで，IP 電話サービスを利用することができます．

解答 ①

問 4　IP 電話機を，IEEE 802.3u において標準化された 100 BASE-TX の LAN 配線に接続するためには，一般に，非シールド撚り対線ケーブルの両端に□□□□を取り付けたコードが用いられる.

① RJ-14 といわれる 6 ピン・モジュラプラグ

② RJ-14 といわれる 8 ピン・モジュラプラグ

③ RJ-45 といわれる 6 ピン・モジュラプラグ

④ RJ-45 といわれる 8 ピン・モジュラプラグ

解説 LANポートを備えたIP電話機を，イーサネット機器のルータなどの LANポートに接続するためには，LANケーブルの両端に **RJ-45** と いわれる **8ピン・モジュラプラグ**を取り付けたコードが用いられます．

解答 ④

下線の部分は，ほかの試験問題で穴埋めの字句として出題されています．

問 5 IP電話機を100BASE-TXのLAN配線に接続するためには，一般に，☐☐☐☐の両端に RJ-45といわれる8ピン・モジュラプラグを取り付けたコードが用いられる．
①　非シールド撚り対線ケーブル
②　3C-2V同軸ケーブル
③　0.65 mm² 対カッド形PVC屋内線

解説 IP電話機を接続する際のLANケーブルは，一般に，**非シールド撚 り対線ケーブル**が用いられます．

解答 ①

問 6 IEEE 802.3at Type1として標準化された☐☐☐☐機能を利用すると，100 BASE-TX などのイーサネットで使用しているLAN配線の信号対または予備対（空き対）の2対を 使って，☐☐☐☐機能を持つIP電話機に給電することができる．
①　EoMPLS　　②　PoE　　③　PPPoE

解説 IP電話の接続に用いられるLANの100 BASE-TXはIEEE 802.3u によって標準化されています．IEEE 802.3at Type1及びType2とし て標準化された**PoE機能**を使用すると，LAN配線の信号線対または 予備対（空き対）の2対4心を使ってPoE機能を持つIP電話機に電 力を給電することができます．

解答 ②

下線の部分は，ほかの試験問題で穴埋めの字句として出題されています．

問 7 IEEE 802.3at Type1規格のPoE機能を用いて，IP電話機に給電する場合について述 べた次の二つの記述は，☐☐☐☐．
A　給電側の機器（PSE）は，給電を開始する前にIP電話機がIEEE 802.3at Type1 準拠の受電側の機器（PD）であることを検知する．
B　100 BASE-TXのLAN配線の信号対または予備対（空き対）の2対を使って，IP 電話機に給電することができる．
①　Aのみ正しい　　　②　Bのみ正しい
③　AもBも正しい　　④　AもBも正しくない

解答 ③

問 8 IEEE 802.3at Type1 として標準化された PoE において，100 BASETX のイーサネットで使用している LAN 配線の予備対（空き対）の 2 対 4 心を使って，PoE 対応の IP 電話機に給電する方式は，□□□□ といわれる.

① オルタナティブ A ② オルタナティブ B ③ ファントムモード

解説 給電方式のうちオルタナティブ A は信号対の 2 対 4 心である 1・2 番ペア及び 3・6 番ペアを使用し，**オルタナティブ B** は予備対（空き対）の 2 対 4 心である 4・5 番ペアと 7・8 番ペアを使用して給電しています.

解答 ②

問 9 IP 電話には，0AB ～ J 番号が付与されるものと，□□□□ で始まる番号が付与されるものがある.

① 020 ② 050 ③ 080

解説 IP 電話の番号は，固定電話で用いられている 0 で始まる 10 桁の数字によって構成される 0AB ～ J 番号のものと，**050** で始まる 10 桁の数字により構成される番号が割り当てられます.

0AB ～ J 番号は
「0ABCDEFGHJ」
の数字でできているよ.

解答 ②

問10 IP 電話などについて述べた次の二つの記述は，□□□□.

A IP 電話には，0AB ～ J 番号が付与されるものと，050 で始まる番号が付与されるものがある.

B 有線 IP 電話機は LAN ケーブルを用いて IP ネットワークに直接接続でき，一般に，背面または底面に LAN ポートを備えている.

① A のみ正しい ② B のみ正しい
③ A も B も正しい ④ A も B も正しくない

解答 ③

問11 IEEE 802.11n として標準化された無線 LAN は，IEEE 802.11b/a/g との後方互換性を確保しており，_____ の周波数帯を用いた方式が定められている．
　　① 2.4 GHz 帯のみ　　② 2.4 GHz 帯及び 5GHz 帯　　③ 5 GHz 帯のみ

解説　IEEE 802.11a/b/g/n の 4 種類の規格がありますが，IEEE 802.11n は **2.4 GHz 帯及び 5 GHz 帯**の二つの周波数帯を使用しています．
　なお，IEEE 802.11b/g は 2.4 GHz 帯を，IEEE 802.11a は 5 GHz 帯を使用しています．

n だけ二つの周波数帯だよ．

解答 ②

問12 IEEE 802.11 において標準化されている無線 LAN のうち，国内で使用されている 2.4 GHz 帯の ISM バンドを使用する無線 LAN では，_____ 方式を用いて，電子レンジや各種の ISM バンド対応機器など，他のシステムからの干渉を避けている．
　　① 単側波帯振幅変調　　② 波長分割多重　　③ スペクトル拡散変調

解説　2.4GHz 帯は ISM バンドと呼ばれ，電子レンジや産業用機器などによる干渉が発生するので，**スペクトル拡散変調方式**が採用されています．

出る
下線の部分は，ほかの試験問題で穴埋めの字句として出題されています．

解答 ③

問13 IEEE 802.11 において標準化された無線 LAN 方式において，アクセスポイントにデータフレームを送信した無線 LAN 端末が，アクセスポイントからの ACK フレームを受信した場合，一定時間待ち，他の無線端末から電波が出ていないことを確認してから次のデータフレームを送信する方式は，_____ 方式といわれる．
　　① TCP/IP　　② CSMA/CA　　③ CSMA/CD

解説　送信を試みようとする無線端末は他の無線端末が送信しているデータに衝突させないように，事前にチャネルの使用状況を確認して，未使用であればデータを送信し，使用中であれば送信を延期する方法を **CSMA/CA 方式**といいます．CSMA/CA は，Carrier Sense Multiple Access with Collision Avoidance（衝突回避機能付きキャリア感知多重アクセス方式）の略語です．

出る
下線の部分は，ほかの試験問題で穴埋めの字句として出題されています．

解答 ②

問14 IEEE 802.11 において標準化された無線 LAN について述べた次の二つの記述は，[____]．

A　5 GHz 帯の無線 LAN では，ISM バンドとの干渉によるスループットの低下がない．

B　CSMA/CA 方式では，送信端末からの送信データが他の無線端末からの送信データと衝突しても，送信端末では衝突を検知することが困難であるため，送信端末は，アクセスポイント（AP）からの ACK 信号を受信することにより，送信データが正常に AP に送信できたことを確認する．

① 　A のみ正しい　　② 　B のみ正しい
③ 　A も B も正しい　　④ 　A も B も正しくない

解答　③

問15 IEEE 802.11 において標準化された無線 LAN について述べた次の二つの記述は，[____]．

A　CSMA/CA 方式では，送信端末からの送信データが他の無線端末からの送信データと衝突しても，送信端末では衝突を検知することが困難であるため，送信端末は，アクセスポイント（AP）からの ACK 信号を受信することにより，送信データが正常に AP に送信できたことを確認する．

B　2.4 GHz 帯の無線 LAN は，ISM バンドとの干渉によるスループットの低下がない．

① 　A のみ正しい　　② 　B のみ正しい
③ 　A も B も正しい　　④ 　A も B も正しくない

解説　B　「スループットの低下が**ない**」ではなく，正しくは「スループットの低下が**ある**」です．

ISM バンドは，電子レンジや産業用機器などに使われる周波数帯だよ．

解答　①

問16 図1.10に示すIEEE 802.11標準の無線LANの環境において，隠れ端末問題の解決策として，アクセスポイント（AP）は，送信をしようとしているSTA1からのRTS（request to send）信号Ⓐを受信すると［　　　］信号ⒷをSTA1に送信するが，このⒷは，STA3も受信できるので，STA3はNAV期間だけ送信を待つことにより衝突を防止する対策がとられている．

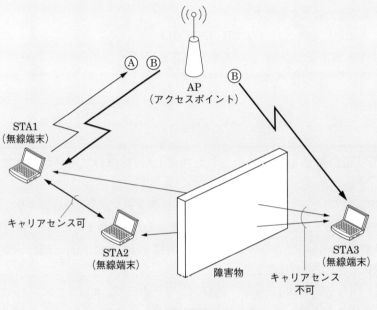

図1.10

① CTS（clear to send）
② ACK（acknowledgement）
③ NAK（negative acknowledgement）

解説 アクセスポイント（AP）は，送信をしようとしているSTA1からのRTS信号を受信すると**CTS信号**をSTA1に送信します．このCTS信号は，STA3も受信することがきるので，STA3はNAV期間だけ送信を待つことにより衝突を防止することができます．

解答 ①

CTSはClear（許可）to Send（送信）の略語だよ．

2.1 データ伝送方式

> **出題のポイント**
> ●伝送路符号化方式の符号形式と動作
> ●フラグ同期方式のビットパターン
> ●HDLC手順のフレーム構成

1 伝送路方式

［1］通信方式

通信方式は次のように分類できます.

① 単方向通信

2線式線路を介した端末間などで，一方向のみにデータを伝送する方式です.

② 半二重通信

2線式線路を介した端末間などで，双方向にデータを伝送する方式ですが，2線式のため片方向ずつ交互にデータの伝送が行われます.

③ 全二重通信

4線式線路を介した端末間などで，双方向で同時にデータを伝送することができます.

> 有線放送は音楽を聴くだけだから単方向通信だね.
> 半二重通信は糸電話と同じだね.
> 固定電話は2線式だけど全二重通信だよ.

［2］伝送方式

伝送方式は次のように分類できます.

① 並列伝送方式

多数の信号線を使用して，同時にデジタル信号を伝送する方式です.

② 直列伝送方式

1対の信号線を使用して，デジタル信号を1ビットずつ順次伝送する方式です.

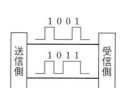

（a）並列伝送方式

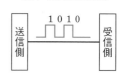

（b）直列伝送方式

図2.1 伝送方式

［3］通信速度

PSK変調などで伝送するデジタル通信回線において，1秒間当たりの変調の数を**変調速度**といいます.単位は〔Baud：ボー〕で表します.1回の変調で n〔bit：ビット〕のデータを伝送することができる変調方式では，変調速度を B〔Baud〕とすると，データ通信速度 S〔bit/s〕は次式で表されます.

$$S = nB \ [\text{bit/s}] \tag{2.1}$$

> **補足**
> ビットは情報量の単位です.情報が2進数で表されるとき，2^n が n ビットの情報量を表します.

［4］伝送路符号方式

伝送路符号化方式を図2.2に示します.

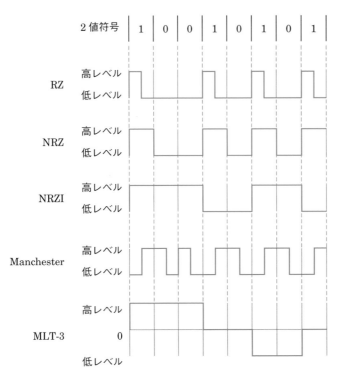

図 2.2　伝送路符号化方式

① 信号レベル

　2 値のデジタル符号をパルスの波形のままで伝送する方式を**ベースバンド方式**といい，2 値符号のビット値 "0" と "1" によって，信号レベルを低レベル，0 レベル，高レベルに変化させます．RZ 符号などでは低レベルと高レベルに変化させ，MLT-3 符号では低レベル，0 レベル，高レベルに変化させます．

② RZ 符号と NRZ 符号

　RZ 符号は，二つのレベルを 2 値符号のビット値 "0" と "1" 対応させ，1 ビットスロット内で，信号レベルをいったん 0 レベルに戻す方式です．**NRZ 符号**は，二つの信号レベルを 2 値符号のビット値 "0" と "1" 対応させビットスロット内でその値を維持する方式です．

③ NRZI 符号

　NRZI 符号は，2 値符号のビット値が "0" のときは信号レベルを変化させないで，**ビット値 "1" が発生するごとに信号レベルを低レベルから高レベルへ，または高レベルから低レベルへと，変化させる方式**です．LAN の規格 **100 BASE-FX** では，4 ビットを 5 ビットコードに変換する 4B/5B データ符号化を行った後，NRZI 符号化されます．

④ Manchester（マンチェスター）符号

　Manchester 符号は，2 値符号のビット値が **"1" のときは，ビットの中央で信号レベルを低レベルから高レベルへ変化させ，ビット値が "0" のときは，ビットの中央で信号レベルを高レベルから低レベルへ変化させる方式**です．

RZ は，Return（戻る リターン）to Zero
Ｎ Ｒ Ｚ は，Ｎ ｏ ｎ Return to Zero
Ｎ Ｒ Ｚ Ｉ は，Ｎ ｏ ｎ Return to Zero Inversion（反転 インバージョン）
MLT-3 は，Multi（多い）Level Transmission-3 マルチ
の略語だよ．

⑤ MLT-3 符号

MLT-3 符号は，2 値符号のビット値が "0" のときは信号レベルを変化させ**ないで，ビット値 "1" が発生するごとに信号レベルが 0 から高レベルへ，高レベルから 0 へ，または 0 から低レベルへ，低レベルから 0 へと，信号レベルを 1 段階ずつ変化させる方式**です．

2 同期方式

データを誤りなく伝送するために，送信側と受信側でビット列の時間的な位置（タイミング）を合わせることを**同期**といいます．

［1］ビット同期方式

送信側と受信側で同期されたクロックパルスを用いて 1 ビットごとに同期を取る方式です．

［2］ブロック同期方式

あるまとまった数のビットごとに同期を取る方式です．

① 調歩同期方式

ビット同期が非同期方式のとき用いられます．一つの符号（8 ビット）ごとに，スタートビット "0" とストップビット "1" を付加したブロックごとに同期を取ります．データがないときは "1" が送信され続け（アイドル状態と呼びます），受信側はスタートビットの "0" を受信すると送信開始を判断します．

② キャラクタ同期方式

特定のビットパターン（SYN 符号）をデータビット列の前に付加して同期をとります．SYN 符号のビットパターンは "01101000" です．

基本形データ伝送制御手順（ベーシック手順）で用いられます．

③ フラグ同期方式（ブロック同期方式）

データを伝送していない間でも常に一定のフラグを送り続けて同期を取ります．フラグには "1" が 6 個連続している **"01111110"** のビットパターンが用いられます．フラグに挟まれたデータブロックのビット長は任意なので，多量のデータを一度に送ることができます．このとき，任意のビットパターンのデータを送ることができるようにして，**データの透過性を確保**するためには，データブロックのなかにフラグのビットパターンと同じビット列が存在しないようにしなければなりません．そこで，**5 個連続したビットが "1" のときは，送信側では "0" を挿入し，受信側で "1" が 5 個連続したときは，次のビットの "0" は無条件に除去されます．

HDLC 手順（ハイレベルデータリンク制御手順）で用いられます．

補足
"01111110" のビットパターンをフラグシーケンスといいます．

3 伝送制御手順

[1] HDLC 手順

　データ通信を行う際の送受信間の制御や手続きのルールを**伝送制御手順**といいます．伝送制御手順のうち，任意のデータ長の伝送が可能で誤り検出を行うことで，高速で信頼性の高いデータ伝送を行うことができる HDLC 手順を次に示します．

> HDLC は High-level Data Link Control の略語だよ．

　　フレーム1　回線接続

　　フレーム2　データリンクの確立

　　フレーム3　データ転送

　　フレーム4　データリンクの開放

　　フレーム5　回線の切断

[2] HDLC 手順のフレーム

　HDLC 手順の伝送単位をフレームと呼びます．HDLC 手順のフレーム構成を図2.3に示します．情報部は任意長のビットで構成されます．

フラグシーケンス（開始フラグ）01111110	アドレス部 8ビット $(b_1 \sim b_8)$	制御部 8ビット $(b_1 \sim b_8)$	情報部（情報部のない場合もある）	フレームチェックシーケンス（FCS）16ビット $(b_1 \sim b_{16})$	フラグシーケンス（終了フラグ）01111110

図2.3　HDLC 手順のフレーム構成

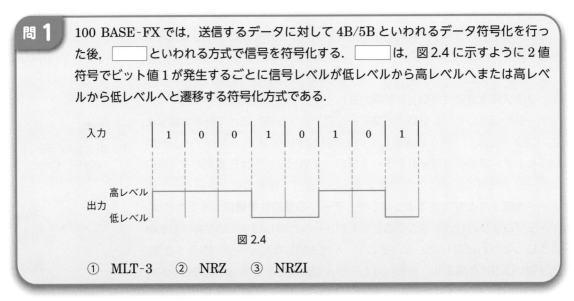

問 1 100 BASE-FX では，送信するデータに対して 4B/5B といわれるデータ符号化を行った後，　　　といわれる方式で信号を符号化する．　　　は，図2.4に示すように 2 値符号でビット値 1 が発生するごとに信号レベルが低レベルから高レベルへまたは高レベルから低レベルへと遷移する符号化方式である．

入力 | 1 | 0 | 0 | 1 | 0 | 1 | 0 | 1

出力　高レベル／低レベル

図2.4

　① MLT-3　② NRZ　③ NRZI

　解説　**NRZI** は，Non Return to Zero Inversion の略で，2 値符号のビット値が "0" のときは信号レベルを変化させないで，ビット値 "1" が発生するごとに信号レベルを低レベルから高レベルへ，または高レベルから低レベルへと，変化させる方式です．

解答　③

問2 デジタル信号を送受信するための伝送路符号化方式のうち □□□□ 符号は，図2.5に示すように，ビット値1のときはビットの中央で信号レベルを低レベルから高レベルへ，ビット値0のときはビットの中央で信号レベルを高レベルから低レベルへ反転させる符号である．

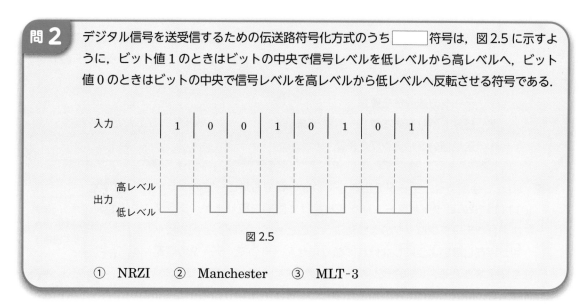

図2.5

① NRZI ② Manchester ③ MLT-3

解説 **Manchester符号**は2値符号のビット値が "1" のときは，ビットの中央で信号レベルを低レベルから高レベルへ変化させ，ビット値が "0" のときは，ビットの中央で信号レベルを高レベルから低レベルへ変化させる方式です．

イギリスにある Manchester 大学で開発された符号だよ．

解答 ②

問3 デジタル信号を送受信するための伝送路符号化方式のうち □□□□ 符号は，図2.6に示すように，ビット値0のときは信号レベルを変化させず，ビット値1が発生するごとに，信号レベルが0から高レベルへ，高レベルから0へ，または0から低レベルへ，低レベルから0へと，信号レベルを1段ずつ変化させる符号である．

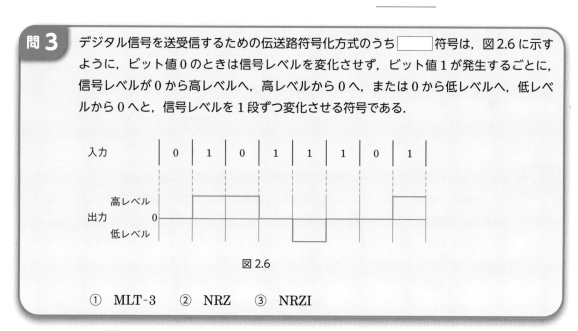

図2.6

① MLT-3 ② NRZ ③ NRZI

解説 **MLT-3符号**は2値符号のビット値が "0" のときは信号レベルを変化させないで，ビット値 "1" が発生するごとに信号レベルが0から高レベルへ，高レベルから0へ，または0から低レベルへ，低レベルから0へと，信号レベルを1段階ずつ変化させる方式です．

解答 ①

問 4 HDLC 手順では，フレーム同期をとりながら [　　　] するために，受信側において，開始フラグシーケンスを受信後に，5 個連続したビットが 1 のとき，その直後のビットの 0 は無条件に除去される．

  ① データの透過性を確保

  ② ビット誤りがあるフレームを破棄

  ③ 送受信のタイミングを確認

解説　HDLC 手順では，データを伝送していない間でも常に一定のフラグ（01111110 のビットパターン）を送り続けて同期を取ります．フラグに挟まれたデータブロックのなかにフラグのビットパターンと同じビット列が存在しないようにしなければなりません．そこで，**データの透過性を確保するため**，5 個連続したビットが "1" のときは送信側では "0" を挿入し，受信側で "1" が 5 個連続したときは次のビットの "0" は無条件に除去されます．

下線の部分は，ほかの試験問題で穴埋めの字句として出題されています．

解答 ①

問 5 HDLC 手順では，フレーム同期をとりながらデータの透過性を確保するために，受信側において，開始フラグシーケンスである [　　　] を受信後に，5 個連続したビットが 1 のとき，その直後のビットの 0 は無条件に除去される．

  ① 01111110   ② 10101010   ③ 11111111

解説　フラグシーケンスのビットパターンは "**01111110**" です．

解答 ①

問 6 HDLC 手順におけるフレーム同期などについて述べた次の二つの記述は，[　　　]．

A　信号の受信側においてフレームの開始位置を判断するための開始フラグシーケンスは，01111110 のビットパターンである．

B　受信側では，開始フラグシーケンスを受信後に 5 個連続したビットが 1 のとき，その直後のビットの 0 は無条件に除去される．

  ① A のみ正しい   ② B のみ正しい

  ③ A も B も正しい   ④ A も B も正しくない

解答 ③

2.2 OSI参照モデル・LAN・IP ネットワーク

出題のポイント

- ●OSI参照モデルの各層の名称と役割
- ●TCP/IPモデルとOSI参照モデルの各層の対応
- ●イーサネットLANの種類と構成
- ●グローバルIPアドレスとプライベートIPアドレス

1 OSI参照モデル

[1] OSI参照モデルの階層

OSI参照モデルは通信に必要な取り決め（プロトコル）を機能別に表2.1のような7の階層（レイヤ）に分け，各階層の役割を規定して標準化しています．

OSIは，Open（開放）Systems Interconnection（相互接続）の略語だよ．

表2.1 OSI参照モデル

層（レイヤ）	OSI参照モデル	機　能
第7層	アプリケーション層	アプリケーション間のデータのやり取りを規定
第6層	プレゼンテーション層	アプリケーション間でやり取りされるデータの表現方法を規定
第5層	セッション層	アプリケーション間の通信の開始から終了までの手順を規定
第4層	トランスポート層	ノード上のプロセス間の仮想的な通信路の実現方法を規定
第3層	ネットワーク層	ネットワーク上の任意の2ノード間の通信方法を規定
第2層	データリンク層	ノードの物理的なアドレスや隣接するノード間の通信方法などの伝送制御手順を規定
第1層	物理層	物理的な電気特性，変調方法，コネクタの形状などを規定

重要

OSI参照モデルの第1層の物理層は，端末が送受信する信号レベルなどの電気的条件，コネクタ形状などの機械的条件などを規定しています．
第3層のネットワーク層は，異なる通信媒体上にある端末どうしでも通信できるように，端末のアドレス付けや中継装置も含めた端末相互間の経路選択などを行います．

JIS X 0026 情報処理用語（開放型システム間相互接続）では，表2.2のように規定しています．

表 2.2　JIS X 0026 の階層の定義

層（レイヤ）	用　語	定　義
第7層	応用層	応用プロセスに対し，OSI 環境にアクセスする手段を提供する層
第6層	プレゼンテーション層	データを表現するための共通構文の選択及び適用 業務データと共通構文との相互変換を提供する層
第5層	セッション層	協同動作しているプレゼンテーションエンティティに対し，対話の構成及び同期を行い，データ交換を管理する手段を提供する層
第4層	トランスポート層	終端間に信頼性の高いデータ転送サービスを提供する層
第3層	ネットワーク層	開放型システム間のネットワーク上に存在するトランスポート層内のエンティティに対し，経路選択及び交換を行うことによってデータのブロックを転送するための手段を提供する層
第2層	データリンク層	ネットワークエンティティ間で，一般に隣接ノード間のデータを転送するためのサービスを提供する層
第1層	物理層	伝送媒体上でビットの転送を行うための物理コネクションを確立し，維持し，解放する機械的，電気的，機能的及び手続き的な手段を提供する層

補足
ノードは，ネットワークに接続されているコンピュータなどの機器のことです．

[2] TCP/IP の階層モデル

　一般の通信方式として用いられている TCP/IP の階層モデルを表 2.3 に示します．OSI 参照モデルとの対応は概ね表 2.3 のとおりです．

表 2.3　TCP/IP の階層

OSI 参照モデル	TCP/IP の階層
第7層　アプリケーション層	アプリケーション層
第6層　プレゼンテーション層	
第5層　セッション層	
第4層　トランスポート層	トランスポート層
第3層　ネットワーク層	インターネット層
第2層　データリンク層	ネットワークインタフェース層
第1層　物理層	

重要
OSI → TCP/IP
物理・データリンク→ネットワークインタフェース
ネットワーク→インターネット
トランスポート→トランスポート（同じ）
セッション・プレゼンテーション・アプリケーション（上位3層）→アプリケーション

OSI 参照モデルは7層，TCP/IP は4層のモデルだよ．

2 ｜ LAN

　LAN は，事務所や家庭などの限られた場所でコンピュータネットワークを形成し，データ通信を行う構内通信網です．LAN の基本構成にはスター型，バス型，リング（ループ）型がありますが，一般にハブなどの集線装置から放射状の各端末（ノード）と接続するスター型が用いられています．また，ネッ

LAN は Local Area Network の略語だよ．

トワーク方式は送信の衝突を避けるために CSMA/CA 方式を採用したイーサネットが用いられています．

［1］ イーサネット LAN の種類

現在，主に用いられているファストイーサネット及びギガビットイーサネットの規格と構成を表 2.4 及び表 2.5 に示します．ファストイーサネットは，100 Mbit/s の通信帯域で，撚り対ケーブルを利用した 100 BASE-TX と光ファイバケーブルを利用した 100 BASE-FX があります．ギガビットイーサネットは，1 Gbit/s の通信帯域を提供しています．

補足

100 や 1 000 は伝送速度を表します．BASE は，ベースバンド伝送方式を表します．T はツイストペアケーブル，F は光ファイバケーブルを表します．

表 2.4　ファストイーサネットの種類

規格名		別　名	標準化規格	帯域幅	使用ケーブル	距　離
100 BASE-T	100 BASE-TX	Fast Ethernet	IEEE 802.3u	100 Mbit/s	UTP（カテゴリ 5）	100 m
100 BASE-F	100 BASE-FX				マルチモード光ケーブル	2 000 m
					シングルモード光ケーブル	20 km

表 2.5　ギガビットイーサネットの種類

規格名		別　名	標準化規格	帯域幅	使用ケーブル	距　離
1000 BASE-T	1000 BASE-T	Gigabit Ethernet	IEEE 802.3ab	1 000 Mbit/s	UTP（4 対カテゴリ 5e）	100 m
	1000 BASE-TX		TIA/EIA-854		UTP（4 対カテゴリ 6）	100 m
1000 BASE-X	1000 BASE-SX		IEEE 802.3z		マルチモード光ケーブル	550 m
	1000 BASE-LX				マルチモード光ケーブル	550 m
					シングルモード光ケーブル	5 000 m
	1000BASE-CX				同軸ケーブル（2 心並行）	25 m

UTP ケーブルは，2 本 1 対の被覆銅線を撚り合わせて作られる撚り対線で，4 対に束ねられシールドが施されてない構造のケーブルです．

［2］ イーサネットフレーム構成

スイッチングハブなどの LAN の集線装置は，データリンク層の LAN スイッチと呼ばれます．LAN スイッチのデータフレームの転送方式には，ストアアンドフォワード方式，フラグメントフリー方式，カットアンドスルー方式があります．一般に用いられているストアアンドフォワード方式は，受信したフレームを全てバッファに保存し，誤り検査を行って異常がなければ転送する方式です．この方式では速度やフレーム形式が異なる LAN どうしを接続することができます．イーサネット LAN（DIX 仕様）のフレーム構成を図 2.7 に示します．

II編

2章

ネットワークの技術

1バイトは8bitのことだよ.

図2.7 イーサネットフレーム

*FCS：Frame Check Sequence
フレーム検査シーケンス

1回の転送で送信できるデータの最大長を **MTU** と呼び，MTU サイズは**1 500 バイト**です.

重要
イーサネット LANのデータリンク層のMTU は 1 500 バイトです.

3 IP ネットワークの概要

IP ネットワークは，インターネットプロトコルを利用して相互接続された多数の機器で構成されるネットワークです.

IP ネットワークでは，データに相手を識別する制御情報（ヘッダ）を添付した IP パケット（packet）と呼ばれるデータ単位で送信するパケット交換方式をとっています.

補足
プロトコル（proto-col）は取り決めのことです.

[1] TCP/IP の階層モデル

表2.6 に TCP/IP の階層と関連プロトコルを示します. トランスポート層の TCP とインターネット層の IP プロトコルより **TCP/IP** と呼び，一般に他の階層も含めて TCP/IP と呼ばれます.

表2.6 TCP/IP の関連プロトコル

TCP/IP の階層	関連プロトコル	
アプリケーション層	FTP（ファイル転送） SMTP（メールの送信） POP3（メールの受信） TELENET（コンピュータの遠隔操作） など	映像ストリーミング VoIP（音声伝送） など
トランスポート層	TCP（コネクション型）	UDP（コネクションレス型）
インターネット層	IP	
ネットワークインタフェース層	イーサネット，PPP など	

[2] IP パケット

IP パケットは，図2.8 のように IP ヘッダと呼ばれる送信元と送信先の IP アドレスなどの情報を TCP セグメントの先頭部分に付加した構造になっています. IP パケットは，ヘッダ部分に書き込まれている送信元の IP アドレス

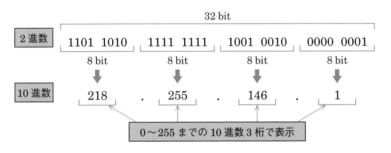

図 2.8　IP パケット

情報を元に，あて先ホストまで転送されます．

[3] IP アドレス

IP アドレスは，インターネットなどの IP ネットワークに接続されたノード 1 台ごとに割り当てられた識別番号です．一般に復旧している IPv4 と，IP アドレスの枯渇問題で制定された IPv6 があります．

① IPv4

32 bit（4 バイト）からなる数値で，2 進数のビット列として使用されます．分かりやすいように 8bit（1 バイト）ずつ 4 ブロックに分け，各ブロックの 2 進数を 0 〜 255 までの 10 進数で表示して，ピリオド（.）で区切って図 2.9 のように表します．

ノードはネットワーク機器のホストとルータを指します．ホストはコンピュータのことです．

図 2.9　IP アドレスの表記（ドット区切り表記）

IPv4 アドレスは 32 bit を 8 bit ずつ 4 ブロックに分け，10 進数で表し，ピリオド（.）で区切ります．

② グローバル IP アドレスとプライベート IP アドレス

インターネット上で使用されている IP アドレスは，国際的組織により一元的に管理されている公的なアドレスです．これを**グローバル IP アドレス**といいます．企業や家庭の閉じたネットワークでは，独自に設定した IP アドレスを使うことができます．これを**プライベート IP アドレス**といいます．

③ IPv6

128 bit（16 バイト）からなる数値です．わかりやすいように **16 bit（2 バイト）ずつの 8 ブロック**に分け，各ブロックを 2 文字の 00 〜 FF までの **16 進数**で表示し，コロン（:）で区切って図 2.10 のように表します．

④ IPv6 のアドレスの種類

a. ユニキャストアドレス

通常の 1 対 1 の通信に使われるアドレスです．インターネットなどのパブリックネットワークで接続できるグローバルユニキャストアドレスと同一のネットワーク内の通信で使用されるリンクローカルユニキャストアドレス

IPv6 アドレスは 128 bit を 16 bit ずつ 8 ブロックに分け，16 進数で表示し，コロン（:）で区切ります．

```
1110…4 bit
   ↓
16 進数表示
```

```
コロン（：）で
区切りを表す
```

推奨
形式　ea74：0600：0007：0000：0000：0000：0000：f52d
　　　16 bit 16 bit 16 bit 16 bit 16 bit 16 bit 16 bit 16 bit

8ブロック…128 bit

各ブロックの先頭にある
0 は，1 の位にある 0 以外
は省略できる

省略
形式　　　　　ea74：600：7：0：0：0：0：f52d

値が 0 のブロックが連続
している場合は，これを
まとめて "：：" とできる
（一つのアドレスの中で
1 か所のみ）

ea74：600：7：：f52d

図 2.10　IPv6 アドレスの表記

があります．

　グローバルユニキャストアドレスは 128 bit 列のうち上位 3 bit を 2 進数
で表すと "001"，リンクローカルユニキャストアドレスは上位 10 bit を 2
進数で表すと "1111111010" です．

b. マルチキャストアドレス

　1 対多数のグループ通信に使われるアドレスです．同一アドレスを持つ全
てのノードと通信を行うためのアドレスです．

　マルチキャストアドレスは 128 bit 列のうち上位 8 bit を 2 進数で表すと
"11111111" です．16 進数で表すと "FF" です．

c. エニーキャストアドレス

　マルチキャストアドレスのようなグループ通信に使われるアドレスです．
同一アドレスを持つノードのうち最も近くにいるノードと通信を行います．

> **重要**
> マルチキャストアド
> レスの上位 8 bit は
> "11111111" です．

問 1　OSI 参照モデル（7 階層モデル）の物理層について述べた次の記述のうち，正しいもの
は，　　　　である．

① どのようなフレームを構成して通信媒体上でのデータ伝送を実現するかなどを規定
している．

② 端末が送受信する信号レベルなどの電気的条件，コネクタ形状などの機械的条件な
どを規定している．

③ 異なる通信媒体上にある端末どうしでも通信できるように，端末のアドレス付けや
中継装置も含めた端末相互間の経路選択などの機能を規定している．

解説　① フレームの構成は伝送制御手順で規定されているので，第 2 層
　　　　　のデータリンク層についての記述です．

　　　　③ 第 3 層のネットワーク層についての記述です．

解答　②

問 2 OSI 参照モデル（7 階層モデル）の第 3 層であるネットワーク層について述べた次の記述のうち，正しいものは，□□である.

① 異なる通信媒体上にある端末どうしでも通信できるように，端末のアドレス付けや中継装置も含めた端末相互間の経路選択などを行う.

② どのようなフレームを構成して通信媒体上でのデータ伝送を実現するかなどを規定する.

③ 端末からビット列を回線に送出するときの電気的条件，機械的条件などを規定する.

解説 ② 第 2 層のデータリンク層についての記述です.
③ 第 1 層の物理層についての記述です.

解答 ①

問 3 OSI 参照モデル（7 階層モデル）において，伝送媒体上でビットの転送を行うための物理コネクションを確立し，維持し，解放する機械的，電気的，機能的及び手続き的な手段を提供するのは，第□□層である.

① 1　② 2　③ 3

解説 物理層についての記述なので**第 1 層**です.

解答 ①

問 4 JIS X 0026：1995 情報処理用語（開放型システム間相互接続）で規定されている，OSI 参照モデル（7 階層モデル）の第 1 層の定義について述べた次の記述のうち，正しいものは，□□である.

① ネットワークエンティティ間で，一般に隣接ノード間のデータを転送するためのサービスを提供する.

② 通信相手にデータを届けるための経路選択及び交換を行うことによって，データのブロックを転送するための手段を提供する.

③ 伝送媒体上でビットの転送を行うための物理コネクションを確立し，維持し，解放する機械的，電気的，機能的及び手続き的な手段を提供する.

解説 ① 第 2 層のデータリンク層についての記述です.
② 第 3 層のネットワーク層についての記述です.

解答 ③

問 5 OSI 参照モデル（7 階層モデル）の第 2 層であるデータリンク層の定義として，JIS X 0026：1995 情報処理用語（開放型システム間相互接続）で規定されている内容について述べた次の記述のうち，正しいものは，☐である.

① 通信相手にデータを届けるための経路選択及び交換を行うことによって，データのブロックを転送するための手段を提供する.

② 伝送媒体上でビットの転送を行うためのコネクションを確立し，維持し，解放する機械的，電気的，機能的及び手続き的な手段を提供する.

③ ネットワークエンティティ間で，一般に隣接ノード間のデータを転送するためのサービスを提供する.

解説 ① 第 3 層のネットワーク層についての記述です.

② 第 1 層の物理層についての記述です.

解答 ③

問 6 JIS X 0026：1995 情報処理用語（開放型システム間相互接続）で規定されている OSI 参照モデル（7 階層モデル）の定義について述べた次の二つの記述は，☐.

A 第 1 層である物理層は，伝送媒体上でビットの転送を行うための物理コネクションを確立し，維持し，解放する機械的，電気的，機能的及び手続き的な手段を提供する.

B 第 2 層であるデータリンク層は，開放型システム間のネットワーク上に存在するトランスポート層内のエンティティに対し，経路選択及び交換を行うことによって，データのブロックを転送するための手段を提供する.

① A のみ正しい ② B のみ正しい

③ A も B も正しい ④ A も B も正しくない

解説 B 第 2 層であるデータリンク層は，ネットワークエンティティ間で，一般に**隣接ノード間のデータを転送するためのサービスを提供**します.

解答 ①

問 7 IP ネットワークで使用されている TCP/IP のプロトコル階層モデルは，一般に，4 階層モデルで表され，OSI 参照モデル（7 階層モデル）の物理層とデータリンク層に相当するのは☐層といわれる.

① トランスポート ② アプリケーション

③ インターネット ④ ネットワークインタフェース

解答 ④

問8 IP ネットワークで使用されている TCP/IP のプロトコル階層モデルは，4 層から構成されており，このうちの ☐ は OSI 参照モデル（7 階層モデル）のデータリンク層に相当する．

①　トランスポート層　　②　アプリケーション層

③　インターネット層　　④　ネットワークインタフェース層

解答 ④

問9 IP ネットワークで使用されている TCP/IP のプロトコル階層モデルは，一般に，4 階層モデルで表される．このうち，OSI 参照モデル（7 階層モデル）のネットワーク層に相当するのは ☐ 層である．

①　ネットワークインタフェース　　②　インターネット

③　アプリケーション

解答 ②

問10 TCP/IP のプロトコル階層モデル（4 階層モデル）において，インターネット層の直近上位に位置する層は ☐ 層である．

①　ネットワークインタフェース　　②　トランスポート

③　アプリケーション

解説　TCP/IP のプロトコル階層モデルは，下位からネットワークインタフェース層，インターネット層，トランスポート層，アプリケーション層で構成されているので，インターネット層の直近上位は**トランスポート層**です．

解答 ②

問11 データリンク層において，一つのフレームで送信可能なデータの最大長は ☐ といわれ，一般に，イーサネットでは 1 500 バイトである．

①　RWIN　　②　MSS　　③　MTU

解説　**MTU**（Maximum Transmission Unit）についての記述です．

解答 ③

問12 IPv6 アドレスの表記は，128 ビットを [　　　] に分け，各ブロックを <u>16 進数</u>で表示し，各ブロックをコロン（：）で区切る.

① 4 ビットずつ 32 ブロック　　② 8 ビットずつ 16 ブロック

③ 16 ビットずつ 8 ブロック

解説 IPv6 は 128 ビット（16 バイト）を **16 ビット**（2 バイト）**ずつの 8 ブロック**に分け，コロン（：）で区切ります.

解答 ③

出る
下線の部分は，ほかの試験問題で穴埋めの字句として出題されています.

問13 IPv6 のマルチキャストアドレスは，<u>128 ビット列のうちの上位 8 ビットを 2 進数で表示</u>すると [　　　] である.

① 11110000　　② 11001100　　③ 11111111

解説 マルチキャストアドレスとは，1 対多数のグループ通信を行う際，同一アドレスを持つ全てのノードと通信を行うためのアドレスです. マルチキャストアドレスは 128 bit 列のうち上位 8 bit を 2 進数で表すと **"11111111"**（16 進数で "FF"）です.

解答 ③

2.3 ブロードバンドアクセス技術

1 ADSLアクセス

ADSLは，アクセス回線としてアナログ電話用の平衡対メタリックケーブルを使用して，数百 kbit/s から数十 Mbit/s の高速大容量伝送を実現する技術です．伝送速度が非対称型の周波数分割多重化方式による双方向伝送システムです．

ADSLは，
Asymmetric（非
対称）Digital
Subscriber（加入
者）Line（線）
DSLAMは，Dig-
ital Subscriber
Line Access
Multiplexer（多重
化装置）
の略語だよ．

[1] ADSL の使用機器

ADSL の装置の構成を図 2.11 に示します．電気通信事業者側に設置されたデジタル加入者回線アクセス多重化装置の DSLAM 装置は，周波数帯域が約 26〔kHz〕〜 138〔kHz〕の上り回線及び約 138〔kHz〕〜 2 208〔kHz〕の下り回線の信号に変調，復調，多重化する機能を持っています．ユーザ側では **ADSL モデム**が変調，復調，多重化する機能を持ち，ADSL 信号とパソコンなどを接続した宅内 LAN の信号を相互に変換します．

最近は，ADSL の
新規申し込みがなく
なっているみたいだ
ね．

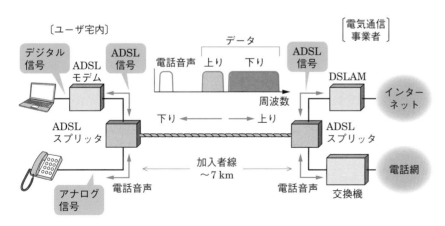

図 2.11　ADSL 装置の構成

[2] ADSL の伝送品質

① 距離による減衰

電気通信事業者の設備から，ユーザ宅までのケーブル長が数キロメートルに及び長い場合は，伝送損失が大きくなり通信速度が低下します．

重要

電気通信事業者から
ユーザまでのケーブ
ルが数キロメートル
に及ぶと ADSL の
伝送品質が低下しま
す．

② ブリッジタップ

メタリックケーブルを用いたアクセス回線において，図2.12のように幹線ケーブルの心線と分岐ケーブルの心線がマルチ接続され，幹線ケーブルの心線が下部側（電気通信事業者から遠い側）に延長されているか所を**ブリッジタップ**といいます．ブリッジタップからADSL信号の反射などにより，伝送品質を低下させる要因となることがあります．図2.12の@〜©のか所のなかでは，©のか所のブリッジタップが分岐ケーブルの反射によって伝送品質を低下させます．

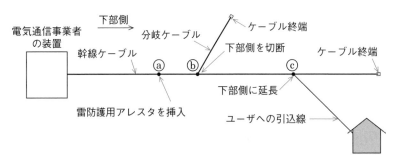

図2.12

③ ISDN干渉

ISDNは，0〜320〔kHz〕の周波数帯域を利用するので，ADSLの周波数帯域と重なります．ADSL信号が流れるメタリックケーブルの近くにISDNのメタリックケーブルがあると，漏洩雑音の影響を受けることがあります．

④ 鉄道線などの雑音

メタリックケーブルを用いたアクセス回線が**電気鉄道の線路と平行して数キロメートルに及び接近して設置**されている場合は，電車や鉄道架線からの**電気的な雑音の影響を受ける**ことがあります．

⑤ 電子機器からの雑音

ADSLの宅内配線は，外部雑音による影響を受けやすい電話機用の屋内配線ケーブルを使用しているので，電子機器などからの**外部雑音の影響を受ける**ことがあります．

ISDNは，Integrated Service Digital Network（サービス総合デジタル網）の略語で電気通信事業者が提供するデジタルサービスだよ．

重要
鉄道の線路とメタリックケーブルが接近して設置されている場合やユーザ宅でテレビなどの電子機器から発生する雑音が屋内配線ケーブルに影響する場合にADSLの伝送品質が低下します．

2 CATVアクセス

多くのCATV（有線テレビジョン放送）事業者は映像配信サービスに加えて，インターネット接続サービスを提供しています．事業者からユーザ宅まで光ファイバと同軸ケーブルを組み合わせたHFC方式などのCATVネットワーク構成が用いられます．ユーザ側の設備は，テレビジョンに接続することができる同軸コネクタとLAN接続のためのRJ-45コネクタを備えた**ケーブルモデム**が設置されます．

HFCは，Hybrid（混成の）Fiber（細い線）Coaxial（同軸）の略語だよ．

3 光アクセス

電気通信事業者側とユーザ側を光ファイバで接続した光アクセスネットワークの接続形態を次に示します.

[1] SS方式

SS方式は，**1心の光ファイバを1ユーザが占有**する構成です．図2.13のように電気通信事業者側のOLT（光信号終端装置）とユーザ側のONU（光加入者線網装置）を1対1で接続します.

SSは，Single（一つ）Star（星形）
OLTは，Optical Line（線）Terminal（終端）
ONUは，Opticl（光学）Network（通信網）Unit（装置）
の略語だよ.

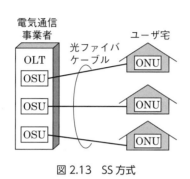

図2.13　SS方式

[2] ADS方式

ADS方式は，図2.14のように電気通信事業者側の装置とユーザ側の装置の間に光―電気変換機能と多重分離機能を有する能動素子のRT（遠隔多重装置）を設置して，OLTとRTの間は光ファイバで接続し，RTとユーザ側のDSU（デジタル回線終端装置）まではメタリックケーブルで接続する構成です．電気通信事業者側からは光信号で，ユーザ側からは電気信号で伝送します．また，能動素子とは電源が必要な素子のことです.

ADSは，Active（能動的）Double（二重）Star
RTは，Remote（遠隔の）Terminal
DSUは，Digital Service Unit（装置）
VDSLは，Very high-bit-rate（超高速）Digital Subscriber Line
の略語だよ.

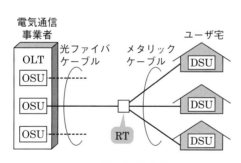

図2.14　ADS方式

電気通信事業者側からマンションなどの集合住宅の主配線盤（MDF）室などまでの区間には光ファイバケーブルを使用し，MDF室などから各戸までの区間には電気信号に変換して，アナログ電話用の既存の平衡対メタリックケーブルをアクセス回線として使用する方式を**VDSL方式**といいます.

[3] PON 方式

PON 方式は，図 2.15 のように 1 心の光ファイバを光スプリッタなどの光受動素子によって**複数本の光ファイバに分岐**して各ユーザ側に接続する構成です．ユーザ側の **ONU（光加入者線網装置）**と電気通信事業者側の **OLT（光信号終端装置）**の間を光信号で伝送します．PON のうち最大の伝送速度が 1 Gbit/s のシステムを **GE-PON** といいます．また，受動（パッシブ）素子とは電源を必要としない素子です．このように 1 心の光ファイバが分岐して，個々のユーザにドロップ光ファイバで配線する構成を **PDS 方式**といいます．

PON は，Passive（受動）Optical Network の略語だよ．

重要
GE-PON は複数のユーザ側の光加入者網装置（ONU）が，1 心の光ファイバケーブルによって電気通信事業者側の 1 台の光信号終端装置（OLT）に接続されます．

GE は，Gigabit Ethernet PDS は，Passive Double Star の略語だよ．

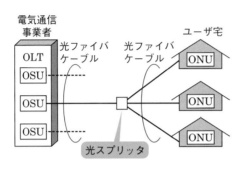

図 2.15　PON（PDS）方式

問 1　アクセス回線としてアナログ電話用の平衡対メタリックケーブルを使用して，数百キロビット／秒から数十メガビット／秒のデータ信号を伝送するブロードバンドサービスは，電気通信事業者側に設置された DSLAM（Digital Subscriber Line Access Multiplexer）装置などとユーザ側に設置された □□□□ を用いてサービスを提供している．

① メディアコンバータ　　② ADSL モデム

③ DSU（Digital Service Unit）

解説　図 2.11 にあるように，電気通信事業者側に設置された DSLAM 装置などとユーザ側に設置された **ADSL モデム**を用いてサービスを提供しています．

解答　②

問 2　固定電話網を構成する，メタリックケーブルを用いたアクセス回線において，ユーザの増加などに柔軟に対応するため，幹線ケーブルの心線と分岐ケーブルの心線がマルチ接続され，幹線ケーブルの心線が下部側に延長されている箇所は， □□□□ といわれ，電話共用型 ADSL サービスにおいては，ADSL 信号の反射などにより，伝送品質を低下させる要因となるおそれがある．

① フェルール　　② マルチポイント　　③ ブリッジタップ

解説 幹線ケーブルの心線と分岐ケーブルの心線がマルチ接続され，幹線
ケーブルの心線が下部側（電気通信事業者から遠い側）に延長されてい
る箇所を**ブリッジタップ**といいます．

解答 ③

問3 図2.16に示す，メタリックケーブルを用いた電話共用型ADSLサービスの設備形態に
おいて，ADSL信号の伝送品質を低下させる要因となるおそれがあるブリッジタップの
箇所について述べた次の記述のうち，正しいものは，□□□である．

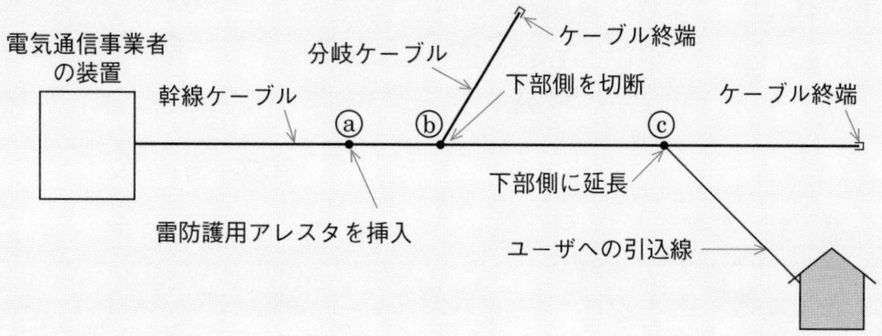

電気通信事業者
の装置
分岐ケーブル
ケーブル終端
幹線ケーブル
下部側を切断
ケーブル終端
ⓐ
ⓑ
ⓒ
雷防護用アレスタを挿入
下部側に延長
ユーザへの引込線

図 2.16

① 幹線ケーブルに，雷防護用のアレスタが挿入されている箇所（図中ⓐ）
② 分岐ケーブルに接続された幹線ケーブルの心線が，下部側には延長されずに切り離
されている箇所（図中ⓑ）
③ 幹線ケーブルとユーザへの引込線の接続点において，下部側へ延びる幹線ケーブル
の心線がユーザへの引込線とマルチ接続され，下部側が切り離されていない箇所（図
中ⓒ）

解説 ブリッジタップは，幹線ケーブルの心線が下部側（電気通信事業者か
ら遠い側）に延長されている箇所なので，図のⓒとなります．

解答 ③

問4 図2.17に示す，メタリックケーブルを用いて電話共用型ADSLサービスを提供するた
めの設備の構成において，ADSL信号の伝送品質を低下させる要因となるおそれがある
ブリッジタップの箇所について述べた次の二つの記述は，□□□．
A 幹線ケーブルと同じ心線数の分岐ケーブルが幹線ケーブルとマルチ接続され，分岐
ケーブルの下部側に延長されている箇所（図中ⓐ）．
B 幹線ケーブルとユーザへの引込線の接続点において，幹線ケーブルの心線とユーザへ
の引込線が接続され，幹線ケーブルの心線の下部側が切断されている箇所（図中ⓑ）．

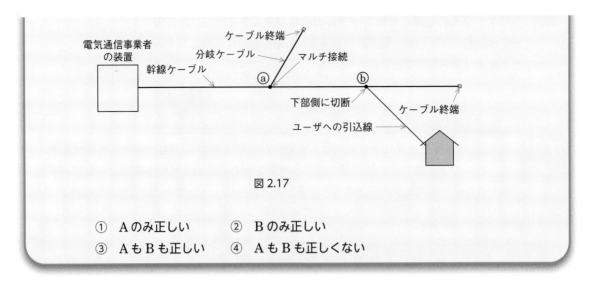

図 2.17

① Aのみ正しい　　② Bのみ正しい
③ AもBも正しい　　④ AもBも正しくない

解答　①

問 5　図 2.18 に示す，通信用メタリックケーブルを用いた電話共用型 ADSL サービスの設備形態において，ADSL 信号の伝送品質に及ぼす影響が最も小さいのは，　　　　である．

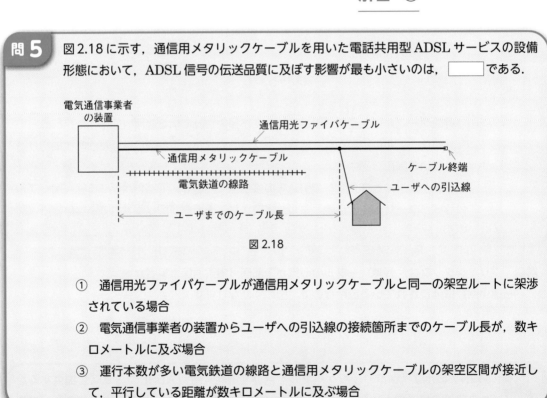

図 2.18

① 通信用光ファイバケーブルが通信用メタリックケーブルと同一の架空ルートに架渉されている場合
② 電気通信事業者の装置からユーザへの引込線の接続箇所までのケーブル長が，数キロメートルに及ぶ場合
③ 運行本数が多い電気鉄道の線路と通信用メタリックケーブルの架空区間が接近して，平行している距離が数キロメートルに及ぶ場合

解説 ② 電気通信事業者からユーザまでのケーブルが数キロメートルにおよぶと ADSL の伝送品質が低下します.

③ メタリックケーブルを用いたアクセス回線が電気鉄道の線路と平行して数キロメートルに及び接近して設置されている場合は,電車や鉄道架線からの電気的な雑音の影響を受けて伝送品質が低下することがあります.

解答 ①

問6 xDSL 伝送方式における伝送速度の低下要因について述べた次の二つの記述は, ［　　］.

A　ユーザ宅内でのテレビやパーソナルコンピュータのモニタなどから発生する雑音信号は,信号電力が極めて小さいため,屋内配線ケーブルを通る xDSL 信号に悪影響を与えたり,伝送速度の低下要因になることはない.

B　ADSL 伝送方式においては,メタリックケーブルルート上にブリッジタップがある場合,伝送速度の低下要因になることがある.

① A のみ正しい　　② B のみ正しい

③ A も B も正しい　④ A も B も正しくない

解説 A　ユーザ宅内でのテレビやパーソナルコンピュータのモニタなどから発生する雑音信号は,信号電力が極めて小さいですが,屋内配線ケーブルを通る xDSL 信号に**悪影響を与えたり**,**伝送速度の低下要因になる**ことがあります.

解答 ②

問7 CATV センタとユーザ宅間の映像配信用ネットワークの一部に同軸伝送路を使用しているネットワークを利用したインターネット接続サービスにおいて,ネットワークに接続するための機器としてユーザ宅内には,一般に,［　　］が設置される.

① ケーブルモデム　　② ブリッジ　　③ DSU

解説 多くの CATV(有線テレビジョン放送)事業者は映像配信サービスに加えて,インターネット接続サービスを提供しており,ユーザ側には,テレビジョンに接続することができる同軸コネクタと LAN 接続のための RJ-45 コネクタを備えた**ケーブルモデム**が設置されます.

CATV はケーブルテレビだからケーブルモデムだね.

解答 ①

問8 光アクセスネットワークの設備構成のうち，電気通信事業者側とユーザ側に設置されたメディアコンバータなどとの間で，1心の光ファイバを1ユーザが専有する形態を採る方式は，□□□方式といわれる．

① PDS ② SS ③ ADS

解説 1心の光ファイバを1ユーザが占有するのは **SS方式** です．

解答 ②

問9 光アクセスネットワークには，電気通信事業者のビルから集合住宅のMDF室などまでの区間には光ファイバケーブルを使用し，MDF室などから各戸までの区間には□□□方式を適用して既設の電話用配線を利用する方法がある．

① HFC ② PLC ③ VDSL

解説 **VDSL**方式についての記述です．

なお，VDSL は Veryhigh-bit-rate（超高速）Digital（デジタル）Subscriber（加入者）Line（線）の略語です．

解答 ③

問10 光アクセス方式の一つであるGE-PONによるインターネット接続は，1心の光ファイバを分岐することにより，ユーザ側の複数の光加入者線網装置を，電気通信事業者側の1台の□□□に収容してサービスが提供されている．

① 網制御装置 ② 通信制御処理装置 ③ 光信号終端装置

解説 GE-PON は複数のユーザ側の光加入者網装置（ONU）が，1心の光ファイバケーブルによって電気通信事業者側の1台の**光信号終端装置**（OLT）に接続されます．

出る

下線の部分は，ほかの試験問題で穴埋めの字句として出題されています．

解答 ③

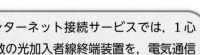

問11 光アクセス方式の一つであるGE-PONによるインターネット接続サービスでは，1心の光ファイバを分岐することにより，ユーザ側の複数の光加入者線終端装置を，電気通信事業者側の一台の□□□に収容してサービスが提供されている．

① OSU（Optical Subscriber Unit）
② ONU（Optical Network Unit）
③ OLT（Optical Line Terminal）

解説　GE-PON では，ユーザ側の複数の光加入者線終端装置を電気通信事業者側の光信号終端装置（**OLT : Optical Line Terminal**）に接続します．

解答　③

問12　光アクセスネットワークの GE-PON によるインターネット接続サービスでは，OLT と ONU との間で，光ファイバ回線を光スプリッタで分岐し，OLT 〜 ONU 相互間を上り／下りともに最大の伝送速度として毎秒◻️ギガビットで双方向通信を行うことが可能である．

 ① 1 ② 10 ③ 100

解説　1 心の光ファイバを光スプリッタなどの光受動素子によって複数本の光ファイバに分岐して各ユーザ側に接続する構成を PON 方式といい，最大の伝送速度が **1 Gbit/s** のシステムを GE-PON といいます．

解答　①

GE は，1 ギガビットのイーサネットのことだよ．

問13　光アクセスネットワークの設備構成のうち，電気通信事業者のビルから配線された光ファイバの 1 心を光スプリッタを用いて分岐し，個々のユーザにドロップ光ファイバケーブルで配線する構成を採る方式は，◻️方式といわれる．

 ① SS ② ADS ③ PDS

解説　1 心の光ファイバで分岐して，個々のユーザにドロップ光ファイバで配線する構成を **PDS**（Passive Double Star）**方式**といいます．

解答　③

問14　光ファイバによるブロードバンドサービス用のアクセス回線を利用した IP 電話サービスでは，ユーザ側の◻️と電気通信事業者側の光加入者線終端装置などを用いてサービスが提供されている．

 ① ONU（Optical NetworkUnit）

 ② OSU（Optical Subscriber Unit）

 ③ OLT （Optical Line Terminal）

解説　ユーザ側の **ONU（Optical Network Unit)** に接続された LAN のルータに IP 電話を接続して，IP 電話サービスを利用することができます．

解答　①

3.1 IPネットワークの技術

●MACアドレスの構成
●LANの接続装置の種類と動作
●LANの接続におけるOSI参照モデルとTCP/IP階層モデル

1 MACアドレス（マックアドレス）

OSI参照モデル第2層のデータリンク層の副層で，分散制御や集中制御などのプロトコルをMAC副層といい，パケットの受け渡しや誤り制御などを行います．イーサネットLANに接続されたパーソナルコンピュータなどの端末は，LANボードなどのネットワークインタフェースカードに固有の番号が割り当てられています．この物理アドレスは**MACアドレス**と呼ばれます．MACアドレスは図3.1のように**48 bit（6バイト）**で構成され，先頭の24 bit（3バイト）はベンダ（メーカ）識別番号として，米国のIEEEが管理し割り当てを行っています．

MACは，Medium（ミディアム）（媒体）Access（アクセス）Control（コントロール）（制御）の略語だよ．

ベンダ識別番号	製品固有番号
（24 bit）	（24 bit）

01：A2：3B：D4：5E：FF　　のように16進数で表記されます

図3.1　MACアドレス

2 LANの接続装置

［1］リピータ

リピータ（リピータハブ）はLANのケーブル長を延長するときに使用する接続装置です．OSI参照モデルの**物理層**（レイヤ1）の機能のみを有し，ケーブルの伝送損失を補うため，信号の増幅，成形及び中継を行います．接続するときはケーブル長や中継数に制限があります．

［2］ブリッジ

データリンク層（レイヤ2）のMAC副層の規格が同一であるLANとLANとを接続する装置です．単に中継するだけではなく，MACアドレステーブルを持ち，転送するデータフレームのMACアドレスにより，そのフレームを相手のLANに転送するかどうかの判断をするフィルタリング機能を備えています．

レイヤ1の物理層は，ケーブルや伝送信号などの機械的，電気的なことを決めているよ．レイヤ2のデータリンク層は，伝達するパソコンを選択するなどのやり方を決めているんだね．

[3] レイヤ2スイッチ（スイッチングハブ）

　レイヤ2スイッチは，ブリッジ機能を持つスイッチングハブです．データリンク層（レイヤ2）の MAC フレーム内のアドレスに従って，スイッチングハブのポートに接続された端末の MAC アドレスを参照し，通信に必要なポートに送信します．

　図3.2 にイーサネット LAN（DIX 仕様）のフレーム構成を示します．受信したフレームの**送信元 MAC アドレス**を読み取ったとき，アドレステーブルに登録されていない場合は，**アドレステーブルに登録**します．

レイヤ2は第2層のことだよ.

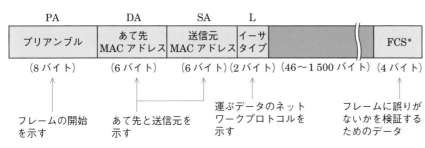

PA	DA	SA	L		
プリアンブル	あて先 MAC アドレス	送信元 MAC アドレス	イーサ タイプ		FCS*
（8 バイト）	（6 バイト）	（6 バイト）	（2 バイト）	（46〜1 500 バイト）	（4 バイト）

フレームの開始を示す　　あて先と送信元を示す　　運ぶデータのネットワークプロトコルを示す　　フレームに誤りがないかを検証するためのデータ

＊FCS：Frame Check Sequence
　　　　フレーム検査シーケンス

図3.2　イーサネット LAN のフレーム

補足
アドレステーブルは，スイッチングハブ内の MAC アドレスと対応する LAN ポートのデータを格納する表です.

スイッチングハブには以下の転送方式があります．

① **カットアンドスルー方式**

　受信フレームの**宛先アドレスの6バイト**までを受信すると，スイッチングハブ内のアドレステーブルと照合した後，フレームが入力ポートで完全に受信される前に，誤り検査を省いて直ちに転送します．

② **フラグメントフリー方式**

　受信したフレームの先頭から最小サイズにあたる**64バイト**までの検査を行い，異常がなければ，そのフレームを転送します．

③ **ストアアンドフォワード方式**

　有効フレームの先頭から FCS までの受信したフレームを全てバッファに保存し，誤り検査を行って，異常がなければ，そのフレームを転送します．信頼性が高いので，主にこの方式が使われています．

重要
スイッチングハブのフレーム転送を開始するのは先頭から「カットアンドスルー方式は6バイトまで」,「フラグメントフリー方式は64バイトまで」,「ストアアンドフォワード方式はFCSまで」を受信したときです.

[4] ルータ

　ルータは **OSI 参照モデルのネットワーク層**（レイヤ3）が提供する機能を利用して，異なるネットワークアドレスを持つ LAN 相互を接続する機器です．**TCP/IP 階層モデル**の4層のうち**インターネット層**が提供する IP プロトコルが使われます．

FCS は Frame Check Sequence の略語で，フレームの誤り検査用データのことだよ.

問 1 ネットワークインタフェースカード（NIC）に固有に割り当てられた ▭ は，一般に，MAC アドレスといわれ，6 バイト長で構成される．

　　　① 物理アドレス　　② 論理アドレス　　③ 有効アドレス

解説 NIC に割り振られた**物理アドレス**を MAC アドレスといいます．

解答 ①

問 2 ネットワークインタフェースカード（NIC）に固有に割り当てられた物理アドレスは，一般に，MAC アドレスといわれ，▭ ビットで構成される．

　　　① 48　　② 64　　③ 96

解説 MAC アドレスは **48 ビット**（6 バイト）で構成され，先頭の 24 ビット（3 バイト）はベンダ（メーカ）識別番号として，米国の IEEE が管理し割り当てを行っています．

> MAC は，Medium（媒体）Access（アクセス）Control（制御）の略語だよ．

解答 ①

問 3 スター型の LAN で使用されるリピータハブは，OSI 参照モデルにおける ▭ 層の機能を有し，信号の増幅，整形及び中継を行う．

　　　① 物理　　② データリンク　　③ ネットワーク

解説 リピータハブは LAN のケーブル長を延長するときに使用する接続装置です．OSI 参照モデルの**物理層**（レイヤ 1）の機能のみを有し，ケーブルの伝送損失を補うため，信号の増幅，成形及び中継を行います．

解答 ①

問 4 LAN を構成するレイヤ 2 スイッチは，受信したフレームの ▭ を読み取り，アドレステーブルに登録されているかどうかを検索し，登録されていない場合はアドレステーブルに登録する．

　　　① 宛先 IP アドレス　　② 宛先 MAC アドレス
　　　③ 送信元 IP アドレス　　④ 送信元 MAC アドレス

解説 レイヤ 2 スイッチは，ブリッジ機能を持つスイッチングハブで，受信したフレームの**送信元 MAC アドレス**を読み取ったとき，アドレステーブルに登録されていない場合は，アドレステーブルに登録します．

解答 ④

問5 ネットワークを構成する機器であるレイヤ2スイッチの機能などについて述べた次の二つの記述は，□□□□．

A　レイヤ2スイッチは，ルーティング機能を持ち，異なるネットワークアドレスを持つネットワークどうしを接続することができる．

B　レイヤ2スイッチは，受信したフレームの送信元MACアドレスを読み取り，アドレステーブルに登録されているかどうかを検索し，登録されていない場合はアドレステーブルに登録する．

①　Aのみ正しい　　　②　Bのみ正しい

③　AもBも正しい　　④　AもBも正しくない

解説　A　レイヤ2スイッチは，**ルーティング機能を持たない**ので，異なるネットワークアドレスを持つネットワークどうしを**接続することができません**．

解答　②

問6 スイッチングハブのフレーム転送方式におけるカットアンドスルー方式について述べた次の記述のうち，正しいものは，□□□□である．

①　有効フレームの先頭から64バイトまでを受信した後，異常がなければフレームの転送を開始する．

②　有効フレームの先頭から宛先アドレスの6バイトまでを受信した後，フレームが入力ポートで完全に受信される前に，フレームの転送を開始する．

③　有効フレームの先頭からFCSまでを受信した後，異常がなければフレームを転送する．

解説　①　フラグメントフリー方式についての記述です．

③　ストアアンドフォワード方式についての記述です．

解答　②

問7 スイッチングハブのフレーム転送方式におけるカットアンドスルー方式は，有効フレームの先頭から□□□□までを受信した後，フレームが入力ポートで完全に受信される前に，フレームの転送を開始する．

①　宛先アドレスの6バイト　　②　64バイト　　③　FCS

解説　カットアンドスルー方式は有効フレームの先頭から**宛先アドレスの6バイトまで**を受信した後，フレームが入力ポートで完全に受信される前に，転送を開始します．

解答　①

問 8 スイッチングハブのフレーム転送方式におけるフラグメントフリー方式は，有効フレームの先頭から□□□□を受信した後，異常がなければ，フレームを転送する.

① 64 バイトまで　　② FCS まで　　③ 宛先アドレスの 6 バイトまで

解説　フラグメントフリー方式は，受信したフレームの先頭から最小サイズにあたる **64 バイトまで**の検査を行って，異常がなければ，そのフレームを転送します.

解答 ①

問 9 スイッチングハブのフレーム転送方式におけるストアアンドフォワード方式では，有効フレームの先頭から□□□□までを受信した後，異常がなければ受信したフレームを転送する.

① 宛先アドレス　　② FCS　　③ 64 バイト

解説　ストアアンドフォワード方式は，有効フレームの先頭から **FCS** までの受信したフレームを全てバッファに保存し，誤り検査を行って，異常がなければ，そのフレームを転送します.

> FCS はフレームの誤り検査用データだよ.

解答 ②

問 10 ルータは，OSI 参照モデルにおける□□□□層が提供する機能を利用して，異なる LAN 相互を接続することができる.

① ネットワーク　　② トランスポート　　③ データリンク

解説　ルータは OSI 参照モデルの**ネットワーク層**（レイヤ 3）が提供する機能を利用して，異なるネットワークアドレスを持つ LAN 相互を接続する機器です.

解答 ①

問 11 LAN を構成する機器であるルータでは，四つの層から構成されている TCP/IP プロトコル群のうち，□□□□層が提供する IP プロトコルが使われ，異なる LAN 相互を接続することができる.

① インターネット　　② トランスポート　　③ ネットワークインタフェース

解説　ルータでは，TCP/IP 階層モデルの 4 層のうち，**インターネット層**が提供する IP プロトコルが使われます.

解答 ①

3.2 IP ネットワークのプロトコル

●アプリケーションプロトコルの機能と動作
●ネットワーク管理コマンドの機能と動作

1 TCP/IP のプロトコル

　インターネットで使われている TCP/IP プロトコルは，OSI 参照モデルのネットワーク層（レイヤ3）の IP プロトコルとトラスポート層（レイヤ4）の TCP プロトコルが使われます．

[1] IP プロトコル

　TCP/IP の階層ではインターネット層のプロトコルです．イーサネット上の端末間の通信を提供します．

[2] TCP プロトコル

　TCP/IP の階層ではトランスポート層のプロトコルです．アプリケーション向けにエンド・ツー・エンドの通信を提供します．

OSI 参照モデルは7層，TCP/IP の階層は，ネットワークインタフェース層，インターネット層，トランスポート層，アプリケーション層の4層だよ．

2 アプリケーションプロトコル

　TCP/IP 階層モデルのアプリケーション層のプロトコルは，次のプロトコルなどがあります．

[1] DHCP

　DHCP は，IP アドレスなどを一元的に管理し，パーソナルコンピュータ（PC）などの起動時に**自動的に IP アドレスを割り当てる**プロトコルです．

　ルータ機能付き ADSL モデムなどの DHCP サーバ機能を有効にすれば，ADSL モデムに接続されたパーソナルコンピュータなどの端末は，起動時にDHCP サーバ機能にアクセスして IP アドレスを自動的に取得するので，端末個々に **IP アドレスを設定する必要がありません**．

[2] DNS

　利用者が分かりやすい形式のインターネット上におけるコンピュータの名前をホスト名と呼び，**DNS** はホスト名を IP アドレスに変換するプロトコルです．ネットワーク上に置かれた DNS サーバは，組織名のドメイン名とホスト名を IP アドレスに変換します．

DHCP は，Dynamic（ダイナミック）（動的な）Host（ホスト）Configuration（コンフィギュレーション）（構成）Protocol（プロトコル）
DNS は，Domain（ドメイン）Name Service（ネーム サービス）
HTTP は，Hyper（ハイパー）Text Transfer（テキスト トランスファー）（転送する）Protocol（プロトコル）の略語だよ．

[3] HTTP

HTTP は，WEB サーバとクライアント PC の WEB ブラウザとの間で WEB 情報を転送するためのプロトコルです．

[4] FTP

FTP は，インターネット上で，コンピュータ間でファイルを転送するためのプロトコルです．

[5] SMTP，POP3，IMAP4

電子メールの送受信に使用されるプロトコルに **SMTP，POP3，IMAP4** などがあります．SMTP はメールの送信に使用され，POP3 と IMAP4 はメールの受信に使用されるプロトコルです．

補足
ホスト PC は，ネットワークを介して別の端末機器に処理やサービスを提供するコンピュータを指し，提供を受ける側のコンピュータはクライアント PC やターミナル PC と呼ばれます．

3　ネットワーク管理コマンド

[1] ICMP

ICMP は，TCP/IP 階層モデルのインターネット層のプロトコルで，通信エラーの状況や IP の経路に関する診断を行い，エラーメッセージや情報メッセージを送信元のコンピュータに返信します．

[2] ICMPv6

8 bit のアドレスを使う IPv6 で用いられる ICMP を **ICMPv6** といいます．IETF の RFC4443 において標準化されています．ICMP と同様に「あて先不達」などの**エラーメッセージ**と「エコー応答」などの**情報メッセージ**の 2 種類のメッセージがあります．

ICPv6 は，IPv6 に不可欠なプロトコルとして，全ての IPv6 ノードに完全に実装されなければならないとされています．

[3] tracert コマンド

tracert コマンドは，IP パケットなどの転送データが特定のホストコンピュータへ到達するまでに，**どのような経路を通るのか**を調べるために用いられるコマンドで，ICMP メッセージを用いる基本的なコマンドです．コマンドは，windows のコマンドプロンプトで実行することができます．

[4] netsh コマンド

netsh コマンドは，ネットワークの設定情報の表示またはネットワーク構成の設定を変更することができるコマンドです．

IPv6 ノードの経路情報については，Windows のコマンドプロンプトにより，netsh コンテキストから interface ipv6 コンテキストの **show route コマンド**を用いて表示させることができます．

[5] ping コマンド

ping コマンドは，ICMP メッセージを用いて，ネットワークに接続された相手のコンピュータまでのネットワークの経路が正しく設定され，通信ができるかを確かめるために使われるコマンドです．

ICMP は，Internet（インターネット）Control Message（コントロール メッセージ）Protocol（プロトコル）の略語だよ．

IETF は，Internet（インターネット）Engineering Task（エンジニアリング タスク）Force（フォース）の略語で，インターネット技術の標準化を推進する任意団体だよ．

補足
コンテキストのコマンドは，追加して入力するコマンドのことです．

[6] ipconfig コマンド

ipconfig コマンドは，ホストコンピュータの構成情報である IP アドレス，サブネットマスク，デフォルトゲートウェイなどを確認することができます．

ipconfig などのコマンドは，windows パソコンのスタートメニューにあるコマンドプロンプトで簡単に実行することができるから，試してみてね．ipconfig はパソコンの IP アドレスなどが調べられるよ．

問 1 ADSL 回線を利用してインターネットに接続されるパーソナルコンピュータなどの端末は，ADSL ルータなどの ［　　　］ サーバ機能が有効な場合は，起動時に，［　　　］ サーバ機能にアクセスして IP アドレスを取得するため，端末個々に IP アドレスを設定しなくてもよい．

 ① SNMP ② DHCP ③ WEB

解説 IP アドレスなどを一元的に管理し，パーソナルコンピュータなどの起動時に自動的に IP アドレスを割り当てるプロトコルを DHCP といいます．ルータ機能付き ADSL モデムなどの **DHCP** サーバ機能を有効にすると，パーソナルコンピュータなどの端末が起動した際，IP アドレスを自動的に取得します．

なお，SNMP（Simple Network Management Protocol）とは，TCP/IP ネットワークにおいて，ルータやコンピュータなどの機器をネットワーク経由で監視・制御するためのプロトコルのことです．

パソコンをホームネットワークに接続したとき，直ぐにインターネットにつながるのは，DHCP サーバ機能があるからだね．

解答 ②

問 2 ルータ機能付き ADSL モデムで DHCP サーバ機能を使うと，ADSL モデムに接続されたパーソナルコンピュータなどの端末は，起動時に DHCP サーバ機能にアクセスして ［　　　］ を取得するため，端末個々に ［　　　］ を設定する必要がない．

 ① ユーザ ID ② MAC アドレス ③ IP アドレス

解説 DHCP サーバ機能を有効にすれば，ADSL モデムに接続されたパーソナルコンピュータなどの端末は，起動時に DHCP サーバ機能にアクセスして IP アドレスを自動的に取得するので，端末個々に **IP アドレス**を設定する必要がありません．

解答 ③

問3 メタリックアクセス回線を利用してインターネットに接続されるパーソナルコンピュータなどの端末は，□□□の DHCP（Dynamic Host Configuration Protocol）サーバ機能が有効な場合は，起動時に DHCP サーバ機能にアクセスして IP アドレスを取得するため，端末個々に IP アドレスを設定しなくてもよい．

① ADSL スプリッタ　　② ADSL モデム（ルータ機能付き）　　③ OLT

解説　**ルータ機能付き ADSL モデム**などの DHCP サーバ機能を有効にすると，接続したパーソナルコンピュータなどの端末は，起動時に IP アドレスを自動的に取得するので，接続端末個々に IP アドレスを設定する必要がありません．

解答 ②

問4 IETF の RFC4443 において標準化された□□□のメッセージには，大きく分けてエラーメッセージと情報メッセージの 2 種類があり，□□□は，IPv6 に不可欠なプロトコルとして，全ての IPv6 ノードに完全に実装されなければならないとされている．

① SNMPv3　　② ICMPv6　　③ DHCPv6

解説　IPv6 で用いられるプロトコルは **ICMPv6** です．

解答 ②

問5 IETF の RFC4443 において標準化された ICMPv6 の ICMPv6 メッセージには，大きく分けてエラーメッセージと□□□メッセージの 2 種類がある．

① 制御　　② 情報　　③ 呼処理

解説　ICMPv6 のメッセージには，ICMP と同様に「あて先不達」などのエラーメッセージと「エコー応答」などの**情報メッセージ**の 2 種類があります．

解答 ②

問6 IETF の RFC4443 において標準化された ICMPv6 について述べた次の二つの記述は，□□□．

A　ICMPv6 のメッセージには，大きく分けてエラーメッセージと情報メッセージの 2 種類がある．

B　ICMPv6 は，IPv6 に不可欠なプロトコルとして，全ての IPv6 ノードに完全に実装されなければならないとされている．

① A のみ正しい　　② B のみ正しい

③ A も B も正しい　　④ A も B も正しくない

解答 ③

問7 IPパケットなどの転送データが特定のホストコンピュータへ到達するまでに，どのような経路を通るのかを調べるために用いられる◻◻◻コマンドは，ICMPメッセージを用いる基本的なコマンドの一つである．

① ipconfig　② netstat　③ tracert

解説　IPパケットなどの転送データが特定のホストコンピュータへ到達するまでに，どのような経路を通るのかを調べるために用いられるコマンドは **tracert コマンド**です．

なお，ipconfig はパソコンの IP アドレスなどを調べるコマンドで，netstat はネットワークの通信状態を確認するコマンドです．

解答 ③

問8 IPv4 ネットワークにおいて，IPv4 パケットなどの転送データが特定のホストコンピュータへ到達するまでに，どのような経路を通るのかを調べるために用いられる Windows の tracert コマンドは，◻◻◻メッセージを用いる基本的なコマンドの一つである．

① HTTP　② ICMP　③ DHCP

解説　tracert コマンドは **ICMP**（Internet Control Message Protocol）メッセージを用いる基本的なコマンドです．

過る
下線の部分は，ほかの試験問題で穴埋めの字句として出題されています．

解答 ②

問9 IPv6 ノードの経路情報については，Windows のコマンドプロンプトにより，netsh コンテキストから interface ipv6 コンテキストの◻◻◻コマンドを用いて表示させることができる．

① show route　② set route　③ show addresses

解説　ネットワークの設定情報の表示またはネットワーク構成の設定を変更することができるコマンドを netsh コマンドといい，netsh コンテキストから interface ipv6 コンテキストの **show route** コマンドを用いて IPv6 ノードの経路情報を表示させることができます．

コンテキストのコマンドは，追加して入力するコマンドだよ．

解答 ①

1　情報セキュリティの要素

情報セキュリティは次の要素を確保することが定められています.

① **機密性**（Confidentiality）

許可された利用者だけに情報を開示すること.

② **完全性**（Integrity）

情報及び関連する情報資産の正確性及び完全性を保護すること.

③ **可用性**（Availability）

許可された利用者が，必要なときに，情報及び関連する情報資産に対して確実に**アクセスできる**こと.

補足

3要素（機密性、完全性、可用性）の頭文字をとって，情報セキュリティのCIAともいわれています.

プログラムやデータなどの情報もお金と同じように価値があるから，情報資産だね.

2　脅威と脆弱性

[1] ユーザ認証

サーバなどへのアクセス時において，アクセスしようとしているユーザが本人であるかどうかを確認する仕組みを**ユーザ認証**といい，一般に，**ユーザ ID とパスワード**の組合せによる認証方法が用いられています. 不正なユーザ認証などによって，サーバにアクセスする行為を**不正アクセス行為**といいます.

[2] 不正行為と不正アクセス行為

① **盗聴**

不正な手段で他人の情報を盗み取ることです.

② **改ざん**

情報の内容を送信者が意図していないものに勝手に書き換えることです.

③ **なりすまし**

他人のパスワードなどを不正に入手し，**入手したパスワードなどを用いてデータや情報にアクセスする**ことです.

④ **セッションハイジャック**

攻撃者が，**Web サーバとクライアントとの間の通信に割り込んで**，正規のユーザになりすますことにより，その間でやり取りしている**情報を盗んだり改**

不正アクセス行為は，「不正アクセス行為の禁止等に関する法律」によって罰せられるよ.

ざんしたりする行為のことです．セッションとは Web ページのログインから
ログアウトまでの通信のことです．

⑤　ブラウザクラッシャー

　Web ページの来訪者に対して悪意を持った Web ページのことです．Web
ページを開くと，コンピュータ画面上に，連続的に新しいウィンドウを開くな
ど，来訪者のコンピュータに負荷をかけて，**来訪者本人が意図しない動作**をさ
せます．

⑥　DoS 攻撃

　インターネット上でサービスを提供しているコンピュータに対し，電子メー
ルやデータの**パケットを大量に送りつけたり**，**セキュリティホールを悪用する**
などによりサービスを妨害する攻撃手法です．ネットワーク上の多数のコン
ピュータが，特定のサーバに DoS 攻撃を行うことを DDoS 攻撃といいます．

⑦　バッファオーバフロー攻撃

　サーバ内のデータを一時的に保存しておくバッファに，その容量を超える大
量のデータを送りつけて，システムの機能に障害を与える攻撃です．

⑧　辞書攻撃

　パスワードの割り出しや暗号の解読に使われる攻撃手段で，辞書にある単語
を使う攻撃手法です．**英単語をパスワードとして使用**している場合，そのパス
ワードは悪意のある第三者に容易に解読されるおそれがあります．

⑨　フィッシング

　フィッシング（phishing）は，魚釣り（fishing）と洗練（sophisticated）
から作られた造語で，送信者を詐称した電子メールを送りつけたり，偽の電子
メールから偽のホームページに接続させたりするなどの方法で，クレジット
カード番号やアカウント情報などの個人情報を盗み出す行為のことです．

⑩　キーロガー

　キーボードの入力情報を記録し，ID やパスワードを盗み取ることです．

⑪　踏み台

　侵入したコンピュータを足がかりにして，ほかのコンピュータを攻撃するこ
とです．

⑫　ブルートフォース攻撃

　考えられる全ての**暗号鍵や文字列の組み合わせを試みる**ことにより，暗号の
解読やパスワードの解析を試みる攻撃手法で，総当たり攻撃ともいわれます．

　この攻撃の対策としては，パスワードを指定回数以上連続して間違えた場合
に，一時的に当該ユーザからのログオンを不可にする**アカウントロックアウト**
機能の設定が有効です．

⑬　DNS キャッシュポイズニング

　DNS サーバの脆弱性を利用し，**偽りのドメイン管理情報に書き換える**こと
により，特定のドメインに到達できないようにしたり，**悪意のあるサイトに誘
導**したりする攻撃手法です．

ブラウザは，マイク
ロ ソ フ ト Edge や
グ ー グ ル Chrome
などのインターネッ
トのウェブページを
みるアプリのことだ
ね．

DoS は，Denial（拒
否）of Service
の略語だよ．

フィッシングはパス
ワード釣りだね．

補足

パスワードなどを不
正に利用するときに
解析することをパス
ワードクラッキング
といいます．

補足

脆弱性とはソフト
ウェアのプログラム
の不具合や設計上の
ミスが原因で発生し
た情報セキュリティ
上の欠陥のことで
す．

Ⅱ編　3章　IP ネットワークと情報セキュリティの技術

［3］迷惑メール

電子メール利用者に向けて，利用者の都合を考慮せずに一方的に送られてくる**広告や勧誘**などを目的とするメールのことで，**スパムメール**ともいわれます．

［4］コンピュータウイルス

第三者のプログラムやデータベースに対して，意図的に何らかの被害を及ぼすように作られたプログラムを**コンピュータウイルス**といいます．コンピュータウイルスは，自己感染機能，潜伏機能，発病機能のうち少なくても一つ以上の機能を持っています．

コンピュータウイルスは，電子メールの添付ファイル，WEB サイトの閲覧やファイルのダウンロード，USB メモリなどの記憶媒体などから感染します．

ウイルスの活動形態から次のように分けられますが，複合型のものもあります．

① **ファイル感染型**

プログラム実行可能ファイルに感染し，そのプログラムの実行により，ほかのファイルに感染します．

② **マクロ感染型**

表計算ソフトなどのマクロ機能を利用して感染します．

③ **ブートセクタ感染型**

コンピュータのシステム領域（ブートセクタ）に感染し，OS を起動させると不正なプログラムが実行します．

④ **ワーム**

悪意のある単独のプログラムで，ファイルへの感染活動などを行わずに主に**ネットワークを介して自己増殖**します．ネットワークを介して攻撃先のシステムのセキュリティホールを悪用して侵入します．

⑤ **トロイの木馬**

正規のプログラムに見せかけてインストールさせて，その不正なプログラムを実行するとファイルやプログラムを破壊したり，個人情報を外部に流出するなどの不正行為をします．

> ワームは虫のことだね．トロイの木馬はギリシャ神話だね．これらの言葉からウイルスの種類を表す用語を作ったんだよ．

問 1 情報セキュリティの 3 要素のうち，許可された利用者が，必要なときに，情報及び関連する情報資産に対して確実にアクセスできる特性は，◻️◻️◻️といわれる．

① 可用性　　② 完全性　　③ 機密性

解説 **可用性**についての記述です．

解答 ①

問2 サーバなどへのアクセス時において，アクセスしようとしているユーザが本人であるかどうかを確認する仕組みはユーザ認証といわれ，一般に，□□□□の組合せによる認証方法が用いられる.
　　① ユーザ ID とアカウント　　② コマンドとキーワード
　　③ ユーザ ID とパスワード

解説　ユーザ認証では，一般に，**ユーザ ID とパスワード**の組合せによる認証方法が用いられています.

解答 ③

問3 他人のパスワードなどを不正に入手し，入手したパスワードなどを用いてデータや情報にアクセスする行為は，一般に，□□□□といわれる.
　　① 盗聴　　② なりすまし　　③ トラッシング

解説　他人の ID やパスワードなどを使って他人になりすまし，不正にデータや情報にアクセスすることを**なりすまし**といいます.
　　なお，トラッシング（trashing）はスカベンジング（scavenging）ともいい，廃棄された書類や記憶装置などから機密情報を持ち去ることです.

解答 ②

問4 攻撃者が，Web サーバとクライアントとの間の通信に割り込んで，正規のユーザになりすますことにより，その間でやり取りしている情報を盗んだり改ざんしたりする行為は，一般に，□□□□といわれる.
　　① SYN フラッド攻撃　　② コマンドインジェクション
　　③ セッションハイジャック

解説　Web ページのログインからログアウトまでの通信（セッション）を乗っ取る（ハイジャック）ことから，**セッションハイジャック**といわれます.
　　なお，SYN フラッド攻撃は DoS 攻撃の一つで，SYN パケットを大量に送り付けて，サーバに負荷を与える方法です. また，コマンドインジェクションとは，ユーザがウェブサイトで入力した情報に不正に命令（Command）を注入（injection）してコンピュータを不正に実行することです.

> SYN パケットはコンピュータがサーバとの接続を開始しようとするときに，サーバに送るパケットだよ.

解答 ③

問 5 Web ページへの来訪者のコンピュータ画面上に，連続的に新しいウィンドウを開くなど，来訪者のコンピュータに来訪者本人が意図しない動作をさせる Web ページは，一般に，☐☐☐といわれる．

① ガンブラー　② セッションハイジャック　③ ブラウザクラッシャー

解説　ブラウザ（インターネットのウェブページをみるアプリ）を壊す（クラッシュ）ことから，**ブラウザクラッシャー**といわれます．

　なお，ガンブラーとは Web サイトを改ざんし，サイトの閲覧者をウイルスに感染させようとする攻撃手法です．

解答　③

問 6 インターネット上でサービスを提供しているコンピュータに対し，パケットを大量に送りつける，セキュリティホールを悪用するなどによりサービスを妨害する攻撃は，一般に，☐☐☐攻撃といわれる．

① DoS　② ブルートフォース　③ ゼロデイ

解説　サービス（Service）を拒否（Denial）することから，**DoS**（Denial of Service）攻撃といわれます．

　なお，セキュリティ上の問題の発見から修正がされるまでの間（ゼロデイ）に攻撃を行うことをゼロデイ攻撃といいます．

解答　①

問 7 英単語をパスワードとして使用している場合，そのパスワードは☐☐☐攻撃により悪意のある第三者に容易に解読されるおそれがある．

① DoS　② 辞書　③ バッファオーバフロー

解説　辞書にある単語を使って，パスワードの割り出しや暗号の解読をすることから，**辞書攻撃**といわれます．

　なお，バッファオーバフロー攻撃とは，サーバ内のデータを一時的に保存しておくバッファに大量のデータを送りつけ，システムの機能に障害を与える攻撃のことです．

解答　②

出る
不正行為などに関する問題は，新たな攻撃が行われると出題されることがあるので，最新の情報に注意して下さい．

問 8 考えられる全ての暗号鍵や文字列の組合せを試みることにより，暗号の解読やパスワードの解析を試みる手法は，一般に，□□□□攻撃といわれる．

① バッファオーバフロー ② DDoS ③ ブルートフォース

解説 考えられる全ての暗号鍵や文字列の組合せを試みることから，**ブルートフォース攻撃**（総当たり攻撃）と呼ばれています．

> brute force は力ずくの意味だよ．

解答 ③

問 9 パスワードクラッキングの方法の一つにブルートフォース攻撃がある．ブルートフォース攻撃への対策の一つとして，パスワードを指定回数以上連続して間違えた場合に，一時的に当該ユーザからのログオンを不可にする□□□□機能の設定が有効である．

① デッドロック ② アカウントロックアウト ③ チェックサム

解説 ブルートフォース攻撃（総当たり攻撃）の対策としては，パスワードを指定回数以上連続して間違えた場合に，一時的に当該ユーザからのログオンを不可にする**アカウントロックアウト**機能の設定が有効です．

なお，デッドロックとは，複数の実行中のプログラムが互いに他のプログラムの結果待ちの状態となり，膠着状態となって処理が進まなくなってしまうことです．また，チェックサムはデータの誤り検出方法の一つです．

解答 ②

問 10 DNS サーバの脆弱性を利用し，偽りのドメイン管理情報に書き換えることにより，特定のドメインに到達できないようにしたり，悪意のあるサイトに誘導したりする攻撃手法は，一般に，DNS □□□□といわれる．

① キャッシュクリア ② キャッシュポイズニング ③ ラウンドロビン

解説 DNS サーバのキャッシュに偽の DNS 情報を蓄積させることから，**DNS キャッシュポイズニング**といいます．

なお，DNS キャッシュクリアとは DNS サーバのキャッシュをクリアすることです．また，DNS ラウンドロビンとは，一つのホスト名に複数の IP アドレスを割り当ててサーバなどの負荷分散を行う手法のことです．

> Poisoning は毒や中毒の意味だよ．

解答 ②

問11 電子メール利用者に向けて，利用者の都合を考慮せずに一方的に送られてくる広告や勧誘などを目的とするメールは，一般に，迷惑メールまたは□□□□メールといわれる.
① フィッシング　　② フリー　　③ スパム

解説　迷惑メールのことを**スパムメール**ともいいます.
　　なお，フィッシングとは，金融機関などの WEB サイトや電子メールを装い，口座番号や暗証番号などを盗み取ることです．また，フリーメールとは，無料で取得した電子メールアカウントのことです.

解答 ③

問12 悪意のある単独のプログラムで，ファイルへの感染活動などを行わずに主にネットワークを介して自己増殖するコンピュータプログラムは，一般に，□□□□といわれる.
① DoS　　② トロイの木馬　　③ ワーム

解説　**ワーム**は，ネットワークを介して攻撃先のシステムのセキュリティホールを悪用して侵入し，自己増殖（自身をほかのコンピュータに複製）します.

ワームは虫のことだね.

解答 ③

3.4 端末設備とネットワークのセキュリティ対策

1 不正アクセス対策

不正なアクセスを防止するには，ファイアウォールやIDS（侵入検知システム）の導入が有効です．

［1］ファイアウォール

ファイアウォールは，内部のネットワーク（イントラネット）と外部のネットワーク（インターネット）の境界に設置して，内部への不正な侵入を防ぐために，アクセス制御を行うシステムです．ファイアウォールはあらかじめ定められたフィルタリングルールに基づき，ネットワーク間のデータ転送の可否を判断して，許可されたデータのみを転送する役割を持ってます．

インターネットに接続されたネットワークにおいて，**ファイアウォールによって外部ネットワークからも内部ネットワークからも隔離された区域**は，一般に**DMZ**といわれます．DMZにインターネットなどで外部に公開するWebサーバやメールサーバなどを設置します．

個人ユーザ向けにはパーソナルファイアウォールがあります．ウイルス対策ソフトと一緒に総合セキュリティ対策ソフトとして組み込まれているものやオペレーティングシステムに組み込まれているものなどがあります．パーソナルコンピュータにインストールするので，インターネットを経由した外部ネットワークからの攻撃や内部ネットワークからの不正なアクセスに対する防御システムとして有効です．

［2］IDS（侵入検知システム）

内部ネットワーク上のパケットやコンピュータの状態を常時監視し，外部からの攻撃や不正侵入を検知して，管理者へ警告するシステムです．

［3］盗聴対策

通信回線上を流れるデータなどを不正に入手する盗聴の対策としては**暗号化**が有効です．

ファイアウォールは防火壁のことだよ．火じゃなくて不正なアクセスから内部を守る壁だね．

DMZは，DeMilitarized Zone（非武装地帯）IDSは，Intrusion（侵入）Detection（発見）System の略語だよ．

2 脆弱性対策

[1] ポートスキャン

全てのポートに信号を送り，通信可能なポートを探す手法を**ポートスキャン**といいます．ネットワークを通じてサーバに連続してアクセスし，セキュリティホールを探す場合などに利用されます．

[2] ハニーポット

不正侵入やコンピュータウイルスの振る舞いなどを調査・分析するためにインターネット上に設置され，意図的に脆弱性を持たせたシステムを**ハニーポット**といいます．サーバにセキュリティ上の欠陥を作り不正侵入者の行動を記録します．

ハニーポットは，はちみつ壺だよ．

[3] バナーチェック

サーバが提供しているサービスに接続して，応答メッセージを確認することにより，サーバが使用しているソフトウェアの種類やバージョンを推測する手法を**バナーチェック**といいます．サーバの脆弱性を検知するための手法として用いられる場合があります．一般的なサーバソフトウェアは接続相手にソフトウェアの名称やバージョン番号，開発元などを記した短いメッセージを返信します．それをバナーといいます．

バナー（banner）は垂れ幕や旗のことだよ．webページの広告もバナーっていうよね．

[4] シンクライアント

ユーザが利用するコンピュータには表示や入力などの必要最小限の処理をさせ，サーバ側でアプリケーションやデータファイルなどの資源を管理するシステムを**シンクライアント**といいます．コンピュータからの情報漏えいを防止するための対策の一つです．

NATは，Network Address（ネットワーク アドレス）Translation（変換）
NAPTは，Network Address（ネットワーク アドレス）Port Translation（ポート トランスレーション）
SSIDは，Service Set Identifier（サービス セット アイデンティファイヤ）（識別子）
の略語だよ．

[5] ブロードバンドルータ

インターネットへ**常時接続**においては，**外部からの不正アクセスなどの危険性が高くなる**ことから，**セキュリティ機能を有するブロードバンドルータの利用**が推奨されています．

① NAT

インターネット上のグローバルIPアドレスとローカルネットワークのプライベート**IPアドレスを相互変換する機能**をNATといいます．インターネットなどの外部ネットワークから企業などが内部で使用しているIPアドレスを隠すことができるため，セキュリティレベルを高めることが可能となります．

② NAPT

プライベートIPアドレスをグローバルIPアドレスに変換する際に，**ポート番号も変換する**ことにより，一つのグローバルIPアドレスに対して複数のプライベートIPアドレスを割り当てる機能を**NAPT**またはIPマスカレードといいます．NAPTでは，グローバルアドレスが一つで，プライベートアドレスを使っている端末がネットワーク内に複数ある場合に，同時にインターネットにアクセスすることができます．

補足
グローバルIPアドレスは，インターネットで使用できるIPアドレスのことです．プライベートIPアドレスは，企業や宅内のローカルなネットワークで使用できるIPアドレスです．

3 　無線LANのセキュリティ対策

[1] SSID

SSID は無線 LAN アクセスポイントがユーザに対して表示する名前です．アクセスポイントの ANY 接続を拒否する設定とすれば，SSID を知らない第三者の無線 LAN 端末から接続される危険を低減することができます．また，無線 LAN アクセスポイントは SSID を通知しないステルス機能を持っています．

[2] MAC アドレスフィルタリング

無線 LAN 端末の MAC アドレスをあらかじめ無線 LAN アクセスポイントに登録しておけば，アクセスポイントの **MAC アドレスフィルタリング機能** を有効に設定することにより，登録されていない MAC アドレスを持つ無線 LAN 端末から接続される危険性を低減することができます．

補足
MAC アドレスは，無線 LAN 端末などのネットワーク機器に割り当てられた固有の番号です．

4 　コンピュータウイルス対策

OS やアプリケーションソフトのウイルス対策ソフトウェア，ウイルススキャンソフトウェアを使用することで，コンピュータウイルスに感染するのを軽減することができます．OS やアプリケーションソフトのバージョンアップは，適切に実行しなければいけません．

ウイルス対策ソフトウェアがコンピュータウイルスを検出するために必要なデータベースは，一般に，**ウイルス定義ファイル** と呼ばれます．

ウイルスの検出方法には，パターンマッチング，チェックサム，ヒューリスティックなどの方式があります．**ウイルス定義ファイルと検査の対象となるメモリやファイルなどとを比較してウイルスを検出する方法** は，一般に，**パターンマッチング** といいます．

コンピュータや接続する機器及びソフトウェアに対するウイルス対策には次のものがあります．

① 　コンピュータがウイルスに感染したと思われる兆候が現れた場合は，まず，**ネットワークケーブルを外してネットワークを遮断** してから，**ウイルススキャンソフトウェア** を実行する．

② 　セキュリティ管理者などによる管理が不確かな場合，自分が管理していない USB メモリは，自分が管理しているコンピュータには接続しない．また，自分が管理していないコンピュータには，自分が管理している USB メモリを接続しない．また，**USB メモリの自動自動実行機能は有効化** しない．

③ 　電子メールの利用においては，テキスト形式でメールを閲覧し，**HTML 形式ではメールを閲覧しない**．

④ 　電子メールの利用においては，メール本文でまかなえる場合は，**ファイ**

重要
ウイルスを検出するために必要なデータベースをウイルス定義ファイルと呼び，そのファイルと比較してウイルスを検出する方法をパターンマッチングといいます．

対策はいろいろあるね．試験問題ではいろいろな対策が出題されているよ．いつものパソコンを使うときに必要なことだから，普段から注意して覚えてね．

ルを添付しない．また，見知らぬ先から届いた添付ファイル付きのメール
は無条件で削除する．

⑤　Word や Excel などのアプリケーションを利用するときは，マクロを
実行する機能を無効にしておく．

添付ファイルやアプリケーションのマクロプログラムを実行するとウイルスに感染することがあるよ．

問 1　インターネットに接続されたネットワークにおいて，ファイアウォールによって外部ネットワーク（インターネット）からも内部ネットワーク（イントラネット）からも隔離された区域は，一般に，□□□□□といわれる．
　　　①　DMZ　　②　NAT　　③　DNS

解説　外部からも内部からも隔離されたネットワークの区域を **DMZ** といいます．

　なお，NAT は，インターネット上のグローバル IP アドレスとローカルネットワークのプライベート IP アドレスを相互変換する機能のことです．また，DNS はホスト名を IP アドレスに変換するプロトコルです．

DMZ は DeMilita-rized Zone（非武装地帯）の略語だよ．

解答　①

問 2　外部ネットワーク（インターネット）と内部ネットワーク（イントラネット）の中間に位置する緩衝地帯は□□□□□といわれ，インターネットからのアクセスを受ける Web サーバ，メールサーバなどは，一般に，ここに設置される．
　　　①　DMZ　　②　SSL　　③　IDS

解説　インターネットからのアクセスを受ける Web サーバやメールサーバなどは緩衝地帯（**DMZ**）に設置されます．

　なお，SSL は Secure Sockets Layer の略で，Web ブラウザと Web サーバの間のデータを暗号化する仕組み（プロトコル）です．また，IDS は，Intrusion（侵入）Detection（発見）System（システム）の略語です．

解答　①

問 3 パーソナルファイアウォールといわれるセキュリティソフトウェアについて述べた次の記述のうち，<u>誤っているもの</u>は，□□□□である．

① セキュリティレベルについては，一般に，パーソナルコンピュータの使用環境に応じて設定することができる．

② 統合セキュリティ対策ソフトウェアとしてウイルス対策ソフトウェアと一緒に組み込まれているもの，オペレーティングシステムに組み込まれているものなどがある．

③ インターネットを通じた組織外からの攻撃や不正なアクセスに対する防御ツールとして有効であるが，組織内の他の端末からの不正なアクセスに対する防御機能はない．

解説 ③ 「防御機能は**ない**」ではなく，正しくは「防御機能は**ある**」です．

解答 ③

問 4 通信回線上を流れるデータなどを不正に入手することは盗聴といわれ，その対策としては，□□□□が有効とされている．

① ファイアウォール ② 暗号化 ③ デジタル署名

解説 盗聴とは，通信回線上を流れるデータなどを不正に入手することで，その対策としては**暗号化**が有効です．

なお，ファイアウォールは，内部のネットワークと外部のネットワークの境界に設置して，内部への不正な侵入を防ぐシステムです．また，デジタル署名は，送信されてきたデータが本人のものであるのかを証明するのための技術です．

解答 ②

問 5 ネットワークを介してサーバに連続してアクセスし，セキュリティホールを探す場合などに利用される手法は，一般に，□□□□といわれる．

① スプーフィング ② ポートスキャン ③ スキミング

解説 全てのポートに信号を送り，通信可能なポートを探すことを**ポートスキャン**といいます．このポートスキャンの手法を使って，セキュリティホール（脆弱性）を探すことができます．

なお，スプーフィングは「なりすまし」ともいい，他人のパスワードなどを不正に入手し，入手したパスワードなどを用いてデータや情報にアクセスすることです．また，スキミングはクレジットカードの情報を盗み取り，複製を行うカード犯罪の手口の一つです．

> ネットワーク機器のポートは，ファイル転送やメール送受信などのために割り当てられたポート番号のことだよ．

解答 ②

問 6 不正侵入やコンピュータウイルスの振る舞いなどを調査・分析するためにインターネット上に設置され，意図的に脆弱性を持たせたシステムは，一般に，□□□□といわれる．
① バックドア　　② ハニーポット　　③ ハードウェアトークン

解説 **ハニーポット**は，意図的に脆弱性を持たせることで，不正侵入者の行動を記録します．

なお，バックドアは「裏口」や「勝手口」を表す英単語で，不正に設けられた侵入経路のことです．また，ハードウェアトークンとは，ワンタイムパスワードを発行する機械のことです．

ハニーポットは，はちみつ壺だよ．

解答 ②

問 7 サーバが提供しているサービスに接続して，その応答メッセージを確認することにより，サーバが使用しているソフトウェアの種類やバージョンを推測する方法は□□□といわれ，サーバの脆弱性を検知するための手法として用いられる場合がある．
① トラッシング　　② バナーチェック　　③ パスワード解析

解説 **バナーチェック**は，ネットワークセキュリティーの脆弱性の調査のほか，不正アクセスをもくろむ者が攻撃対象を選ぶ際にも用いられます．

なお，トラッシングとは，廃棄された書類や記憶装置などから機密情報を持ち去ることです．また，パスワード解析とは，パスワードを忘れたときなど，以前入力したパスワードを解析することです．

解答 ②

問 8 コンピュータからの情報漏洩を防止するための対策の一つで，ユーザが利用するコンピュータには表示や入力などの必要最小限の処理をさせ，サーバ側でアプリケーションやデータファイルなどの資源を管理するシステムは，一般に，□□□□システムといわれる．
① シンクライアント　　② 検疫ネットワーク　　③ リッチクライアント

解説 ユーザが使用するコンピュータの機能を最小限にし，アプリケーションやデータファイルなどの資源をサーバ側で管理するシステムのことを**シンクライアントシステム**といいます．ユーザの端末にデータが残らないため，情報漏洩を防止できます．

なお，検疫ネットワークシステムとは，ネットワークに接続する際に，セキュリティの問題がないかチェックするシステムです．また，リッチクライアントとは，サーバ上で行っていた画面の生成や業務データの演算などの Web ブラウザの処理を，クライアント側で実行する Web アプリケーションシステムのことです．

シンクライアントは，Thin（薄い，少ない）と Client（クライアント）を組み合わせた用語だよ．

解答 ①

問9 インターネットへの接続形態の一つである◯◯◯◯接続においては，ダイヤルアップ接続と比較して，外部からの不正アクセスなどの危険性が高くなることから，セキュリティ機能を有するブロードバンドルータの利用が推奨されている．
　　① マルチ　　② 常時　　③ カスケード

解説　常にインターネットに接続している**常時接続**では，外部からの不正アクセスなどの危険性が高くなります．
　　なお，マルチ接続とは，複数の端末が接続することをいいます．また，カスケード接続とは，LANなどのネットワークでハブどうしを直列に接続することをいいます．

解答　②

問10 グローバルIPアドレスとプライベートIPアドレスを相互変換する機能は，一般に，◯◯◯◯といわれ，インターネットなどの外部ネットワークから企業などが内部で使用しているIPアドレスを隠すことができるため，セキュリティレベルを高めることが可能である．
　　① DMZ　　② IDS　　③ NAT

解説　グローバルIPアドレスとプライベートIPアドレスを相互変換する機能は**NAT**です．
　　なお，DMZは，ファイアウォールによって外部ネットワークからも内部ネットワークからも隔離された区域のことです．また，IDSは侵入検知システムのことです．

NATは，Network（ネットワーク）Address（アドレス）Translation（変換）の略語だよ．

解答　③

問11 プライベートIPアドレスをグローバルIPアドレスに変換する際に，ポート番号も変換することにより，一つのグローバルIPアドレスに対して複数のプライベートIPアドレスを割り当てる機能は，一般に，◯◯◯◯またはIPマスカレードといわれる．
　　① DHCP　　② NAPT　　③ DMZ

解説　NATのように，グローバルIPアドレスとプライベートIPアドレスを相互変換するだけでなく，ポート番号も変換する機能を**NAPT**といいます．
　　なお，DHCPはIPアドレスなどを一元的に管理し，パーソナルコンピュータなどの起動時に自動的にIPアドレスを割り当てるプロトコルです．また，DMZは，ファイアウォールによって外部ネットワークからも内部ネットワークからも隔離された区域のことです．

NAPTは，Network（ネットワーク）Address（アドレス）Port（ポート）Translation（変換）の略語だよ．

解答　②

問12 無線 LAN のセキュリティについて述べた次の記述のうち，誤っているものは，□□□□ である．

① 無線 LAN アクセスポイントの設定において，ANY 接続を拒否する設定にすることにより，アクセスポイントの SSID を知らない第三者の無線 LAN 端末から接続される危険性を低減できる．

② 無線 LAN アクセスポイントの MAC アドレスフィルタリング機能を有効に設定することにより，登録されていない MAC アドレスを持つ無線 LAN 端末から接続される危険性を低減できる．

③ 無線 LAN アクセスポイントにおいて，SSID を通知しない設定とし，かつ MAC アドレスフィルタリング機能を有効に設定することにより，無線 LAN 区間での傍受による情報漏洩は生じない．

解説 ③ 「情報漏洩は**生じない**」ではなく，正しくは「情報漏洩は**生じる**」です．

解答 ③

問13 コンピュータウイルス対策ソフトウェアがコンピュータウイルスを検出するために必要なデータベースファイルは，一般に，□□□□ ファイルといわれる．

① マスタ ② テキスト ③ ウイルス定義

解説 **ウイルス定義ファイル**はパターンファイルとも呼ばれ，検査対象のファイルがウイルス定義ファイルに登録されているウイルスのパターンと一致しているかを検査します．

なお，マスタファイルは基本ファイルとも呼ばれ，基本となるデータをまとめたファイルのことです．また，テキストファイルは文字の情報だけを含んだファイルのことです．

解答 ③

問14 コンピュータウイルス対策ソフトウェアで用いられており，ウイルス定義ファイルと検査の対象となるメモリやファイルなどとを比較してウイルスを検出する方法は，一般に，□□□□ といわれる．

① パターンマッチング ② チェックサム ③ ヒューリスティック

解説 検査対象のメモリやファイルがウイルス定義ファイル（パターンファイル）に登録されているウイルスのパターンと一致しているかを検査することから，**パターンマッチング**といわれています.

なお，チェックサムは送信側と受信側のデータの総和を比較し，誤りがないかを検出する方法です．また，ヒューリスティックは，パターンマッチングのように，すでに見つかったウイルスに一致するかを検出するのではなく，ウイルスの断片的な特徴に適合するものを検出する方法です.

> ヒューリスティック（heuristic）は発見的方法という意味だよ.

解答 ①

Ⅱ編

3章

ⅠＰネットワークと情報セキュリティの技術

問15 電子メールの利用において，コンピュータウイルス対策として有効なものについて述べた次の記述のうち，誤っているものは，□□□である.
  ① OS やアプリケーションソフトウェアのバージョンアップを適切に実行する.
  ② ウイルススキャンソフトを導入する.
  ③ HTML 形式でメールを閲覧する.

解説 ③ HTML 形式のメールを開いただけ，あるいはプレビューしただけで感染するウイルスもあるため，**HTML 形式でメールを閲覧せず**，テキスト形式で閲覧するなどの対策が有効です.

解答 ③

問16 USB メモリが媒介するコンピュータウイルス感染の防止対策について述べた次の記述のうち，誤っているものは，□□□である.
  ① セキュリティ管理者などによる管理が不確かな場合，自分が管理していない USB メモリは，自分が管理しているパーソナルコンピュータには接続しない.
  ② セキュリティ管理者などによる管理が不確かな場合，自分が管理していないパーソナルコンピュータには，自分が管理している USB メモリを接続しない.
  ③ USB メモリをパーソナルコンピュータに接続する際は，USB メモリの自動実行機能を有効化しておく.

解説 ③ ウイルスに感染した USB メモリを接続して自動実行するとウイルスに感染してしまうので，USB メモリの自動実行機能を**無効化**することが有効な対策です.

解答 ③

問17 コンピュータウイルス対策について述べた次の二つの記述は，_____.

A　Word や Excel を利用する際には，一般に，ファイルを開くときにマクロを自動実行する機能を無効にしておくことが望ましいとされている.

B　ウイルスに感染したと思われる兆候が現れたときの対処として，一般に，コンピュータの異常な動作を止めるために直ちに再起動を行い，その後，ウイルスを駆除する手順が推奨されている.

① Aのみ正しい　　② Bのみ正しい

③ AもBも正しい　　④ AもBも正しくない

解説　B　ウイルスに感染したと思われる兆候が現れた場合，ネットワークを経由して感染を広げるものもあるので，まずは**ネットワークケーブルを外してネットワークから遮断**する必要があります．その後，セキュリティ対策ソフトでウイルスのチェックや駆除する手順が推奨されています．

物理的に切り離せば，外部と通信できなくなるね.

なお，再起動をするとシステムが正常に起動しなくなったり，ウイルスが広まる可能性があるので，再起動してはいけません.

解答　①

問18 電子メール利用時における添付ファイルの取扱いなどについて述べた次の二つの記述は，_____.

A　見知らぬ相手先から届いた添付ファイル付きのメールは，一般に，無条件で削除することが望ましいとされている.

B　メール本文でまかなえるものは，一般に，ファイルで添付しないことが望ましいとされている.

① Aのみ正しい　　② Bのみ正しい

③ AもBも正しい　　④ AもBも正しくない

解答　③

4.1 光ファイバの接続技術

- ●光ファイバの種類と構造
- ●光ファイバの伝送特性
- ●光ファイバの接続方法と接続の注意事項

1 光ファイバの構造と種類

光ファイバは，0.1〔mm〕程度の石英ガラス繊維の中に屈折率の高いコアと屈折率の低いクラッドを持ち，それをナイロン樹脂などで被覆した構造です．コアの中を伝搬する光は，屈折率の違いからそれらの境界面において，特定の角度の**全反射**を繰り返してコアの中を伝搬します．

光ファイバは，図4.1 (a)，(b) のような**コアの屈折率が一定のステップインデックス型**と図4.1 (c) のような**屈折率が特定の曲率分布のグレーデッドインデックス型**があります．これらの光ファイバは屈折率の大きいコアと屈折率の小さいクラッドを持っています．グレーデッドインデックス型は伝搬モードが複数のマルチモード光ファイバとして用いられます．

プラスチック系の心線を用いたプラスチック光ファイバの心線は，曲げに強く折れにくい特徴があります．主にホームネットワークで用いられ，送信素子には光波長が 650〔nm〕の**赤色 LED** が用いられています．

重要

光ファイバは，光信号が伝搬するコアとクラッドの屈折率の違いから，全反射現象により光信号が伝搬します．

重要

ステップインデックス型光ファイバのコアの屈折率は，クラッドよりわずかに大きい値です．

	屈折率分布	クラッド径	コア径
（a）ステップインデックス型（シングルモード）		125 μm	5〜15 μm
（b）ステップインデックス型（マルチモード）		125〜250 μm	50〜100 μm
（c）グレーデッドインデックス型（マルチモード）		125〜250 μm	50〜100 μm

図 4.1　光ファイバの構造と伝搬モード

2 光ファイバの伝送特性

[1] 光ファイバ固有の損失

① 吸収損失

光ファイバの中を伝わる光が材料自信によって吸収される損失です.

② レイリー散乱損失

光ファイバ中の屈折率のゆらぎによって, 光が散乱するために生じる損失です. 光ファイバの密度の違いにより, 屈折率が場所によって異なることなどが原因です.

③ 構造不均一性による損失

コアとクラッドの境界面の凸凹により光が乱反射され, 光ファイバ外に放射されることによる損失です.

[2] マイクロベンディングロス

光ファイバの側面に圧力が加わると, 光ファイバの軸に μm 程度の曲がりが生じます. これを**マイクロベンディングロス**といいます. コアとクラッドの境界面で光が乱反射され, 光ファイバ外に放出されることによる損失です. 光ファイバの布設時に光ファイバの側面に圧力が加わったときに発生します.

[3] 光ファイバの曲がりによる放射損失

光ファイバが小さな曲率半径で曲げられると, コアとクラッドの境界面と光の伝搬方向との角度が変化して, 光ファイバ外に光が放射されることにより損失が生じます.

[4] 接続損失

光ファイバを接続する場合に, 軸ずれや光ファイバ端面の分離などがあると損失が生じます.

[5] 分散

光ファイバ内を伝搬する間に, 光の伝搬速度が伝搬モードや光の波長によって異なり, 到達する波形に時間差が生じる現象を**分散**といいます. 分散は伝送パルスが広がる原因となります. 分散には次の発生原因があります.

① モード分散

光ファイバ内に複数の伝搬モードが存在する場合, 各モードの伝搬速度の違いにより伝搬時間が異なるために生じる分散を**モード分散**といいます.

モード分散は, 伝搬モードが一つのシングルモード光ファイバでは発生せず, マルチモード光ファイバで発生します. グレーデッドインデックス型光ファイバにおいて, コアの外側になるほど屈折率を小さくして, **屈折率分布を最適化**すれば**モード分散を小さくする**ことができます.

また, モード分散の影響を軽減するには, 伝送帯域を狭くしなければなりません. そこで, マルチモード光ファイバは, 主に LAN などの短距離伝送用に用いられています.

ベンディングは曲げのことだよ. 光ファイバは曲げに弱いので気を付けてね.

重要

マルチモード光ファイバは, モード分散の影響により, シングルモード光ファイバと比較して伝送帯域が狭くなります.

② 波長分散

光の波長に起因する分散には，材料分散と構造分散があります．

3 光ファイバの接続

[1] 融着接続法

融着接続機によって，光ファイバの切断面を放電の熱で溶かして接続します．心線の接続部では被覆が除去されて機械的強度が低下するので，図4.2のような熱収縮チューブなどの**光ファイバ保護スリーブ**が用いられます．

図4.2　融着補強用熱収縮チューブ

II編　4章　接続工事の技術

[2] メカニカルスプライスによる接続法

光ファイバ接続部品で図4.3のような構造のメカニカルスプライスを用いて接続します．ガイドのV溝により光ファイバどうしを軸合わせして接続することができるので，接続工具には電源を必要としません．

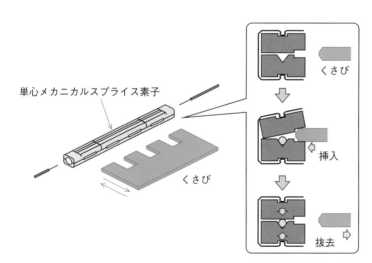

図4.3　メカニカルスプライスによる接続

[3] コネクタ法

光コネクタを用いて光ファイバを機械的に接続します．一般に図4.4のような構造のフェルール形コネクタが用いられ，図4.4 (a) の単心SCコネクタや，図4.4 (b) のFCコネクタ，図4.4 (c) のSTコネクタなどの種類があります．図4.4 (b) の**FCコネクタ**は接合部が**ねじ込み式**で振動に強い構造を持っています．

（a）単心 SC コネクタ

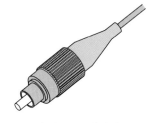

（b）FC コネクタ

（c）ST コネクタ

図 4.4　フェルール形コネクタ

コネクタ接続方式は**着脱が容易**なことが特徴ですが，接続損失が大きいので長距離の伝送には不向きです．また，接続損失や反射を極力発生させないように，取扱いに注意が必要です．**フェルール**は光ファイバのコアの中心をコネクタの中心に固定するために用いられます．ジルコニアなどの樹脂製の部品で，コアの軸がずれるのを防止することができます．

光ファイバの端面は，平面，球面，斜め球面などの形状があります．光ファイバのコネクタ接合では，フェルール先端を直角に研磨した端面形状の場合，コネクタ接合部の光ファイバ間に微少な空間ができるために，光ファイバと空間の境界面で反射が起きることがあります．これを**フレネル反射**といい，これを抑えるためには球面研磨が用いられます．

補足

フレネル反射は，光ファイバの端面で屈折率の急激な変化のために反射が発生することです．

問 1　光ファイバでは，光信号の伝搬路となるコアとクラッドの境界面で，光の◻◻◻現象により光信号が伝搬される．

　　① 乱反射　　② 全反射　　③ 発光

解説　光ファイバは，光信号が伝搬するコアとクラッドの屈折率の違いから，**全反射**現象により光信号が伝搬します．

解答　②

問 2　石英系光ファイバについて述べた次の二つの記述は，◻◻◻．

A　LAN 配線に用いられるマルチモード光ファイバは，モード分散の影響により，シングルモード光ファイバと比較して伝送帯域が狭い．

B　ステップインデックス型光ファイバのコアの屈折率は，クラッドの屈折率より僅かに小さい．

　　① Aのみ正しい　　② Bのみ正しい

　　③ AもBも正しい　　④ AもBも正しくない

解説 B 「僅かに**小さい**」ではなく，正しくは「僅かに**大きい**」です．

解答 ①

問 3 ホームネットワークなどにおける配線に用いられるプラスチック光ファイバは，曲げに強く折れにくいなどの特徴があり，送信モジュールには，一般に，光波長が 650 ナノメートルの □ が用いられる．
① LED ② FET ③ PD

解説 プラスチック光ファイバの送信素子には光波長が 650〔nm〕の赤色 **LED** が用いられています．

なお，FET は Field Effect Transistor の略語で，電界効果トランジスタのことです．また，PD は Photo Diode（フォトダイオード）の略語です．

PD は受信モジュールに用いられるよ．

解答 ①

問 4 光ファイバの損失について述べた次の二つの記述は，□．
A レイリー散乱損失は，光ファイバ中の屈折率の揺らぎによって，光が散乱するために生ずる．
B マイクロベンディングロスは，光ファイバケーブルの布設時に，光ファイバに過大な張力が加わったときに生ずる．
① A のみ正しい ② B のみ正しい
③ A も B も正しい ④ A も B も正しくない

解説 B 「**光ファイバに過大な張力**が加わったとき」ではなく，正しくは「**光ファイバの側面に圧力**が加わったとき」です．

解答 ①

問 5 マルチモード光ファイバでは，コアの外側になるほど屈折率を小さくして，屈折率分布を最適化すれば □ を小さくできる．
① マイクロベンディングロス ② モード分散 ③ レイリー散乱損失

解説 コアの外側になるほど屈折率を小さくして，屈折率分布を最適化すれば，**モード分散**を小さくできます．

解答 ②

問6 通信用光ファイバに用いられるマルチモード光ファイバは，[　　　]の影響により，シングルモード光ファイバと比較して伝送帯域が狭く，主に LAN などの短距離伝送用に使用される.

① 材料分散　　② 構造分散　　③ モード分散

解説 マルチモード光ファイバは，**モード分散**の影響により，シングルモード光ファイバと比較して伝送帯域が狭くなります.

解答 ③

問7 光ファイバ心線の融着接続部は，被覆が完全に除去されるため機械的強度が低下するので，融着接続部の補強方法として，一般に，[　　　]により補強する方法が採用されている.

① ケーブルジャケット　　② プランジャ　　③ 光ファイバ保護スリーブ

解説 光ファイバ心線の接続部では被覆が除去されて，機械的強度が低下するので，p.175 の図 4.2 のような熱収縮チューブなどの**光ファイバ保護スリーブ**が用いられます.

解答 ③

問8 光ファイバの接続について述べた次の二つの記述は，[　　　].

A　メカニカルスプライス接続は，V 溝により光ファイバどうしを軸合わせして接続する方法を用いており，接続工具には電源を必要としない.

B　コネクタ接続は，光コネクタにより光ファイバを機械的に接続する接続部に接合剤を使用するため，再接続できない.

① A のみ正しい　　　② B のみ正しい
③ A も B も正しい　　④ A も B も正しくない

解説 B 「接合剤を**使用するため**，再接続**できない**」ではなく，正しくは「接合剤を**使用しないため**，再接続**できる**」です.

解答 ①

問9 光ファイバ心線の接続について述べた次の二つの記述は，[　　　].

A　光ファイバ心線の融着接続部は，被覆が完全に除去されるため機械的強度が低下するので，融着接続部の補強方法として，一般に，フェルールにより補強する方法が採用されている.

B　光ファイバ心線どうしを接続するときに用いられるコネクタには，接続損失や反射を極力発生させないことが求められる.

① Aのみ正しい   ② Bのみ正しい

③ AもBも正しい   ④ AもBも正しくない

解説 A 「**フェルール**により補強する方法」ではなく，正しくは「**光ファイバ保護スリーブ**により補強する方法」です．

解答 ②

問10 光ファイバ用コネクタには，光ファイバのコアの中心をコネクタの中心に固定するために ☐☐☐ といわれる部品が使われている．

① プランジャ   ② スリーブ   ③ フェルール

解説 光ファイバのコアの中心をコネクタの中心に固定するために**フェルール**が用いられます．

解答 ③

問11 光配線システム相互や光配線システムと機器との接続に使用される光ファイバや光パッチコードの接続などに用いられる ☐☐☐ コネクタは，接合部がねじ込み式で振動に強い構造になっている．

① SC   ② FC   ③ MU

解説 光コネクタは光ファイバどうしを接続する部品です．ねじ込み式で接続するのは **FC コネクタ**です．

なお，SC コネクタは一般的に広く使われているプッシュプル式のコネクタで，MU コネクタは光端局装置や光中継器で使われているプッシュプル式のコネクタです．

解答 ②

問12 光ファイバのコネクタ接続において，フェルール先端を直角にフラット研磨した端面形状の場合，コネクタ接続部の光ファイバ間に微少な空間ができるため，☐☐☐ が起こる．

① 波長分散   ② フレネル反射   ③ 後方散乱

解説 フェルール先端を直角に研磨すると接続部に空間ができ，光ファイバと空気での屈折率の急激な変化のために反射が発生します．これを**フレネル反射**といい，フレネル反射を抑えるためには球面研磨が用いられます．

解答 ②

4.2 LANの接続技術

出題のポイント

- イーサネットLANの接続ケーブルの種類と用途
- モジュラコネクタのピン配列とペアのピン番号
- UTPケーブルの結線の種類と用途

1 イーサネットLAN

［1］LANの接続ケーブル

　LANの配線には，ツイストペアケーブル，同軸ケーブル，光ファイバケーブルなどがありますが，最もよく用いられているのはツイストペアケーブルです．

　表4.1にイーサネットLANの規格と図4.5に記号の読み方を示します．

表4.1　LANの伝送媒体と規格

伝送媒体	規　格	伝送速度	最大延長距離	特性 インピーダンス
ツイストペア ケーブル （UTP）	10 BASE-T	10 Mbit/s	100 m	$100 \pm 15\ \Omega$
	100 BASE-TX	100 Mbit/s	100 m	$100 \pm 15\ \Omega$
	1000 BASE-T	1 Gbit/s	100 m	$100 \pm 15\ \Omega$
同軸ケーブル	10 BASE-5	10 Mbit/s	500 m	$50\ \Omega$
	10 BASE-2	10 Mbit/s	185 m	$50\ \Omega$
	1000 BASE-CX	1 Gbit/s	25 m	$150 \pm 15\ \Omega$
光ファイバ ケーブル	1000 BASE-SX	1 Gbit/s	550 m	－
	1000 BASE-LX	1 Gbit/s	5 km	－
	10 GBASE-LX4	10 Gbit/s	300 m（MM型） 10 km（SM型）	－

ツイストペアケーブルは，2本の導線が撚り線になっているので，電流の流れる位置が頻繁に逆転するんだよ．それで，外部に発生する電磁界の向きが交互に変わるんだね．なので，外部に雑音や漏話を出しにくくなって，外部からの誘導も受けにくくなるんだよ．

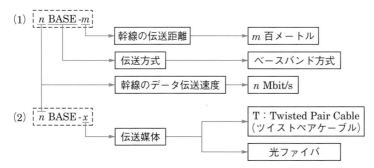

（例）1000 BASE-T（せん・ベース・ティ）
　　幹線の伝送速度が1Gbit/s，伝送方式にベースバンド方式を採用し，
　　伝送媒体としてT（ツイストペアケーブル）を用いるLAN

図4.5　標準化されたLAN（IEEE 802.3）の記号の読み方

［2］ツイストペアケーブル

2本1対の被覆銅線を撚り合わせて作られる撚り対線で，4対に束ねられた構造のケーブルです．外部のノイズ対策のためにシールドを施した STP ケーブルとシールドのない UTP ケーブルがあります．図4.6に UTP ケーブルの構造を示します．

図4.6　UTP ケーブル外観

イーサネット LAN で用いられる UTP ケーブルは，カテゴリ3からカテゴリ8が使われています．カテゴリは伝送性能によって分類され，数字が大きいほど高い周波数の信号を伝送することができます．イーサネットの100 BASE-TX ではカテゴリ5以上，**1000 BASE-T** では**カテゴリ5e 以上**の UTP ケーブルの使用が推奨されています．

重要
1000 BASE-T ではカテゴリ5e 以上を使用します．カテゴリ5e は，カテゴリ5の改良型ケーブルです．

2　モジュラコネクタ

UTP ケーブルは，4対のツイストペアで構成されているので，UTP ケーブルの両端には8極8心の RJ-45 モジュラプラグが使用されます．ピン配列は，TIA/EIA（米国電気通信工業会／電子工業会）規格の T568A または T568B が用いられます．これらのピン配列を図4.7に示します．

ペアは，2本の撚り線のことだよ．

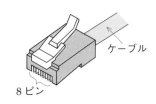

（a）外観図

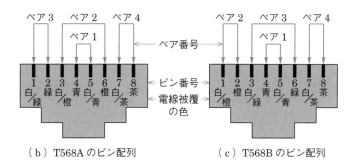

（b）T568A のピン配列　　（c）T568B のピン配列

図4.7　RJ-45 モジュラプラグ

重要
T568B のピン配列
ペア1：4番と5番
ペア2：1番と2番
ペア3：3番と6番
ペア4：7番と8番

ペア 1 からペア 4 までのコネクタと UTP ケーブルを接続する場合に, 10 BASE-T 及び 100 BASE-TX では, ペア 2 とペア 3 がデータの送信及び受信に使用されます. **1000 BASE-T** では, **全てのペア**をデータの送信及び受信に使用することで高速の伝送を可能にしています.

3 UTP ケーブルの結線

UTP ケーブルの結線には, 図 4.8 (a) のストレートケーブルと図 4.8 (b) のクロスケーブルがあります. ストレートケーブルは, パソコンとスイッチングハブなどを接続するときに用いられます. **クロスケーブル**は, **パソコンどうしやハブどうし**を接続するときに用いられます. このとき, 接続するハブは自動識別機能, アップリンクポート, カスケードポートが搭載されていないものです.

普通の LAN の配線で使うのは, ストレートケーブルだね.

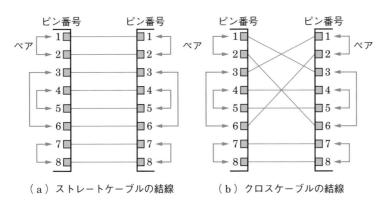

（a）ストレートケーブルの結線　　（b）クロスケーブルの結線

図 4.8　UTP ケーブルの結線

問 1　1000 BASE-T イーサネットの LAN 配線工事では, 一般に, カテゴリ ☐ 以上の UTP ケーブルの使用が推奨されている.
　　　① 3　　② 5e　　③ 6

解説　イーサネット LAN で用いられる UTP ケーブルは, 伝送性能によってカテゴリ 3 からカテゴリ 8 までに分類されており, 1000 BASE-T ではカテゴリ **5e** 以上の UTP ケーブルの使用が推奨されています.

カテゴリ 5e はカテゴリ 5 の改良型だよ.

解答 ②

問2 UTP ケーブルを図4.9に示す8極8心のモジュラコネクタに，配線規格 T568B で決められたモジュラアウトレットの配列でペア1からペア4を結線するとき，ペア1のピン番号の組合せは，□□□□である.

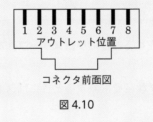

アウトレット位置

コネクタ前面図

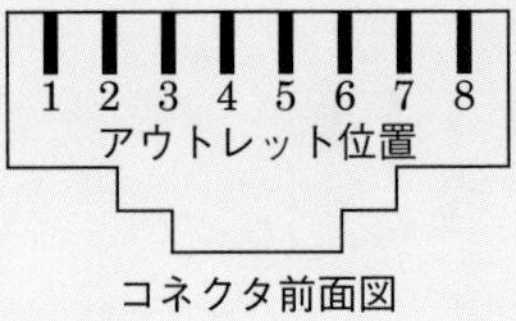

図 4.9

① 1番と2番 ② 3番と6番 ③ 4番と5番 ④ 7番と8番

解説 T568B のピン配列において，ペア1は**4番と5番**の組合せになります.

なお，ペア2は1番と2番，ペア3は3番と6番，ペア4は7番と8番となります.

解答 ③

補足

モジュラアウトレットとは，壁など取り付けられたモジュラプラグのコンセントのことです.

問3 UTP ケーブルを図4.10に示す8極8心のモジュラコネクタに，配線規格 T568B で決められたモジュラアウトレットの配列でペア1からペア4を結線するとき，ペア2のピン番号の組合せは，□□□□である.

アウトレット位置

コネクタ前面図

図 4.10

① 1番と2番 ② 3番と6番 ③ 4番と5番 ④ 7番と8番

解説 T568B のピン配列において，ペア2は**1番と2番**の組合せになります.

なお，ペア1は4番と5番，ペア3は3番と6番，ペア4は7番と8番となります.

解答 ①

問 4

LAN 配線工事において UTP ケーブルを図 4.11 に示す 8 極 8 心のモジュラコネクタに，配線規格 568B で決められたモジュラアウトレットの配列でペア 1 からペア 4 を結線する場合，1000 BASE-T のギガビットイーサネットでは，□□□□ を用いてデータの送受信を行っている．

アウトレット位置

コネクタ前面図

図 4.11

① ペア 1 と 2　② ペア 2 と 3　③ ペア 3 と 4　④ 全てのペア

解説　1000 BASE-T では，**全てのペア**をデータの送信及び受信に使用することで高速の伝送を可能にしています．

なお，10 BASE-T 及び 100 BASE-TX では，ペア 2 とペア 3 をデータの送信及び受信に使用しています．

解答 ④

問 5

LAN 配線工事において，一般に，自動識別機能，アップリンクポート及びカスケードポートが搭載されていないハブどうしを LAN ケーブルで接続するとき，接続に使用するケーブルは，□□□□ ケーブルである．

① RS-232C　② ストレート　③ クロス

解説　パソコンどうしやハブどうしを接続するときに**クロスケーブル**を用います．

なお，パソコンとスイッチングハブなどを接続するときにはストレートケーブルを用います．

解答 ③

4.3 配線工事・工事試験

出題のポイント
- ●配線工事の配線方式
- ●フロアダクトの接地工事の基準
- ●配線工事材料の種類と用途
- ●UTPケーブルの施工上の注意点
- ●LAN配線の工事試験の種類と測定項目
- ●Windowsコマンドによる接続試験

Ⅱ編
4章
接続工事の技術

1 配線工事

[1] 配線方式

① フロアダクト

フロアダクトは，各種のケーブルを床内で配線できるようにするための配管用品です．鋼製ダクトをコンクリートの床スラブに埋設し，電源ケーブルや通信ケーブルを配線するために使用されます．埋設されたフロアダクトには，**D種接地工事**を施す必要があります．

機器の接地には，A種，B種，D種接地があり，D種接地は，交流 300 〔V〕以下の低圧用の機器の外箱または鉄台の接地工事の基準です．

フロアダクト配線工事において，フロアダクトが交差するところには，一般に，**ジャンクションボックス**と呼ばれる接合用の箱型の枠が設置されます．

② フリーアクセスフロア

フリーアクセスフロアは，床版上に支持脚つきのパネルを敷き，パネルと床版の間の空間に各種ケーブルを自由に配線する方式です．

③ セルラフロア

セルラフロアは，金属製またはコンクリートの床に設けられた配線ダクトの中にケーブルを通す方式です．電源用，通信用のあるいは，電力用，弱電用，データ通信用，電話用などに分けられた既設ダクトを利用して配線します．

[2] 配線工事材料

① ワイヤプロテクタ

屋内線を床に設置する場合にケーブルを保護するためのプラスチック製のカバーです．

② エフモール

屋内線を壁や天井に設置する場合にケーブルの保護に用いられます．形状はワイヤプロテクタと同じですが軽量にできています．

> 学校や職場のパソコンがいっぱいある部屋は，二重床になっていて床の隙間にケーブルを自由に通してあるよ．それがフリーアクセスフロアだね。

③　硬質ビニル管

　屋内線が家屋の壁などを貫通する箇所で**絶縁を確保**するためや，**電灯線及び
その他の支障物から屋内線を保護**するために用いられます．

④　PVC 電線保護カバー

　屋内線が障害物に接触する場合や電灯線から保護する場合に用いられます．
材質がポリ塩化ビニル（PVC）で作られています．

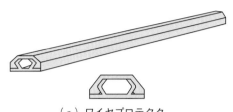

（a）ワイヤプロテクタ

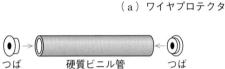

つば　　　硬質ビニル管　　　つば

（b）硬質ビニル管及びつば　　　　（c）PVC 電線防護カバー

図 4.12　配線工事材料

2 ケーブルの施工

［1］UTP ケーブル施工上の注意点

①　ケーブルの結線仕様を正しく正端する．

②　コネクタか所などでのツイストペアの**撚り戻し長をできるだけ短く**する．

　図 4.13 のようにツイストペアケーブルは，コネクタなどに接続する際に
ケーブルの撚(よ)りを戻します．そのとき**撚(よ)り線の撚(よ)り戻しを長く**すると，電磁誘
導を打ち消す機能が低下し，**近端漏話による伝送特性に与える影響が大きく**な
ります．また，撚(よ)り戻し部分の線路の特性インピーダンスが変化して反射波が
発生します．

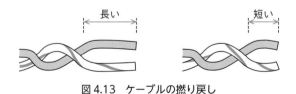

長い　　　　　　　　　　　短い

図 4.13　ケーブルの撚り戻し

③　ケーブルを強く引っ張らない．

④　ケーブルは緩やかに曲げる．

⑤　ケーブルの結束バンドやステップルによる固定は，側圧に注意する．

⑥　ケーブルを長距離隣接して敷設しない．

⑦　電気機器などのノイズ源からはなるべく隔離する．

[2] 光ファイバケーブル施工上の注意点

① 許容曲げ半径は，ケーブル外径の20倍（固定時は10倍）以上にする.

② ケーブルに過大な張力や衝撃を与えない.

③ 撚り戻し金具を取り付けるなどして，ケーブルの撚れを防止する.

3 LAN配線の工事試験

[1] UTPケーブルのワイヤマップ試験

ワイヤマップ試験（結線状況試験）は，UTPケーブルのペア全てについて，**導通試験**を行います. 試験はケーブルテスタを使用します.

ケーブルテスタは結線の正常性，断線，短絡などのワイヤマップ試験を行う機器と，ディスプレイ表示によってワイヤマップ，ケーブル長，直流ループ抵抗，周波数特性，**近端漏話減衰量**，ノイズレベル，相互静電容量，断線の位置，挿入損失，反射減衰量，伝搬遅延時間，伝送速度などが測定できる機器があります.

結線の配列誤りには次のものがあります.

① **スプリットペア（ペア割れ）**

図4.14（a）のように，ペア1の4番と5番，ペア3の3番と6番のペアで接続するところを図4.14（b）のように3番と4番のペアと，5番と6番のペアに接続するなど，間違ったペアの組合せで接続することを**スプリットペア**といいます.

重要
ワイヤマップ試験では，近端漏話減衰量を測定することはできません.

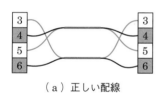 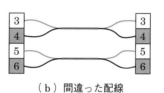

（a）正しい配線　　　（b）間違った配線

図4.14　スプリットペア

モジュラコネクタ
T568Bのピン配列
ペア1：4番と5番
ペア2：1番と2番
ペア3：3番と6番
ペア4：7番と8番

ペア3がペア割れしますが，10 BASE-T，100 BASE-TXでは信号を送っているのが1，2，3，6番なので，これらの信号線の両端が接続されていれば信号は送ることができます. ただし，図4.14（b）の配線のように，3，4，5，6番（ペア1とペア3）でペア割れとなっていると，他のペアの影響により漏話やノイズが大きくなり，通信速度が低下することがあります.

② **クロスペア**

図4.15のように，ペア2（1番と2番）とペア3（3番と6番）どうしで接続するところをペア2とペア3で接続するなど両端のコネクタで異なるペアに接続することを**クロスペア**といいます.

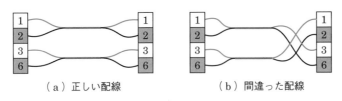

（a）正しい配線   （b）間違った配線

図4.15　クロスペア

③　リバースペア

図4.16のように，ペア2の1番と1番，2番と2番のペアで接続するところを，両端を1番と2番，2番と1番に接続するなど，同じペア配線を両端のコネクタで逆に接続することを**リバースペア**といいます．

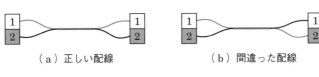

（a）正しい配線   （b）間違った配線

図4.16　リバースペア

リバースペアは，信号の極性が反転するよ．

［2］光ファイバケーブルの工事試験

①　ONUランプの点灯を確認する．

②　インターネット接続試験を行う．

③　光ファイバケーブルの光伝送損失試験を行う．

［3］光伝送損失試験

①　カットバック法

被測定光ファイバの出力を光パワーメータで測定し，その光ファイバをカットバック長（入力端から1～2〔m〕の位置）で切断し，出力を測定して比較します．直接光ファイバケーブルの損失を測定することができます．

②　挿入損失法

光コネクタが付いた状態で，光ファイバケーブルの入力と出力を光パワーメータで測定します．コネクタを含んだ光ファイバケーブルの損失を測定することができます．

③　後方散乱光法

レイリー散乱光の一部が光ファイバの入力端に戻ってくる後方散乱光を光パルス試験器で測定します．伝送損失，接続損失，ケーブル長，光ファイバの異常点などを測定することができます．

［4］LANの通信確認試験

Windowsのコマンドプロンプトから入力される**pingコマンド**は，調べたいパーソナルコンピュータのIPアドレスを指定することにより，**ICMP**メッセージを用いて初期設定値の32バイトのデータを送信し，パーソナルコンピュータからの返信により**接続の正常性を確認**することができます．pingコマンドを実行すると，相手のパーソナルコンピュータから応答があったか，あるいは要求がタイムアウトしたかが画面に表示されます．

重要

pingコマンドは，IPアドレスを指定することにより，ICMPメッセージを用いて初期設定値の32バイトのデータを送信し，コンピュータからの返信により接続の正常性を確認することができます．

問 1 フロアダクトは，鋼製ダクトをコンクリートの床スラブに埋設し，電源ケーブルや通信ケーブルを配線するために使用される．埋設されたフロアダクトには，□□□種接地工事を施す必要がある．
　　① B　　② C　　③ D

解説　埋設されたフロアダクトには，**D 種接地工事**を施す必要があります．

解答　③

問 2 フロアダクト配線工事において，フロアダクトが交差するところには，一般に，□□□が設置される．
　　① スイッチボックス　　② ジャンクションボックス　　③ パッチパネル

解説　フロアダクトが交差するところには，**ジャンクションボックス**と呼ばれる接合用の箱型の枠を設置します．

解答　②

問 3 床の配線ダクトにケーブルを通す床配線方式で，電源ケーブルや通信ケーブルを配線するための既設ダクトを備えた金属製またはコンクリートの床は，一般に，□□□といわれる．
　　① セルラフロア　　② フリーアクセスフロア　　③ トレンチダクト

解説　電源ケーブルや通信ケーブルを配線するための既設ダクトを備えた金属製またはコンクリートの床は**セルラフロア**です．

解答　①

問 4 室内におけるケーブル配線設備について述べた次の二つの記述は，□□□．
A　フロアダクト配線方式において，フロアダクトが交差するところでは，一般に，ジャンクションボックスが用いられる．
B　床の配線ダクトにケーブルを通す床配線方式で，電源ケーブルや通信ケーブルを配線するための既設ダクトを備えた金属製またはコンクリートの床は，一般に，フリーアクセスフロアといわれる．
　　① A のみ正しい　　② B のみ正しい
　　③ A も B も正しい　　④ A も B も正しくない

解説　B　「**フリーアクセスフロア**」ではなく，正しくは「**セルラフロア**」です．
　　なお，フリーアクセスフロアは床下に電力ケーブルや LAN ケーブルなどを自由に配線するための二重床のことです．

解答　①

問5 室内におけるケーブル配線設備について述べた次の二つの記述は，_____．

A　床の配線ダクトにケーブルを通す床配線方式で，電源ケーブルや通信ケーブルを配線するための既設ダクトを備えた金属製またはコンクリートの床は，一般に，セルラフロアといわれる．

B　通信機械室などにおいて，床下に電力ケーブル，LANケーブルなどを自由に配線するための二重床は，一般に，フリーアクセスフロアといわれる．

① Aのみ正しい　　　② Bのみ正しい

③ AもBも正しい　　④ AもBも正しくない

解答　③

問6 屋内線が家屋の壁などを貫通する箇所で絶縁を確保するためや，電灯線及びその他の支障物から屋内線を保護するためには，一般に，_____が用いられる．

① 硬質ビニル管　　② PVC電線防護カバー　　③ ワイヤプロテクタ

解説　壁などの貫通する箇所で絶縁を確保したり，電灯線や他の支障物から屋内線を保護するために**硬質ビニル管**を用います．

解答　①

問7 コネクタ付きUTPケーブルを現場で作製する際には，_____による伝送性能に与える影響を最小にするため，コネクタ箇所での心線の撚り戻し長はできるだけ短くする注意が必要である．

① 近端漏話　　② 挿入損失　　③ 伝搬遅延

解説　コネクタ箇所での心線の撚り戻しを長くすると，電磁誘導を打ち消す機能が低下し，**近端漏話**による伝送特性に与える影響が大きくなります．

解答　①

問8 LAN配線工事に用いられるUTPケーブルについて述べた次の記述のうち，<u>誤っている</u>ものは，_____である．

① UTPケーブルは，ケーブル内の2本の心線どうしを対にして撚り合わせることにより，外部へノイズを出しにくくしている．

② UTPケーブルは，ケーブル外被の内側において薄い金属箔を用いて心線全体をシールドすることにより，ケーブルの外からのノイズの影響を受けにくくしている．

③ UTPケーブルをコネクタ成端する場合，撚り戻しを長くすると，近端漏話が大きくなる．

解説 ② **STP ケーブル**についての記述です.

解答 ②

問9 LAN 配線の工事試験について述べた次の記述のうち, 誤っているものは, ☐ である.
　① UTP ケーブルの配線試験において, ワイヤマップ試験では, 断線やクロスペアなどの配線誤りを検出することができる.
　② UTP ケーブルの配線試験において, ワイヤマップ試験では, 近端漏話減衰量や遠端漏話減衰量を測定することができる.
　③ UTP ケーブルの配線に関する測定項目には, 伝搬遅延時間の測定項目がある.

解説 ② 「近端漏話減衰量や遠端漏話減衰量を**測定できる**」ではなく, 正しくは「近端漏話減衰量や遠端漏話減衰量を**測定できない**」です.

解答 ②

問10 UTP ケーブルへのコネクタ成端時における結線の配列誤りには, ☐, クロスペア, リバースペアなどがあり, このような配線誤りの有無を確認する試験は, 一般に, ワイヤマップ試験といわれる.
　① ショートリンク　② ツイストペア　③ スプリットペア

解説 配線の誤りを確認する試験をワイヤマップ試験または結線状況試験といいます. 配線の誤りには, **スプリットペア**, クロスペア, リバースペアなどがあります.

解答 ③

問11 UTP ケーブルの配線試験において, ワイヤマップ試験で検出できないものには, ☐ がある.
　① 断線　② 漏話　③ 対交差

解説 ワイヤマップ試験では, UTP ケーブルの全てのペアについて, 導通しているかどうかを試験します. そのため, 断線や対交差などの配線の異常は検出できますが, **漏話**のように, 正しい配線で起こる特性は**検出できません**.

解答 ②

問12 LAN 配線の工事試験について述べた次の二つの記述は，[　　].

A　UTP ケーブルの配線試験において，ケーブルテスタを用いたワイヤマップ試験では，断線やクロスペアなどの配線誤りを検出することができる.

B　電話用ケーブルの配線試験においては近端漏話減衰量や遠端漏話減衰量の測定項目があるが，主にデータ通信を行う UTP ケーブルの配線に関する測定項目には，近端漏話減衰量や遠端漏話減衰量の測定項目はない.

① A のみ正しい　　② B のみ正しい
③ A も B も正しい　　④ A も B も正しくない

解説　B　データ通信を行う UTP ケーブルの配線に関する測定項目には，**近端漏話減衰量**があります.

解答 ①

問13 Windows のコマンドプロンプトから入力される ping コマンドは，調べたいパーソナルコンピュータの IP アドレスを指定することにより，[　　]メッセージを用いて初期設定値の 32 バイトのデータを送信し，パーソナルコンピュータからの返信により接続の正常性を確認することができる.

① DHCP　　② SNMP　　③ ICMP

解説　ping コマンドは，**ICMP** メッセージを用いて接続の正常性を確認することができます.

なお，ICMP は Internet Control Message Protocol の略語で，IP メッセージが送信元から送信相手に届くまでの間に起きたエラー情報を送信元に通知するプロトコルです.

出る

下線の部分は，ほかの試験問題で穴埋めの字句として出題されています.

解答 ③

問14 Windows のコマンドプロンプトから入力される ping コマンドは，調べたいパーソナルコンピュータ（PC）の IP アドレスを指定することにより，初期設定値の[　　]バイトのデータを送信し，PC からの返信により接続の正常性を確認することができる.

① 32　　② 64　　③ 128

解説　ping コマンドは，ICMP メッセージを用いて初期設定値の **32** バイトのデータを送信し，コンピュータからの返信により接続の正常性を確認することができます.

解答 ①

III 編

端末設備の接続に関する法規

1章は電気通信事業法と電気通信事業法施行規則の知識が問われ，5問程度出題されます．基本的な法令の知識をしっかりと身につけましょう．
2章は工事担任者規則，有線電気通信法令，不正アクセス禁止法の知識が問われ，10問程度出題されます．各法令の違いや規定されていることをしっかり理解しておきましょう．
3章は端末設備等規則の知識が問われ，5問程度出題されます．技術的なことについての規定で数値も多いので，しっかり覚えましょう．

1章 電気通信事業法

1.1 法の目的と用語

出題のポイント

- ●電気通信事業法の目的
- ●電気通信事業法と電気通信事業法施行規則で定義されている用語

電気通信事業法は，電気通信事業を開業するための手続，電気通信設備，工事担任者などについての基本的なことをとり決めた法律です．工事担任者として必要な法令の中でも，有線電気通信法と並び基本的なことが規定されています．

[1] 電気通信事業法の制定

電気通信事業法は，昭和60年に施行［法令の効力が生じること］された法律で，それまで独占されていた電気通信事業に競争会社を参入させることで，電気通信事業を能率的に運用し，良質で安い電気通信サービスを提供することを目的に制定された法律です．法律の施行によって，多くの事業者が参入しています．

[2] 電気通信事業法令等

電気通信事業法に基づいて具体的にかつ詳細を規定しているのが政令，省令，告示です．これらをまとめて電気通信事業法令と呼びます．工事担任者の国家試験問題を解答するのに必要な法令を次に掲げます．（　）内は，本書の中で用いる略記です．

電気通信事業法（事業法）

電気通信事業法施行令（施行令）

電気通信事業法施行規則（施行規則）

事業用電気通信設備規則（事業設備）

工事担任者規則（工担）

端末設備等規則（端末設備）

端末機器の技術基準適合認定及び設計についての認証に関する規則
（端末認定）

有線電気通信法（有線法）

有線電気通信設備令（有線設備令）

不正アクセス行為の禁止等に関する法律（不正アクセス禁止法）

電気通信事業法の施行によって，電電公社の独占から新しい会社が電気通信事業に参入することで，料金が安くなったね．

補足

電気通信事業を営むには，あらかじめ総務大臣に電気通信事業法による登録又は届出の手続をしなければなりません．

補足

電気通信事業法に基づいて，総務省で規則を制定します．これらを「総務省令」といいます．

［3］ 電気通信事業法の目的

事業法　第1条（目的）

　この法律は，電気通信事業の公共性にかんがみ，その**運営を適正かつ合理的**なものとするとともに，その**公正な競争を促進**することにより，**電気通信役務の円滑な提供を確保**するとともに**その利用者の利益を保護**し，もって電気通信の健全な発達及び国民の利便の確保を図り，公共の福祉を増進することを目的とする．

［4］ 用語の定義

事業法　第2条（定義）

　この法律において，次の各号に掲げる用語の意義は，当該各号に定めるところによる．

- 一　**電気通信**　有線，無線その他の電磁的方式により，符号，音響又は影像を送り，伝え，又は受けることをいう．
- 二　**電気通信設備**　電気通信を行うための**機械**，器具，線路その他の**電気的設備**をいう．
- 三　**電気通信役務**　電気通信設備を用いて他人の通信を**媒介**し，その他電気通信設備を他人の通信の用に供することをいう．
- 四　**電気通信事業**　電気通信役務を**他人の需要に応ずる**ために提供する事業（放送法第118条第1項に規定する放送局設備供給役務に係る事業を除く.）をいう．
- 五　**電気通信事業者**　電気通信事業を営むことについて，法第9条の登録を受けた者及び法第16条第1項の規定による届出をした者をいう．
- 六　**電気通信業務**　電気通信事業者の行う電気通信役務の提供の業務をいう．

施行規則　第2条（用語）〈抜粋〉

　この省令において使用する用語は，法において使用する用語の例による．
2　この省令において，次の各号に掲げる用語の意義は，当該各号に定めるところによる．

- 一　**音声伝送役務**　おおむね**4キロヘルツ**帯域の音声その他の音響を伝送交換する機能を有する電気通信設備を他人の通信の用に供する電気通信役務であって**データ伝送役務以外のもの**
- 二　**データ伝送役務**　専ら**符号又は影像**を伝送交換するための電気通信設備を他人の通信の用に供する電気通信役務
- 三　**専用役務**　**特定の者**に電気通信設備を専用させる電気通信役務
- 四　**特定移動通信役務**　法第12条の2第4項第二号ニに規定する特定移動端末設備と接続される伝送路設備を用いる電気通信役務

　電気通信回線設備とは，事業法第9条第1項で「送信の場所と受信の場所との間を接続する伝送路設備及びこれと一体として設置される**交換設備**並びにこれらの附属設備」と規定されています．

重要
電気通信事業法の目的の重要項目を覚えましょう．
・運営を適正かつ合理的
・公正な競争を促進
・電気通信役務の円滑な提供
・利用者の利益を保護

太字は，国家試験のなかで穴あきや正誤問題として出題された用語だよ．いっぱいあるけど全部覚えてね．

補正
2は，第2項を表します．第1項は通常「1」とは書いてありません．

重要
電気通信回線設備とは，送信の場所と受信の場所との間を接続する伝送路設備及びこれと一体として設置される交換設備並びにこれらの附属設備をいいます．

補正
携帯電話やスマートフォンは特定移動端末設備です．

Ⅲ編　1章　電気通信事業法

□　**移動端末設備**（利用者の電気通信設備であって，移動する無線局の無線設備であるものをいう．）

二　**特定移動端末設備**（総務省令で定める移動端末設備をいう．）

重要

端末設備とは，電気通信回線設備の一端に接続される電気通信設備であって，一の部分の設置の場所が他の部分の設置の場所と同一の構内（これに準ずる区域内を含む．）又は同一の建物内であるものをいいます．

端末設備とは，事業法第52条第1項で「電気通信回線設備の一端に接続される電気通信設備であって，一の部分の設置の場所が他の部分の設置の場所と同一の構内（これに準ずる区域内を含む）又は同一の建物内であるもの．」と規定されています．

また，施行規則第3条第1項で，端末設備又は自営電気通信設備と接続される伝送路設備を「端末系伝送路設備」，端末系伝送路設備以外の伝送路設備を「中継系伝送路設備」と規定されています．

問1　電気通信事業法は，電気通信事業の公共性にかんがみ，その運営を適正かつ合理的なものとするとともに，その公正な競争を促進することにより，電気通信役務の円滑な提供を確保するとともにその利用者の　　　　を保護し，もって電気通信の健全な発達及び国民の利便の確保を図り，公共の福祉を増進することを目的とする．

①　利益　　②　権利　　③　秘密

解説　事業法第1条において，電気通信事業法の目的として，利用者の**利益**の保護などが規定されています．

過る

下線の部分は，ほかの試験問題で穴埋めの字句として出題されています．

解答　①

問2　電気通信事業法又は電気通信事業法施行規則に規定する用語について述べた次の文章のうち，**誤っているもの**は，　　　　である．

①　電気通信とは，有線，無線その他の電磁的方式により，符号，音響又は影像を送り，伝え，又は受けることをいう．

②　電気通信事業とは，電気通信役務を他人の需要に応ずるために提供する事業（放送法に規定する放送局設備供給役務に係る事業を除く．）をいう．

③　データ伝送役務とは，音声その他の音響を伝送交換するための電気通信設備を他人の通信の用に供する電気通信役務をいう．

解説　③　「**音声その他の音響**を伝送交換」ではなく，正しくは「**専ら符号又は影像**を伝送交換」です．

データ伝送だから，音声じゃないよね．

解答　③

問 3 電気通信事業法又は電気通信事業法施行規則に規定する用語について述べた次の文章のうち，正しいものは，□□□である．

① 電気通信回線設備とは，送信の場所と受信の場所との間を接続する伝送路設備及びこれと一体として設置される交換設備並びにこれらの附属設備をいう．

② 音声伝送役務とは，おおむね 3 キロヘルツ帯域の音声その他の音響を伝送交換する機能を有する電気通信設備を他人の通信の用に供する電気通信役務であってデータ伝送役務を含むものをいう．

③ データ伝送役務とは，音声その他の音響を伝送交換するための電気通信設備を他人の通信の用に供する電気通信役務をいう．

解説 ② 「おおむね **3 キロヘルツ**…データ伝送役務**を含むもの**」ではなく，正しくは「おおむね **4 キロヘルツ**…データ伝送役務**以外のもの**」です．

③ 「**音声その他の音響**を伝送交換」ではなく，正しくは「**専ら符号又は影像**を伝送交換」です．

解答 ①

問 4 電気通信事業法又は電気通信事業法施行規則に規定する用語について述べた次の文章のうち，誤っているものは，□□□である．

① 専用役務とは，特定の者に電気通信設備を専用させる電気通信役務をいう．

② 端末設備とは，電気通信回線設備の一端に接続される電気通信設備であって，一の部分の設置の場所が他の部分の設置の場所と同一の構内（これに準ずる区域内を含む．）又は同一の建物内であるものをいう．

③ 電気通信役務とは，電気通信設備を用いて他人の通信を媒介し，その他電気通信設備を特定の者の専用の用に供することをいう．

解説 ③ 「**特定の者の専用**の用に」ではなく，正しくは「**他人の通信**の用に」です．

解答 ③

電気通信役務は電気通信サービスのことだから，特定の者じゃないよ．

問 5 電気通信回線設備とは，送信の場所と受信の場所との間を接続する伝送路設備及びこれと一体として設置される□□□設備並びにこれらの附属設備をいう．

① 交換　② 線路　③ 端末

解答 ①

1.2 電気通信事業者

出題のポイント
- ●電気通信事業者の取扱中に係る秘密の保護
- ●電気通信役務の提供義務と総務大臣の命令

［1］検閲の禁止

事業法　第3条（検閲の禁止）

電気通信事業者の取扱中に係る通信は，**検閲してはならない**.

補足
検閲とは，国や公的機関が強制的に通信の内容を調べることをいいます.

［2］通信の秘密の保護

事業法　第4条（秘密の保護）

電気通信事業者の取扱中に係る通信の秘密は，侵してはならない.

2　電気通信事業に従事する者は，在職中電気通信事業者の取扱中に係る通信に関して知り得た他人の秘密を守らなければならない.　その職を退いた後においても，同様とする.

電気通信事業者の取扱中に係る通信の秘密を侵した者の罰則（罰金や懲役）は事業法第179条に規定されています.

罰金や懲役については，第二級デジタル通信（DD第三種）の国家試験問題では出題されないので，覚えなくても大丈夫だよ.

［3］利用の公平

事業法　第6条（利用の公平）

電気通信事業者は，**電気通信役務の提供について**，不当な差別的取扱いをしてはならない.

補足
電気通信役務は電気通信サービスのことです.

［4］基礎的電気通信役務の提供

事業法　第7条（基礎的電気通信役務の提供）

基礎的電気通信役務（**国民生活に不可欠**であるためあまねく日本全国における提供が確保されるべきものとして総務省令で定める電気通信役務をいう.）を提供する電気通信事業者は，その適切，公平かつ安定的な提供に努めなければならない.

基礎的電気通信役務はユニバーサルサービスと呼ばれ，固定電話や携帯電話の利用者から負担金を徴収し，固定電話や緊急通報を全国一律の料金等の条件で提供するため，基礎的電気通信役務を提供する電気通信事業者への交付金となります.

携帯電話も毎月ユニバーサルサービス料を支払っているよ.請求書をよく見てね.

［5］ 重要通信の確保

　電気通信事業者は，天災，事変その他の非常事態が**発生し，又は発生するおそれがあるとき**は，災害の予防若しくは救援，交通，通信若しくは電力の供給の確保又は**秩序の維持**のために必要な事項を内容とする通信を**優先的に取り扱わなければならない**．**公共の利益**のため緊急に行うことを要するその他の通信であって総務省令で定めるものについても，同様とする．

2　前項の場合において，電気通信事業者は，必要があるときは，総務省令で定める基準に従い，電気通信業務の一部を停止することができる．

重要通信の詳細は，電気通信事業法施行規則第 55 条，第 56 条に規定されています．

大規模地震のとき，地震が起きた地域以外でも，携帯電話がつながらなかったことがあるね．電気通信業務の一部を停止したんだね．

［6］ 電気通信事業の登録・登録の拒否・事業の届出

　電気通信事業を営もうとする者は，総務大臣の登録を受けなければならない．ただし，次に掲げる場合は，この限りでない．

一　その者の設置する**電気通信回線設備**（送信の場所と受信の場所との間を接続する伝送路設備及びこれと一体として設置される**交換設備**並びにこれらの附属設備をいう．）の規模及び当該電気通信回線設備を設置する区域の範囲が総務省令で定める基準を超えない場合

二　その者の設置する電気通信回線設備が電波法第 7 条第 2 項第六号に規定する基幹放送に加えて基幹放送以外の無線通信の送信をする無線局の無線設備である場合（前号に掲げる場合を除く．）

電気通信事業を営もうとするときは，登録や届出の手続が必要です．

　総務大臣は，法第 10 条第 1 項の申請書を提出した者が次の各号のいずれかに該当するとき，又は当該申請書若しくはその添付書類のうちに重要な事項について虚偽の記載があり，若しくは重要な事実の記載が欠けているときは，その登録を拒否しなければならない．

一　この法律又は有線電気通信法若しくは電波法の規定により罰金以上の刑に処せられ，その執行を終わり，又はその執行を受けることがなくなった日から 2 年を経過しない者

二　第 14 条第 1 項の規定により登録の取消しを受け，その取消しの日から 2 年を経過しない者

三　法人又は団体であって，その役員のうちに前 2 号のいずれかに該当する者があるもの

四　その電気通信事業が電気通信の健全な発達のために適切でないと認められる者

携帯電話の事業者は，事業法による登録の手続と電波法による無線局の免許の手続が必要です．

事業法　第 16 条（電気通信事業の届出）〈抜粋〉

　電気通信事業を営もうとする者（法第 9 条の登録を受けるべき者を除く.）は，総務省令で定めるところにより，次の事項を記載した書類を添えて，その旨を総務大臣に届け出なければならない.
一　氏名又は名称及び住所並びに法人にあっては，その代表者の氏名
二　業務区域
三　電気通信設備の概要

　電気通信回線設備を有する電気通信事業者は，小規模な事業者を除き登録の手続をしなければなりません. インターネットプロバイダーや携帯電話のSIM を販売する事業者などは，事業の開始前に届け出をしなければなりません.

[7] 業務の改善命令

事業法　第 29 条（業務の改善命令）〈抜粋〉

　総務大臣は，次の各号のいずれかに該当すると認めるときは，電気通信事業者に対し，利用者の利益又は**公共の利益**を確保するために必要な限度において，**業務の方法の改善**その他の措置をとるべきことを命ずることができる.
一　電気通信事業者の業務の方法に関し**通信の秘密の確保**に支障があるとき.
二　電気通信事業者が特定の者に対し**不当な差別的取扱い**を行っているとき.
三　電気通信事業者が重要通信に関する事項について適切に配慮していないとき.
十二　前各号に掲げるもののほか，電気通信事業者の事業の運営が適正かつ合理的でないため，電気通信の健全な発達又は国民の利便の確保に支障が生ずるおそれがあるとき.

問 1　電気通信事業法に規定する「秘密の保護」及び「検閲の禁止」について述べた次の二つの文章は，　　　　.

A　電気通信事業者の取扱中に係る通信の秘密は，侵してはならない. 電気通信事業に従事する者は，在職中電気通信事業者の取扱中に係る通信に関して知り得た他人の秘密を守らなければならない. その職を退いた後においても，同様とする.

B　電気通信事業者の取扱中に係る通信は，犯罪捜査に必要であると総務大臣が認めた場合を除き，検閲してはならない.

①　A のみ正しい　　　②　B のみ正しい
③　A も B も正しい　　④　A も B も正しくない

解説　B　「電気通信事業者の取扱中に係る通信は，検閲してはならない.」と規定されています.

解答　①

問 2 電気通信事業法に規定する「基礎的電気通信役務の提供」及び「利用の公平」について述べた次の二つの文章は，□□□．

A 基礎的電気通信役務を提供する電気通信事業者は，その適切，公平かつ安定的な提供に努めなければならない．

B 電気通信事業者は，端末設備を自営電気通信設備に接続する場合において，不当な差別的取扱いをしてはならない．

① Aのみ正しい ② Bのみ正しい

③ AもBも正しい ④ AもBも正しくない

解説 B 「**端末設備を自営電気通信設備に接続する場合において**」ではなく，正しくは「**電気通信役務の提供について**」です．

基礎的電気通信役務は，ユニバーサルサービスのことだよ．

解答 ①

問 3 電気通信事業者は，天災，事変その他の非常事態が発生し，又は発生するおそれがあるときは，災害の予防若しくは救援，交通，通信若しくは電力の供給の確保又は□□□のために必要な事項を内容とする通信を優先的に取り扱わなければならない．公共の利益のため緊急に行うことを要するその他の通信であって総務省令で定めるものについても，同様とする．

① 秩序の維持 ② 犯罪の防止 ③ 人命の救助

解説 「災害の予防若しくは救援，交通，通信若しくは電力の供給の確保又は**秩序の維持**のために必要な事項を内容とする通信を優先的に取り扱わなければならない．」と規定されています．

下線の部分は，ほかの試験問題で穴埋めの字句として出題されています．

解答 ①

問 4 総務大臣は，電気通信事業者が特定の者に対し不当な差別的取扱いを行っていると認めるときは，当該電気通信事業者に対し，利用者の利益又は□□□を確保するために必要な限度において，業務の方法の改善その他の措置をとるべきことを命ずることができる．

① 国民の利便 ② 社会の秩序 ③ 公共の利益

解説 「利用者の利益又は**公共の利益**を確保するために必要な限度において，業務の方法の改善その他の措置をとるべきことを命ずることができる．」と規定されています．

下線の部分は，ほかの試験問題で穴埋めの字句として出題されています．

解答 ③

1.3 端末設備の接続の条件と技術基準適合認定

●端末設備及び自営電気通信設備の接続の条件

●端末機器技術基準適合認定

［1］端末設備の接続の技術基準

事業法 **第52条（端末設備の接続の技術基準）〈抜粋〉**

　電気通信事業者は，利用者から**端末設備**（電気通信回線設備の一端に接続される電気通信設備であって，一の部分の設置の場所が他の部分の設置の場所と同一の構内（これに準ずる区域内を含む．）又は同一の建物内であるものをいう．）をその電気通信回線設備（その損壊又は故障等による利用者の利益に及ぼす影響が軽微なものとして総務省令で定めるものを除く．）に接続すべき旨の請求を受けたときは，その接続が総務省令で定める**技術基準**に**適合**しない場合その他総務省令で定める場合を除き，その請求を拒むことができない．

2　前項の総務省令で定める技術基準は，これにより次の事項が確保されるものとして定められなければならない．

一　電気通信回線設備を損傷し，又はその機能に障害を与えないようにすること．

二　電気通信回線設備を利用する他の利用者に迷惑を及ぼさないようにすること．

三　電気通信事業者の設置する電気通信回線設備と利用者の接続する端末設備との責任の分界が明確であるようにすること．

補足　技術基準の詳細は端末設備規則に規定されています．

［2］自営電気通信設備の接続

事業法 **第70条（自営電気通信設備の接続）〈抜粋〉**

　電気通信事業者は，**電気通信回線設備**を設置する電気通信事業者以外の者からその電気通信設備（端末設備以外のものに限る．以下「**自営電気通信設備**」という．）をその**電気通信回線設備**に接続すべき旨の請求を受けたときは，次に掲げる場合を除き，その請求を拒むことができない．

一　その自営電気通信設備の接続が，**総務省令で定める技術基準に適合しないとき**．

二　その自営電気通信設備を接続することにより当該電気通信事業者の電気通信回線設備の保持が経営上困難となることについて当該電気通信事業者が総務大臣の認定を受けたとき．

補足　電気通信回線設備に接続する利用者の設備には，端末設備と自営電気通信設備があります．

［3］ 端末機器技術基準適合認定

事業法　第 53 条（端末機器技術基準適合認定）〈抜粋〉

　法第 86 条第 1 項の規定により登録を受けた者（「登録認定機関」という）は，その登録に係る技術基準適合認定を受けようとする者から求めがあった場合には，総務省令で定めるところにより審査を行い，当該求めに係る端末機器が前条第 1 項の総務省令で定める技術基準に適合していると認めるときに限り，技術基準適合認定を行うものとする．

2　**登録認定機関**は，その登録に係る技術基準適合認定をしたときは，総務省令で定めるところにより，その端末機器に**技術基準適合認定をした旨の表示**を付さなければならない．

3　何人も，前項の規定により表示を付する場合を除くほか，国内において端末機器又は端末機器を組み込んだ製品にこれらの表示又はこれらと紛らわしい表示を付してはならない．

技術基準適合認定をした旨の表示の「技適マーク」だよ.

［4］ 妨害防止命令

事業法　第 54 条（妨害防止命令）

　総務大臣は，登録認定機関による技術基準適合認定を受けた端末機器であって法第 53 条第 2 項［3］又は法第 68 条の 8 第 3 項の表示が付されているものが，法第 52 条第 1 項［1］の総務省令で定める技術基準に適合しておらず，かつ，当該端末機器の使用により電気通信回線設備を利用する他の利用者の通信に妨害を与えるおそれがあると認める場合において，当該妨害の拡大を防止するために特に必要があると認めるときは，当該技術基準適合認定を受けた者に対し，当該端末機器による妨害の拡大を防止するために必要な措置を講ずべきことを命ずることができる．

補足　法第 68 条の 8 第 3 項は，登録修理業者が登録に係る特定端末機器を修理したときに，修理をした旨の表示を付す規定です.

［5］ 表示が付されていないものとみなす場合

事業法　第 55 条（表示が付されていないものとみなす場合）

　登録認定機関による技術基準適合認定を受けた端末機器であって法第 53 条第 2 項［3］又は法第 68 条の 8 第 3 項の規定により表示が付されているものが法第 52 条第 1 項［1］の総務省令で定める技術基準に適合していない場合において，総務大臣が電気通信回線設備を利用する他の利用者の**通信への妨害**の発生を防止するため特に必要があると認めるときは，当該端末機器は，法第 53 条第 2 項［3］又は法第 68 条の 8 第 3 項の規定による表示が付されていないものとみなす．

2　総務大臣は，前項の規定により端末機器について表示が付されていないものとみなされたときは，その旨を公示しなければならない．

補足　適合認定の表示が付されているもので技術基準に適合していない場合において，利用者の通信への妨害の発生を防止するために表示が付されていないものとみなされます.

事業法　第69条（端末設備の接続の検査）〈抜粋〉

　　利用者は，適合表示端末機器を接続する場合その他総務省令で定める場合を除き，電気通信事業者の電気通信回線設備に端末設備を接続したときは，当該電気通信事業者の検査を受け，その接続が法第52条第1項の総務省令で定める技術基準に適合していると認められた後でなければ，これを使用してはならない．これを変更したときも，同様とする．

2　電気通信回線設備を設置する電気通信事業者は，端末設備に異常がある場合その他電気通信役務の円滑な提供に支障がある場合において必要と認めるときは，利用者に対し，その端末設備の接続が法第52条第1項の総務省令で定める技術基準に適合するかどうかの検査を受けるべきことを求めることができる．この場合において，当該利用者は，正当な理由がある場合その他総務省令で定める場合を除き，その請求を拒んではならない．

4　第1項及び第2項の検査に従事する者は，端末設備の設置の場所に立ち入るときは，その身分を示す**証明書**を携帯し，関係人に提示しなければならない．

補足

適合表示端末機器を接続する場合は電気通信事業者の検査はありません．

検査をする人が持っているのは，免許証じゃなくて証明書だよ．

問1

電気通信事業者は，利用者から端末設備をその電気通信回線設備（その損壊又は故障等による利用者の利益に及ぼす影響が軽微なものとして総務省令で定めるものを除く）に接続すべき旨の請求を受けたときは，その接続が総務省令で定める　　　　　に適合しない場合その他総務省令で定める場合を除き，その請求を拒むことができない．

① 管理規程　　② 技術基準　　③ 検査規格

解説　「その接続が総務省令で定める**技術基準**に適合しない場合その他総務省令で定める場合を除き，その請求を拒むことができない．」と規定されています．

出る

下線の部分は，ほかの試験問題で穴埋めの字句として出題されています．

解答 ②

問2

電気通信事業者は，　　　　　を設置する電気通信事業者以外の者からその電気通信設備（端末設備以外のものに限る．以下「自営電気通信設備」という．）をその　　　　　に接続すべき旨の請求を受けたとき，その自営電気通信設備の接続が，総務省令で定める技術基準に適合しないときは，その請求を拒むことができる．

① 移動端末設備　　② 端末機器　　③ 電気通信回線設備

解説　**電気通信回線設備**に接続すべき旨の請求を受けたとき，その自営電気通信設備の接続が，総務省令で定める技術基準に適合しないときは，その請求を拒むことができます．

出る

下線の部分は，ほかの試験問題で穴埋めの字句として出題されています．

解答 ③

問3 登録認定機関による技術基準適合認定を受けた端末機器であって電気通信事業法の規定により表示が付されているものが総務省令で定める技術基準に適合していない場合において，総務大臣が電気通信回線設備を利用する他の利用者の _____ の発生を防止するため特に必要があると認めるときは，当該端末機器は，同法の規定による表示が付されていないものとみなす.

① 通信への妨害　② 電気通信設備への損傷　③ 端末設備との間で鳴音

解説　「他の利用者の**通信への妨害**の発生を防止するため特に必要があると認めるときは，当該端末機器は，同法の規定による表示が付されていないものとみなす.」と規定されています.

解答　①

問4 電気通信事業法の「端末設備の接続の検査」において，電気通信事業者の電気通信回線設備と端末設備との接続の検査に従事する者は，その身分を示す _____ を携帯し，関係人に提示しなければならないと規定されている.

① 免許証　② 認定証　③ 証明書

解説　検査に従事する者が携帯し，関係人に提示しなければならないのは，その身分を示す**証明書**です.

解答　③

1.4 工事担任者の資格と職務

●工事担任者による工事の実施及び監督
●工事担任者資格者証と工事担任者の職務

[1] 工事担任者による工事の実施及び監督

事業法 第71条（工事担任者による工事の実施及び監督）

利用者は，端末設備又は**自営電気通信設備を接続**するときは，工事担任者資格者証の交付を受けている者（「**工事担任者**」という．）に，当該工事担任者資格者証の種類に応じ，これに係る工事を行わせ，又は実地に監督させなければならない．ただし，総務省令で定める場合は，この限りでない．

2 工事担任者は，その工事の実施又は**監督の職務**を誠実に行わなければならない．

重要
端末設備又は自営電気通信設備を接続するときは，工事担任者が工事又は実地に監督します．
工事の範囲は総務省令で定めます．

[2] 工事担任者資格者証及び工事担任者試験

事業法 第72条（工事担任者資格者証）

工事担任者資格者証の種類及び工事担任者が行い，又は監督することができる端末設備若しくは**自営電気通信設備**の接続に係る工事の範囲は，**総務省令で定める**．

2 法第46条第3項から第5項まで及び法第47条の規定は，工事担任者資格者証について準用する．この場合において，第46条第3項第一号中「電気通信主任技術者試験」とあるのは「工事担任者試験」と，同項第三号中「専門的知識及び能力」とあるのは「知識及び技能」と読み替えるものとする．

補足
工事担任者資格者証の規定は，電気通信主任技術者資格者証の規定が準用されます．

事業法 第73条（工事担任者試験）

工事担任者試験は，端末設備及び自営電気通信設備の接続に関して必要な知識及び技能について行う．

2 第48条第2項及び第3項の規定は，工事担任者試験について準用する．この場合において，同条第2項中「電気通信主任技術者資格者証」とあるのは，「工事担任者資格者証」と読み替えるものとする．

事業法　第46条　（電気通信主任技術者資格者証）〈抜粋・改変〉

3　総務大臣は，次の各号のいずれかに該当する者に対し，工事担任者**資格者証を交付する**．

一　工事担任者試験に合格した者

二　工事担任者資格者証の交付を受けようとする者の**養成課程**で，総務大臣が総務省令で定める基準に適合するものであることの**認定をしたものを修了した者**

三　前2号に掲げる者と同等以上の**知識及び技能**を有すると総務大臣が認定した者

4　総務大臣は，前項の規定にかかわらず，次の各号のいずれかに該当する者に対しては，工事担任者**資格者証の交付を行わない**ことができる．

一　次条の規定により工事担任者資格者証の返納を命ぜられ，その日から**1年**を経過しない者

二　この法律の規定により罰金以上の刑に処せられ，その執行を終わり，又はその執行を受けることがなくなった日から**2年**を経過しない者

「電気通信主任技術者」を「工事担任者」に読み替えてあるよ．

重要
資格者証の交付は次のいずれかです．
・工事担任者試験に合格
・養成課程を修了
・総務大臣が認定

Ⅲ編　1章　電気通信事業法

問1　電気通信事業法に規定する「工事担任者による工事の実施及び監督」及び「工事担任者資格者証」について述べた次の二つの文章は，☐☐☐☐．

A　工事担任者は，端末設備又は自営電気通信設備を接続する工事の実施又は監督の職務を誠実に行わなければならない．

B　工事担任者資格者証の種類及び工事担任者が行い，又は監督することができる端末設備若しくは自営電気通信設備の接続に係る工事の範囲は，総務省令で定める．

① Aのみ正しい　　② Bのみ正しい

③ AもBも正しい　　④ AもBも正しくない

解答　③

問2　利用者は，端末設備又は☐☐☐☐設備を接続するときは，工事担任者資格者証の交付を受けている者に，当該工事担任者資格者証の種類に応じ，これに係る工事を行わせ，又は実地に監督させなければならない．ただし，総務省令で定める場合は，この限りでない．

① 事業用電気通信　　② 自営電気通信　　③ 専用通信回線

解説　利用者は，端末設備又は**自営電気通信設備**を接続するときは，工事担任者に，当該工事担任者資格者証の種類に応じ，これに係る工事を行わせ，又は実地に監督させなければなりません．

解答　②

出る
下線の部分は，ほかの試験問題で穴埋めの字句として出題されています．

問 3 総務大臣は，次の（ⅰ）～（ⅲ）のいずれかに該当する者に対し，工事担任者資格者証を交付する．

（ⅰ）　工事担任者試験に合格した者

（ⅱ）　工事担任者資格者証の交付を受けようとする者の　　　　で，総務大臣が総務省令で定める基準に適合するものであることの認定をしたものを修了した者

（ⅲ）　前記（ⅰ）及び（ⅱ）に掲げる者と同等以上の知識及び技能を有すると総務大臣が認定した者

① 育成講座　　② 認定学校等　　③ 養成課程

解説　工事担任者資格者証が交付されるのは，「工事担任者試験に合格」，「**養成課程**を修了」，「総務大臣が認定」のいずれかの場合です．

解答　③

出る
下線の部分は，ほかの試験問題で穴埋めの字句として出題されています．

問 4 電気通信事業法に規定する「工事担任者資格者証」について述べた次の二つの文章は，　　　　．

A　総務大臣は，工事担任者資格者証の交付を受けようとする者の養成課程で，総務大臣が総務省令で定める基準に適合するものであることの認定をしたものを受講した者に対し，工事担任者資格者証を交付する．

B　総務大臣は，電気通信事業法の規定により工事担任者資格者証の返納を命ぜられ，その日から1年を経過しない者に対しては，工事担任者資格者証の交付を行わないことができる．

① Aのみ正しい　　② Bのみ正しい

③ AもBも正しい　　④ AもBも正しくない

解説　A　「養成課程を**受講**した者」ではなく，正しくは「養成課程を**修了**した者」に工事担任者資格者証を交付します．

解答　②

受講しただけじゃだめだね．

2.1 工事担任者規則

●工事担任者資格者証と工事の範囲

電気通信事業者の回線設備と利用者の端末設備等を接続するとき，端末設備の条件及びそれを接続する工事が，技術基準に適合するようにするために専門的な知識と技能を持つ者に工事を行わせる必要があります．この専門的な知識と技能を持った者が工事担任者です．

[1] 工事担任者を要しない工事

> 工担 第3条（工事担任者を要しない工事）
>
> 事業法第71条第1項ただし書の総務省令で定める場合は，次のとおりとする．
> 一 専用設備（電気通信事業法施行規則第2条第2項に規定する専用の役務に係る電気通信設備をいう．）に端末設備又は自営電気通信設備（「端末設備等」という．）を接続するとき．
> 二 船舶又は航空機に設置する端末設備（総務大臣が別に告示するものに限る．）を接続するとき．
> 三 適合表示端末機器，電気通信事業法施行規則第32条第1項第四号に規定する端末設備，同項第五号に規定する端末機器又は同項第七号に規定する端末設備を総務大臣が別に告示する方式により接続するとき．

補足

専用設備は，専用線サービスや映像伝送サービスなどの利用者が特定され，専用の目的で用いられる電気通信設備をいいます．

総務大臣が別に告示する方式は次のとおりです．

① プラグジャック方式
② アダプタ式ジャック方式
③ 音響結合方式により接続する接続の方式

[2] 資格者証の種類と工事の範囲

工事担任者規則が改正され（令和3年4月施行），「AI，DDの各第二種の廃止」と「全ての資格名称が変更」になりました．

「DD第三種」は「第二級デジタル通信」になるけど，試験範囲や工事の範囲は変わらないよ．

　事業法第 72 条第 1 項の工事担任者資格者証（「資格者証」という.）の種類及び工事担任者が行い，又は監督することができる端末設備等の接続に係る工事の範囲は，次の表に掲げるとおりとする.

第二級デジタル通信（DD 第三種）だけでなく，各資格の工事の範囲を覚えてね.

新資格	旧資格	工事の範囲
第一級アナログ通信	**AI 第一種**	アナログ伝送路設備（アナログ信号を入出力とする電気通信回線設備をいう.）に端末設備等を接続するための工事及び総合デジタル通信用設備に端末設備等を接続するための工事
廃止	**AI 第二種**	アナログ伝送路設備に端末設備等を接続するための工事（端末設備等に収容される**電気通信回線の数が 50 以下**であって**内線の数が 200 以下**のものに限る.）及び総合デジタル通信用設備に端末設備等を接続するための工事（**総合デジタル通信回線の数が毎秒 64 キロビット換算で 50 以下**のものに限る.）
第二級アナログ通信	**AI 第三種**	アナログ伝送路設備に端末設備を接続するための工事（端末設備に収容される電気通信回線の数が 1 のものに限る.）及び総合デジタル通信用設備に端末設備を接続するための工事（**総合デジタル通信回線の数が基本インタフェースで 1 のもの**に限る.）
第一級デジタル通信	**DD 第一種**	デジタル伝送路設備（デジタル信号を入出力とする電気通信回線設備をいう.）に端末設備等を接続するための工事. ただし，総合デジタル通信用設備に端末設備等を接続するための工事を除く.
廃止	**DD 第二種**	デジタル伝送路設備に端末設備等を接続するための工事（接続点におけるデジタル信号の入出力速度が毎秒 100 メガビット（主としてインターネットに接続するための回線にあっては，毎秒 1 ギガビット）以下のものに限る.）. ただし，総合デジタル通信用設備に端末設備等を接続するための工事を除く.
第二級デジタル通信	**DD 第三種**	デジタル伝送路設備に端末設備等を接続するための工事（**接続点**におけるデジタル信号の入出力速度が毎秒 1 ギガビット以下であって，主として**インターネット**に接続するための回線に係るものに限る.）. ただし，**総合デジタル通信用設備に端末設備等を接続するための工事を除く.**
総合通信	**AI・DD 総合種**	アナログ伝送路設備又はデジタル伝送路設備に端末設備等を接続するための工事

補足

端末設備等は，端末設備と自営電気通信設備のことです. AI 第三種（第二級アナログ通信）の工事の範囲は端末設備のみです.

[3] 資格者証の交付の申請

工担 第37条（資格者証の交付の申請）〈抜粋〉

　資格者証の交付を受けようとする者は，別表第10号に定める様式の申請書に次に掲げる書類を添えて，総務大臣に提出しなければならない．

一　氏名及び生年月日を証明する書類

二　写真（申請前6月以内に撮影した無帽，正面，上三分身，無背景の縦30ミリメートル，横24ミリメートルのもので，裏面に申請に係る資格及び氏名を記載したものとする．）1枚

三　養成課程（交付を受けようとする資格者証のものに限る．）の修了証明書（養成課程の修了に伴い資格者証の交付を受けようとする者の場合に限る）

2　資格者証の交付の申請は，試験に合格した日，養成課程を修了した日又は工担規則第4章に規定する認定を受けた日から3月以内に行わなければならない．

国家試験に合格したら，3か月以内に資格者証の申請の手続きをしてね．書類は，総務省の「電気通信関係資格手続きの案内」からダウンロードできるよ．

[4] 資格者証の交付

工担 第38条（資格者証の交付）

　総務大臣は，前条の申請があったときは，別表第11号に定める様式の資格者証を交付する．

2　前項の規定により資格者証の交付を受けた者は，端末設備等の接続に関する知識及び技術の向上を図るように努めなければならない．

[5] 資格者証の再交付

工担 第40条（資格者証の再交付）

　工事担任者は，氏名に変更を生じたとき又は資格者証を汚し，破り若しくは失ったために資格者証の再交付の申請をしようとするときは，別表第12号に定める様式の申請書に次に掲げる書類を添えて，総務大臣に提出しなければならない．

一　資格者証（資格者証を失った場合を除く．）

二　写真1枚

三　氏名の変更の事実を証する書類（氏名に変更を生じたときに限る．）

2　総務大臣は，前項の申請があったときは，資格者証を再交付する．

再交付の申請書類は，総務省の「電気通信関係資格手続きの案内」からダウンロードできるよ．

[6] 資格者証の返納

工担 第41条（資格者証の返納）

　事業法第72条第2項において準用する事業法第47条の規定により資格者証の返納を命ぜられた者は，その処分を受けた日から10日以内にその資格者証を総務大臣に返納しなければならない．資格者証の再交付を受けた後失った資格者証を発見したときも同様とする．

問 1 工事担任者規則に規定する「資格者証の種類及び工事の範囲」について述べた次の文章のうち，誤っているものは， ___ である．

① DD 第三種工事担任者は，デジタル伝送路設備に端末設備等を接続するための工事のうち，接続点におけるデジタル信号の入出力速度が毎秒 1 ギガビット以下であって，主としてインターネットに接続するための回線に係るものに限る工事及び総合デジタル通信用設備に端末設備等を接続するための工事を行い，又は監督することができる．

② AI 第三種工事担任者は，アナログ伝送路設備に端末設備を接続するための工事のうち，端末設備に収容される電気通信回線の数が 1 のものに限る工事を行い，又は監督することができる．また，総合デジタル通信用設備に端末設備を接続するための工事のうち，総合デジタル通信回線の数が基本インタフェースで 1 のものに限る工事を行い，又は監督することができる．

③ AI・DD 総合種工事担任者は，アナログ伝送路設備又はデジタル伝送路設備に端末設備等を接続するための工事を行い，又は監督することができる．

解説 ① DD 第三種工事担任者は，総合デジタル通信用設備に端末設備等を接続するための工事を行い，又は監督することはできません．

「DD 第三種」は「第二級デジタル通信」，「AI 第三種」は「第二級アナログ通信」，「AI・DD 総合種」は「総合通信」となります．

解答 ①

問 2 工事担任者規則に規定する「資格者証の種類及び工事の範囲」について述べた次の二つの文章は，□□□．

A　DD 第三種工事担任者は，デジタル伝送路設備に端末設備等を接続するための工事のうち，接続点におけるデジタル信号の入出力速度が毎秒 1 ギガビット以下であって，主としてインターネットに接続するための回線に係るものに限る工事を行い，又は監督することができる．ただし，総合デジタル通信用設備に端末設備等を接続するための工事を除く．

B　AI 第三種工事担任者は，アナログ伝送路設備に端末設備を接続するための工事のうち，端末設備に収容される電気通信回線の数が 1 のものに限る工事を行い，又は監督することができる．また，総合デジタル通信用設備に端末設備を接続するための工事のうち，総合デジタル通信回線の数が毎秒 64 キロビット換算で 1 のものに限る工事を行い，又は監督することができる．

①　A のみ正しい　　②　B のみ正しい

③　A も B も正しい　　④　A も B も正しくない

解説　B　「総合デジタル通信回線の数が**毎秒 64 キロビット換算**で 1 のもの」ではなく，正しくは「総合デジタル通信回線の数が**基本インタフェース**で 1 のもの」です．

「DD 第三種」は「第二級デジタル通信」，「AI 第三種」は「第二級アナログ通信」，「AI・DD 総合種」は「総合通信」となります．

解答　①

2.2 端末機器の技術基準適合認定等に関する規則

出題のポイント

●技術基準適合認定番号の最初の文字

　利用者が安心して端末機器を選択し，利用できるように電気通信事業者の電気通信回線設備に接続する端末機器について，あらかじめ技術基準に適合していることの認定を行う制度で，端末機器の技術基準適合認定等に関する規則（端末認定規則）に規定されています.

［1］認定の対象とする端末機器

端末認定規則　第3条（対象とする端末機器）〈抜粋・改変〉

　事業法第53条第1項の総務省令で定める種類の端末設備の機器は，次の端末機器とする.

一　アナログ電話用設備又は**移動電話用設備**に接続される電話機，構内交換設備，ボタン電話装置，変復調装置，ファクシミリその他総務大臣が別に告示する端末機器（第三号に掲げるものを除く.）［A］

二　**インターネットプロトコル電話用設備**に接続される電話機，構内交換設備，ボタン電話装置，符号変換装置，ファクシミリその他呼の制御を行う端末機器［E］

三　**インターネットプロトコル移動電話用設備**に接続される端末機器［F］

四　無線呼出用設備に接続される端末機器［B］

五　**総合デジタル通信用設備**に接続される端末機器［C］

六　**専用通信回線設備又はデジタルデータ伝送用設備**に接続される端末機器［D］

　［　］の記号は，技術基準適合認定番号又は設計認証番号の最初の文字を表します.

［2］表　示

端末認定規則　第10条（表示）〈抜粋・改変〉

　事業法第53条第2項の規定により表示を付するときは，次に掲げる方法のいずれかによるものとする.

一　様式第7号による表示を技術基準適合認定を受けた端末機器の見やすい箇所に付す方法

重要

技術基準適合認定番号の最初の文字を覚えましょう.

A：アナログ電話用設備，移動電話用設備

B：無線呼出用設備

C：総合デジタル通信用設備

D：専用通信回線設備，デジタルデータ伝送用設備

E：インターネットプロトコル電話用設備

F：インターネットプロトコル移動電話用設備

二　様式第7号による表示を技術基準適合認定を受けた端末機器に電磁的方法
　　により記録し，当該端末機器の映像面に直ちに明瞭な状態で表示することがで
　　きるようにする方法
三　様式第7号による表示を技術基準適合認定を受けた端末機器に電磁的方法
　　により記録し，当該表示を特定の操作によって当該端末機器に接続した製品の
　　映像面に直ちに明瞭な状態で表示することができるようにする方法

スマートフォンを操作すると認証マークと番号を見ることができるよ。

端末認定規則　様式第7号〈抜粋〉

　表示は，次の様式に記号Ⓐ及び技術基準適合認定番号又は記号Ⓣ及び設計認
証番号を付加したものとする．

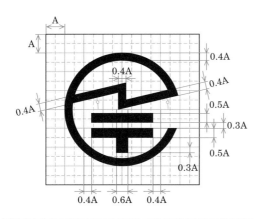

端末機器の種類	記号
一　第3条第1項第1号に掲げる端末機器	A
二　第3条第1項第2号に掲げる端末機器	E
三　第3条第1項第3号に掲げる端末機器	F
四　第3条第1項第4号に掲げる端末機器	B
五　第3条第1項第5号に掲げる端末機器	C
六　第3条第1項第6号に掲げる端末機器	D

問1　端末機器の技術基準適合認定等に関する規則において，□□□に接続される端末機器に
表示される技術基準適合認定番号の最初の文字は，C と規定されている．
　　①　総合デジタル通信用設備　　　②　移動電話用設備　　　③　アナログ電話用設備

解説　**総合デジタル通信用設備**に接続される端末機器に表示される技術基準
　　適合認定番号の最初の文字は，C と規定されています．

解答　①

問2 端末機器の技術基準適合認定等に関する規則において，□□□□に接続される端末機器に表示される技術基準適合認定番号の最初の文字は，E と規定されている．
① デジタルデータ伝送用設備　② インターネットプロトコル電話用設備
③ インターネットプロトコル移動電話用設備

解説　インターネットプロトコル電話用設備に接続される端末機器に表示される技術基準適合認定番号の最初の文字は，E と規定されています．

解答 ②

問3 端末機器の技術基準適合認定等に関する規則において，□□□□に接続される端末機器に表示される技術基準適合認定番号の最初の文字は，F と規定されている．
① インターネットプロトコル電話用設備　② デジタルデータ伝送用設備
③ インターネットプロトコル移動電話用設備

解説　インターネットプロトコル移動電話用設備に接続される端末機器に表示される技術基準適合認定番号の最初の文字は，F と規定されています．

解答 ③

問4 端末機器の技術基準適合認定等に関する規則に規定する，端末機器の技術基準適合認定番号について述べた次の文章のうち，誤っているものは，□□□□である．
① 総合デジタル通信用設備に接続される端末機器に表示される技術基準適合認定番号の最初の文字は，C である．
② 専用通信回線設備に接続される端末機器に表示される技術基準適合認定番号の最初の文字は，B である．
③ インターネットプロトコル移動電話用設備に接続される端末機器に表示される技術基準適合認定番号の最初の文字は，F である．

解説　② 専用通信回線設備に接続される端末機器に表示される技術基準適合認定番号の最初の文字は，**D** です．

解答 ②

2.3 有線電気通信法

●有線電気通信法の目的
●有線電気通信設備の届出
●有線電気通信設備の技術基準, 検査

　有線電気通信法（有線法）は，有線電気通信に関する基本となる法律で，有線電気通信設備の設置者，目的，用途を問わず，我が国にある全ての有線電気通信設備に適用されます．電気通信事業者の事業用電気通信設備については，設置の届出は免除されています．

[1] 目 的

有線法　第1条（目的）

　この法律は，有線電気通信設備の**設置及び使用を規律**し，有線電気通信に関する**秩序を確立**することによって，公共の福祉の増進に寄与することを目的とする．

[2] 用語の定義

有線法　第2条（定義）

　この法律において「有線電気通信」とは，送信の場所と受信の場所との間の線条その他の導体を利用して，電磁的方式により，符号，音響又は影像を送り，伝え，又は受けることをいう．

　2　この法律において「有線電気通信設備」とは，有線電気通信を行うための機械，器具，線路その他の電気的設備（無線通信用の有線連絡線を含む．）をいう．

[3] 有線電気通信設備の届出

有線法　第3条（有線電気通信設備の届出）〈抜粋〉

　有線電気通信設備を設置しようとする者は，次の事項を記載した書類を添えて，設置の工事の開始の日の**2週間**前まで（工事を要しないときは，設置の日から**2週間**以内）に，その旨を総務大臣に届け出なければならない．

一　**有線電気通信の方式の別**
二　**設備の設置の場所**
三　設備の概要

　4　前3項の規定は，次の有線電気通信設備については，適用しない．

一　電気通信事業法第44条第1項に規定する事業用電気通信設備
二　放送法第2条第一号に規定する放送を行うための有線電気通信設備
三　設備の一の部分の設置の場所が他の部分の設置の場所と同一の構内（これに準ずる区域内を含む．以下同じ．）又は同一の建物内であるもの
四　警察事務，消防事務，水防事務，航空保安事務，海上保安事務，気象業務，鉄道事業，軌道事業，電気事業，鉱業その他政令で定める業務を行う者が設置するもの

重要

有線電気通信法の目的の重要項目です．
・有線電気通信設備の設置及び使用を規律
・有線電気通信に関する秩序を確立

重要

一般に，届出の手続は何かの行為をしてから事後に提出しますが，有線電気通信設備の届出の手続では，設置する2週間前までに届け出なければなりません．

［4］有線電気通信設備の技術基準

有線法　第5条（技術基準）

　有線電気通信設備（政令で定めるものを除く．）は，政令で定める技術基準に適合するものでなければならない．

　2　前項の技術基準は，これにより次の事項が確保されるものとして定められなければならない．

　一　有線電気通信設備は，**他人の設置する有線電気通信設備に妨害を与えない**ようにすること．

　二　有線電気通信設備は，**人体に危害を及ぼし，又は物件に損傷を与えない**ようにすること．

重要
有線電気通信設備の技術基準により確保されるべき事項は，「他人の設置する有線電気通信設備に妨害を与えない」，「人体に危害を及ぼし，又は物件に損傷を与えない」の二つです．

［5］有線電気通信設備の検査等

有線法　第6条（設備の検査等）

　総務大臣は，この法律の施行に必要な限度において，有線電気通信設備を**設置した者**からその設備に関する報告を徴し，又はその職員に，その事務所，営業所，工場若しくは事業場に立ち入り，その設備若しくは帳簿書類を検査させることができる．

　2　前項の規定により立入検査をする職員は，その身分を示す証明書を携帯し，関係人に提示しなければならない．

　3　第1項の規定による検査の権限は，犯罪捜査のために認められたものと解してはならない．

［6］設備の改善等の措置

有線法　第7条（設備の改善等の措置）〈抜粋〉

　総務大臣は，有線電気通信設備を設置した者に対し，その設備が有線法第5条の技術基準に適合しないため他人の設置する有線電気通信設備に妨害を与え，又は人体に危害を及ぼし，若しくは物件に損傷を与えると認めるときは，その妨害，危害又は損傷の防止又は除去のため必要な限度において，その設備の使用の停止又は改造，修理その他の措置を命ずることができる．

問1　有線電気通信法は，有線電気通信設備の<u>設置及び使用</u>を<u>規律</u>し，有線電気通信に関する　□□□　することによって，公共の福祉の増進に寄与することを目的とする．

　　①　競争を促進　　②　秩序を確立　　③　規格を統一

解説　「有線電気通信設備の設置及び使用を規律し，有線電気通信に関する**秩序を確立**することによって，公共の福祉の増進に寄与することを目的とする．」と規定されています．

出る
下線の部分は，ほかの試験問題で穴埋めの字句として出題されています．

解答　②

問 2 有線電気通信法の「有線電気通信設備の届出」において，有線電気通信設備（その設置について総務大臣に届け出る必要のないものを除く.）を設置しようとする者は，有線電気通信の方式の別，設備の設置の場所及び設備の概要を記載した書類を添えて，設置の工事の開始の日の ☐☐☐☐ 前まで（工事を要しないときは，設置の日から ☐☐☐☐ 以内）に，その旨を総務大臣に届け出なければならないと規定されている.

① 10日　② 2週間　③ 30日

解説　設置の工事の開始の日の**2週間**前まで（工事を要しないときは，設置の日から**2週間**以内）に，その旨を総務大臣に届け出なければなりません.

下線の部分は，ほかの試験問題で穴埋めの字句として出題されています.

解答　②

問 3 有線電気通信法に規定する「技術基準」について述べた次の二つの文章は， ☐☐☐☐ .

A　有線電気通信設備（政令で定めるものを除く.）の技術基準により確保されるべき事項の一つとして，有線電気通信設備は，他人の設置する有線電気通信設備に妨害を与えないようにすることがある.

B　有線電気通信設備（政令で定めるものを除く.）の技術基準により確保されるべき事項の一つとして，有線電気通信設備は，重要通信に付される識別符号を判別できるようにすることがある.

① Aのみ正しい　② Bのみ正しい
③ AもBも正しい　④ AもBも正しくない

解説　B 「**重要通信に付される識別符号を判別できる**ようにすること」ではなく，正しくは「**人体に危害を及ぼし，又は物件に損傷を与えない**ようにすること」です.

解答　①

問 4 総務大臣は，有線電気通信法の施行に必要な限度において，有線電気通信設備を ☐☐☐☐ からその設備に関する報告を徴し，又はその職員に，その事務所，営業所，工場若しくは事業場に立ち入り，その設備若しくは帳簿書類を検査させることができる.

① 設置した者　② 管理する者　③ 運用する者

解説　総務大臣は，有線電気通信設備を**設置した者**からその設備に関する報告を徴し，又はその職員に，その事務所，営業所，工場若しくは事業場に立ち入り，その設備若しくは帳簿書類を検査させることができます.

解答　①

2.4 有線電気通信設備令

出題のポイント

●有線電気通信設備令で定義されている用語

有線電気通信設備令（「有線設備令」）は，有線電気通信法に基づき，有線電気通信設備の詳細な条件について規定され，我が国にある全ての有線電気通信設備に適用されます．第二級デジタル通信（DD 第三種）の国家試験では，このうちの用語の定義が出題されています．

[1] 用語の定義

有線設備令 第1条（定義）

この政令及びこの政令に基づく命令の規定の解釈に関しては，次の定義に従うものとする．

一　**電線**　有線電気通信（送信の場所と受信の場所との間の線条その他の導体を利用して，電磁的方式により信号を行うことを含む．）を行うための導体（絶縁物又は保護物で被覆されている場合は，これらの物を含む．）であって，強電流電線に重畳される通信回線に係るもの以外のもの

二　**絶縁電線**　**絶縁物のみで被覆**されている電線

三　**ケーブル**　**光ファイバ**並びに**光ファイバ以外の絶縁物及び保護物で被覆**されている電線

四　**強電流電線**　**強電流電気の伝送**を行うための導体（**絶縁物又は保護物で被覆**されている場合は，**これらの物を含む．**）

五　**線路**　送信の場所と受信の場所との間に設置されている**電線及びこれに係る中継器その他の機器**（これらを支持し，又は保蔵するための工作物を含む．）

六　**支持物**　電柱，支線，つり線その他**電線又は強電流電線を支持する**ための工作物

七　**離隔距離**　線路と他の物体（線路を含む．）とが気象条件による位置の変化により**最も接近した場合**におけるこれらの物の間の距離

八　**音声周波**　周波数が **200 ヘルツを超え，3 500 ヘルツ以下**の電磁波

九　**高周波**　周波数が **3 500 ヘルツを超える**電磁波

十　**絶対レベル**　一の**皮相電力**の１ミリワットに対する比をデシベルで表したもの

十一　**平衡度**　通信回線の**中性点と大地**との間に起電力を加えた場合におけるこれらの間に生ずる電圧と**通信回線の端子間**に生ずる電圧との比をデシベルで表したもの

出る

有線電気通信設備令は，正誤式の問題が出題されるので，用語などのポイントを覚えましょう．

・絶縁電線：絶縁物のみで被覆

・ケーブル：光ファイバ並びに光ファイバ以外

・強電流電線：強電流電気の伝送，導体，絶縁物又は保護物を含む

・線路：電線，中継器，その他の機器

・支持物：電線又は強電流電線を支持する工作物

・離隔距離：最も接近した場合の距離

・音声周波：200 ヘルツを超え，3 500 ヘルツ以下

・高周波：3 500 ヘルツを超える

・絶対レベル：皮相電力の１ミリワットに対するデシベル

・平衡度：通信回線の中性点と大地に起電力，端子間に生ずる電圧のデシベル

問 1 有線電気通信設備令に規定する用語について述べた次の文章のうち, 正しいものは, □□□□である.

① 強電流電線とは, 強電流電気の伝送を行うための導体（絶縁物又は保護物で被覆されている場合は, これらの物を含む.）をいう.

② ケーブルとは, 光ファイバ以外の絶縁物のみで被覆されている電線をいう.

③ 絶縁電線とは, 絶縁物又は保護物で被覆されている電線をいう.

解説 ② 「**光ファイバ以外の絶縁物のみ**で被覆」ではなく, 正しくは「**光ファイバ並びに光ファイバ以外の絶縁物及び保護物**で被覆」です.

③ 「**絶縁物又は保護物**で被覆」ではなく, 正しくは「**絶縁物のみ**で被覆」です.

解答 ①

問 2 有線電気通信設備令に規定する用語について述べた次の文章のうち, 誤っているものは, □□□□である.

① ケーブルとは, 光ファイバ並びに光ファイバ以外の絶縁物及び保護物で被覆されている電線をいう.

② 音声周波とは, 周波数が 250 ヘルツを超え, 4 500 ヘルツ以下の電磁波をいう.

③ 支持物とは, 電柱, 支線, つり線その他電線又は強電流電線を支持するための工作物をいう.

解説 ② 「周波数が **250 ヘルツ**を超え, **4 500 ヘルツ**以下」ではなく, 正しくは「周波数が **200 ヘルツ**を超え, **3 500 ヘルツ**以下」です.

解答 ②

問 3 有線電気通信設備令に規定する用語について述べた次の文章のうち, 誤っているものは, □□□□である.

① 平衡度とは, 通信回線の中性点と大地との間に起電力を加えた場合におけるこれらの間に生ずる電圧と通信回線の端子間に生ずる電圧との比をデシベルで表したものをいう.

② 高周波とは, 周波数が 4 500 ヘルツを超える電磁波をいう.

③ 絶縁電線とは, 絶縁物のみで被覆されている電線をいう.

解説 ② 「周波数が **4 500 ヘルツ**を超える」ではなく, 正しくは「周波数が **3 500 ヘルツ**を超える」です.

解答 ②

問 4 有線電気通信設備令に規定する用語について述べた次の文章のうち，<u>誤っているもの</u>は，□である．

① 線路とは，送信の場所と受信の場所との間に設置されている電線及びこれに係る中継器その他の機器（これらを支持し，又は保蔵するための工作物を含む．）をいう．

② 絶縁電線とは，絶縁物又は保護物で被覆されている電線をいう．

③ 絶対レベルとは，一の皮相電力の1ミリワットに対する比をデシベルで表したものをいう．

解説 ② 「**絶縁物又は保護物**で被覆」ではなく，正しくは「**絶縁物のみ**で被覆」です．

解答 ②

問 5 有線電気通信設備令に規定する用語について述べた次の二つの文章は，□．

A 離隔距離とは，線路と他の物体（線路を含む．）とが気象条件による位置の変化により最も離れた場合におけるこれらの物の間の距離をいう．

B 支持物とは，電柱，支線，つり線その他電線又は強電流電線を支持するための工作物をいう．

① Aのみ正しい　　② Bのみ正しい

③ AもBも正しい　　④ AもBも正しくない

解説 A 「最も**離れた**場合」ではなく，正しくは「最も**接近した**場合」です．

解答 ②

2.5 不正アクセス行為の禁止等に関する法律

出題のポイント

●不正アクセス禁止法の目的と用語の定義

[1] 不正アクセス禁止法の目的

不正アクセス禁止法 第1条（目的）

　この法律は，不正アクセス行為を禁止するとともに，これについての罰則及び その**再発防止**のための都道府県公安委員会による援助措置等を定めることにより，電気通信回線を通じて行われる**電子計算機**に係る犯罪の防止及び**アクセス制御機能**により実現される電気通信に関する**秩序の維持**を図り，もって高度情報通信社会の健全な発展に寄与することを目的とする．

補足

電子計算機はコンピュータのことで，特定電子計算機はインターネットに接続できるコンピュータなどのことです．

[2] 用語の定義

不正アクセス禁止法 第2条（定義）〈抜粋〉

　この法律において「**アクセス管理者**」とは，電気通信回線に接続している電子計算機（「特定電子計算機」という．）の利用（当該電気通信回線を通じて行うものに限る．「特定利用」という．）につき当該特定電子計算機の**動作を管理**する者をいう．

2　この法律において「識別符号」とは，特定電子計算機の特定利用をすることについて当該特定利用に係るアクセス管理者の許諾を得た者（「利用権者」という．）及び当該アクセス管理者（「利用権者等」という．）に，当該アクセス管理者において当該利用権者等を他の利用権者等と区別して識別することができるように付される符号であって，次のいずれかに該当するもの又は次のいずれかに該当する符号とその他の符号を組み合わせたものをいう．

一　当該アクセス管理者によってその内容をみだりに第三者に知らせてはならないものとされている符号

二　当該利用権者等の身体の全部若しくは一部の影像又は音声を用いて当該アクセス管理者が定める方法により作成される符号

三　当該利用権者等の署名を用いて当該アクセス管理者が定める方法により作成される符号

3　この法律において「**アクセス制御機能**」とは，特定電子計算機の特定利用を自動的に制御するために当該特定利用に係るアクセス管理者によって当該特定電子計算機又は当該特定電子計算機に電気通信回線を介して接続された他の特定電子計算機に付加されている機能であって，当該特定利用をしようとする者により当該機能を有する特定電子計算機に入力された符号が当該特定利用に係

重要

次の用語の意義を覚えましょう．

・アクセス管理者：特定電子計算機の特定利用につき当該特定電子計算機の動作を管理する者

・アクセス制御機能：特定利用をしようとする者により，アクセス制御機能を有する特定電子計算機に入力された符号が当該特定利用に係る識別符号であることを確認して，当該特定利用の制限の全部又は一部を解除するもの

る**識別符号**であることを確認して，当該特定利用の**制限**の全部又は一部を**解除**するものをいう．

［3］不正アクセス行為の禁止

不正アクセス禁止法 第3条（不正アクセス行為の禁止）

何人も，不正アクセス行為をしてはならない．

他の不正な行為の禁止については，不正アクセス禁止法第4条から第7条に，罰則は不正アクセス禁止法第11条から第13条に規定されています．

問 1
不正アクセス行為の禁止等に関する法律は，不正アクセス行為を禁止するとともに，これについての罰則及びその再発防止のための都道府県公安委員会による援助措置等を定めることにより，電気通信回線を通じて行われる＿＿＿＿に係る犯罪の防止及びアクセス制御機能により実現される電気通信に関する秩序の維持を図り，もって高度情報通信社会の健全な発展に寄与することを目的とする．
　　① 電子計算機　　② インターネット通信　　③ 不正ログイン

解答 ①

問 2
不正アクセス行為の禁止等に関する法律において，アクセス管理者とは，電気通信回線に接続している電子計算機（以下「特定電子計算機」という．）の利用（当該電気通信回線を通じて行うものに限る．）につき当該特定電子計算機の＿＿＿＿する者をいう．
　　① 接続を制限　　② 動作を管理　　③ 利用を監視

解答 ②

問 3
不正アクセス行為の禁止等に関する法律において，アクセス制御機能とは，特定電子計算機の特定利用を自動的に制御するために当該特定利用に係るアクセス管理者によって当該特定電子計算機又は当該特定電子計算機に電気通信回線を介して接続された他の特定電子計算機に付加されている機能であって，当該特定利用をしようとする者により当該機能を有する特定電子計算機に入力された符号が当該特定利用に係る＿＿＿＿であることを確認して，当該特定利用の制限の全部又は一部を解除するものをいう．
　　① 秘密鍵　　② 電磁的記録　　③ 識別符号

解答 ③

出る
問1と問3の下線の部分は，ほかの試験問題で穴埋めの字句として出題されています．

3.1 用語の定義と責任の分界

●端末設備等規則で定義されている用語
●端末設備と事業用電気通信設備との分界点
●分界点における接続の方式

[1] 用語の定義

端末設備 第2条（定義）

　この規則において使用する用語は，法において使用する用語の例による．
2　この規則の規定の解釈については，次の定義に従うものとする．
一　「**電話用設備**」とは，電気通信事業の用に供する**電気通信回線設備**であって，主として音声の伝送交換を目的とする電気通信役務の用に供するものをいう．
二　「**アナログ電話用設備**」とは，電話用設備であって，端末設備又は自営電気通信設備を接続する点において**アナログ信号を入出力**とするものをいう．
三　「**アナログ電話端末**」とは，端末設備であって，アナログ電話用設備に接続される点において2線式の接続形式で接続されるものをいう．
四　「**移動電話用設備**」とは，電話用設備であって，**端末設備又は自営電気通信設備**との接続において電波を使用するものをいう．
五　「**移動電話端末**」とは，端末設備であって，**移動電話用設備**（インターネットプロトコル移動電話用設備を除く．）に接続されるものをいう．
六　「**インターネットプロトコル電話用設備**」とは，電話用設備であって，端末設備又は自営電気通信設備との接続においてインターネットプロトコルを使用するものをいう．
七　「**インターネットプロトコル電話端末**」とは，端末設備であって，**インターネットプロトコル電話用設備**に接続されるものをいう．
八　「インターネットプロトコル移動電話用設備」とは，移動電話用設備であって，端末設備又は自営電気通信設備との接続においてインターネットプロトコルを使用するものをいう．
九　「**インターネットプロトコル移動電話端末**」とは，端末設備であって，インターネットプロトコル移動電話用設備に接続されるものをいう．
十　「**無線呼出用設備**」とは，電気通信事業の用に供する電気通信回線設備であって，無線によって利用者に対する呼出しを行うことを目的とする電気通信役務の用に供するものをいう．
十一　「無線呼出端末」とは，端末設備であって，無線呼出用設備に接続されるものをいう．
十二　「**総合デジタル通信用設備**」とは，電気通信事業の用に供する電気通信回線設備であって，主として**64キロビット毎秒**を単位とするデジタル信号の伝送速度により，符号，音声その他の音響又は影像を統合して伝送交換する

太字の用語は，国家試験で穴あきや正誤問題として出題された用語だよ。たくさんあるけど全部覚えてね。

ことを目的とする電気通信役務の用に供するものをいう.

十三 「**総合デジタル通信端末**」とは，端末設備であって，**総合デジタル通信用設備**に接続されるものをいう.

十四 「**専用通信回線設備**」とは，電気通信事業の用に供する電気通信回線設備であって，特定の利用者に当該設備を専用させる電気通信役務の用に供するものをいう.

十五 「**デジタルデータ伝送用設備**」とは，電気通信事業の用に供する電気通信回線設備であって，**デジタル方式により**，専ら符号又は影像の伝送交換を目的とする電気通信役務の用に供するものをいう.

十六 「専用通信回線設備等端末」とは，端末設備であって，専用通信回線設備又はデジタルデータ伝送用設備に接続されるものをいう.

十七 「**発信**」とは，通信を行う**相手を呼び出す**ための動作をいう.

十八 「**応答**」とは，電気通信回線からの**呼出しに応ずる**ための動作をいう.

十九 「**選択信号**」とは，主として**相手の端末設備を指定**するために使用する信号をいう.

二十 「直流回路」とは，端末設備又は自営電気通信設備を接続する点において2線式の接続形式を有するアナログ電話用設備に接続して電気通信事業者の交換設備の動作の開始及び終了の制御を行うための回路をいう.

二十一 「**絶対レベル**」とは，一の**皮相電力**の**1ミリワット**に対する比をデシベルで表したものをいう.

二十二 「**通話チャネル**」とは，移動電話用設備と移動電話端末又はインターネットプロトコル移動電話端末の間に設定され，主として**音声の伝送**に使用する通信路をいう.

二十三 「**制御チャネル**」とは，移動電話用設備と移動電話端末又はインターネットプロトコル移動電話端末の間に設定され，主として**制御信号の伝送**に使用する通信路をいう.

二十四 「呼設定用メッセージ」とは，呼設定メッセージ又は応答メッセージをいう.

二十五 「呼切断用メッセージ」とは，切断メッセージ，解放メッセージ又は解放完了メッセージをいう.

用語の定義に関する出題は，正誤式の問題なので，太字のポイントに注意して内容を覚えましょう.

[2] 責任の分界

端末設備 **第3条（責任の分界）**

利用者の接続する端末設備（「端末設備」という.）は，**事業用電気通信設備との責任の分界を明確にするため**，事業用電気通信設備との間に**分界点**を有しなければならない.

2 分界点における接続の方式は，端末設備を**電気通信回線**ごとに事業用電気通信設備から容易に切り離せるものでなければならない.

端末設備接続の条件の重要項目を覚えましょう.
・責任の分界を明確にする
・接続の方式は，電気通信回線ごとに容易に切り離せる

容易に切り離せるとは，いったん切り離した後に電気通信設備を損なうことなく再接続することができることです．総務大臣が告示する接続の方式には電話機のプラグジャック方式があり，その他の容易に切り離せる方式として，ローゼットによるねじ止め方式や保安装置などがあります．

問 1 用語について述べた次の文章のうち，誤っているものは，□□□である．

① 移動電話用設備とは，電話用設備であって，端末設備又は自営電気通信設備との接続において電波を使用するものをいう．

② インターネットプロトコル電話端末とは，端末設備であって，インターネットプロトコル電話用設備に接続されるものをいう．

③ 制御チャネルとは，移動電話用設備と移動電話端末又はインターネットプロトコル移動電話端末の間に設定され，主として音声の伝送に使用する通信路をいう．

解説 ③ 「主として**音声**の伝送に使用する通信路」ではなく，正しくは「主として**制御信号**の伝送に使用する通信路」です．

解答 ③

問 2 用語について述べた次の文章のうち，誤っているものは，□□□である．

① 移動電話用設備とは，電話用設備であって，端末設備又は自営電気通信設備との接続において電波を使用するものをいう．

② 総合デジタル通信用設備とは，電気通信事業の用に供する電気通信回線設備であって，主として64キロビット毎秒を単位とするデジタル信号の伝送速度により，符号，音声その他の音響又は影像を統合して伝送交換することを目的とする電気通信役務の用に供するものをいう．

③ 選択信号とは，交換設備の動作の開始を制御するために使用する信号をいう．

解説 ③ 「**交換設備の動作の開始を制御**するために使用する信号」ではなく，正しくは「**相手の端末設備を指定**するために使用する信号」です．

解答 ③

問 3 用語について述べた次の文章のうち，誤っているものは，□□□である．

① 移動電話用設備とは，電話用設備であって，基地局との接続において電波を使用するものをいう．

② 総合デジタル通信用設備とは，電気通信事業の用に供する電気通信回線設備であって，主として64キロビット毎秒を単位とするデジタル信号の伝送速度により，符号，音声その他の音響又は影像を統合して伝送交換することを目的とする電気通信役務の用に供するものをいう．

③ インターネットプロトコル電話端末とは，端末設備であって，インターネットプロトコル電話用設備に接続されるものをいう．

解説 ① 「**基地局**との接続」ではなく，正しくは「**端末設備又は自営電気通信設備**との接続」です.

解答 ①

問 4 用語について述べた次の文章のうち，誤っているものは，＿＿＿である.

① 専用通信回線設備とは，電気通信事業の用に供する電気通信回線設備であって，特定の利用者に当該設備を専用させる電気通信役務の用に供するものをいう.

② デジタルデータ伝送用設備とは，電気通信事業の用に供する電気通信回線設備であって，多重伝送方式により，専ら符号又は影像の伝送交換を目的とする電気通信役務の用に供するものをいう.

③ 通話チャネルとは，移動電話用設備と移動電話端末又はインターネットプロトコル移動電話端末の間に設定され，主として音声の伝送に使用する通信路をいう.

解説 ② 「**多重伝送方式**により」ではなく，正しくは「**デジタル方式**により」です.

解答 ②

問 5 用語について述べた次の文章のうち，誤っているものは，＿＿＿である.

① アナログ電話端末とは，端末設備であって，アナログ電話用設備に接続される点において 2 線式の接続形式で接続されるものをいう.

② 移動電話端末とは，端末設備であって，移動電話用設備に接続されるものをいう.

③ 総合デジタル通信端末とは，端末設備であって，専用通信回線設備又はデジタルデータ伝送用設備に接続されるものをいう.

解説 ③ 「**専用通信回線設備又はデジタルデータ伝送用設備**に接続されるもの」ではなく，正しくは「**総合デジタル通信用設備**に接続されるもの」です.

解答 ③

問6 用語について述べた次の文章のうち，誤っているものは，☐である．

① 応答とは，電気通信回線からの呼出しに応ずるための動作をいう．

② 絶対レベルとは，一の有効電力の1ミリワットに対する比をデシベルで表したものをいう．

③ 制御チャネルとは，移動電話用設備と移動電話端末の間に設定され，主として制御信号の伝送に使用する通信路をいう．

解説 ② 「一の**有効電力**」ではなく，正しくは「一の**皮相電力**」です．

解答 ②

問7 責任の分界について述べた次の二つの文章は，☐．

A 利用者の接続する端末設備は，事業用電気通信設備との技術的インタフェースを明確にするため，事業用電気通信設備との間に分界点を有しなければならない．

B 分界点における接続の方式は，端末設備を電気通信回線ごとに事業用電気通信設備から容易に切り離せるものでなければならない．

① Aのみ正しい　② Bのみ正しい

③ AもBも正しい　④ AもBも正しくない

解説 A 「**技術的インタフェース**を明確にするため」ではなく，正しくは「**責任の分界**を明確にするため」です．

解答 ②

問8 端末設備と事業用電気通信設備との間に有しなければならないとされている分界点における接続の方式は，端末設備を☐ごとに事業用電気通信設備から容易に切り離せるものでなければならない．

① 自営電気通信設備　② 電気通信回線　③ 配線設備

解説 ② 「端末設備を**電気通信回線**ごとに事業用電気通信設備から容易に切り離せるものでなければならない．」と規定されています．

解答 ②

3.2 安全性等の端末設備の条件

出題のポイント

● 漏えいする通信の識別禁止，鳴音の発生防止
● 端末設備と事業用電気通信設備の絶縁抵抗，接地抵抗
● 電波を利用する端末設備の条件

［1］漏えいする通信の識別禁止

端末設備 第4条（漏えいする通信の識別禁止）

　端末設備は，事業用電気通信設備から漏えいする通信の内容を意図的に**識別**する機能を有してはならない．

［2］鳴音の発生防止

端末設備 第5条（鳴音の発生防止）

　端末設備は，**事業用電気通信設備**との間で**鳴音**（電気的又は音響的結合により生ずる**発振状態**をいう.）を発生することを防止するために**総務大臣が別に告示する条件**を満たすものでなければならない．

　鳴音の発生を防止するため総務大臣が告示して定める条件では，端末設備に入力した信号に対する端末設備から反射する信号の電力の減衰量（リターンロス）を2デシベル以上としています．

［3］絶縁抵抗等

端末設備 第6条（絶縁抵抗等）

　端末設備の機器は，その電源回路と筐体及びその電源回路と**事業用電気通信設備**との間に次の絶縁抵抗及び絶縁耐力を有しなければならない．
一　**絶縁抵抗**は，使用電圧が**300ボルト以下**の場合にあっては，**0.2メガオーム以上**であり，**300ボルトを超え750ボルト以下の直流及び300ボルトを超え600ボルト以下の交流**の場合にあっては，**0.4メガオーム以上**であること．
二　**絶縁耐力**は，使用電圧が750ボルトを超える直流及び600ボルトを超える交流の場合にあっては，その**使用電圧の1.5倍の電圧**を連続して10分間加えたときこれに耐えること．
2　端末設備の機器の金属製の台及び筐体は，**接地抵抗が100オーム以下**となるように接地しなければならない．ただし，安全な場所に危険のないように設置する場合にあっては，この限りでない．

補足

受話器（スピーカ）から送話器（マイクロホン）に回り込んでピーと大きな音が発生するように，電気的または音響的結合により生ずる発振状態を鳴音またはハウリングといいます．

重要

次の用語のポイントを覚えましょう．

・絶縁抵抗：300ボルト以下の場合は，0.2メガオーム以上．300ボルトを超え750ボルト以下の直流及び300ボルトを超え600ボルト以下の交流の場合は，0.4メガオーム以上．
・絶縁耐力：750ボルトを超える直流及び600ボルトを超える交流の場合は，使用電圧の1.5倍の電圧を10分間加える．
・接地抵抗：100オーム以下

［4］ 過大な音響衝撃の発生防止

> **端末設備** 第7条（過大音響衝撃の発生防止）
>
> 通話機能を有する端末設備は，通話中に受話器から過大な**音響衝撃**が発生することを防止する機能を備えなければならない．

補足 雷などによる電気通信回線からの誘導電圧や電話機内部の回路の異常電圧などにより，受話器に音響衝撃が発生することを防止する規定です．

［5］ 配線設備等

> **端末設備** 第8条（配線設備等）
>
> 利用者が端末設備を**事業用電気通信設備**に接続する際に使用する線路及び保安器その他の機器（「配線設備等」という．）は，次の各号により**設置**されなければならない．
>
> 一　配線設備等の**評価雑音電力**（通信回線が受ける妨害であって人間の聴覚率を考慮して定められる**実効的雑音電力**をいい，誘導によるものを含む．）は，絶対レベルで表した値で**定常時**において**マイナス64デシベル以下**であり，かつ，**最大時**において**マイナス58デシベル以下**であること．
>
> 二　配線設備等の電線相互間及び電線と大地間の**絶縁抵抗**は，**直流200ボルト以上**の一の電圧で測定した値で**1メガオーム以上**であること．
>
> 三　配線設備等と**強電流電線との関係**については**有線電気通信設備令**第11条から第15条まで及び第18条に適合するものであること．
>
> 四　事業用電気通信設備を損傷し，又はその機能に障害を与えないようにするため，**総務大臣が別に告示する**ところにより配線設備等の**設置**の方法を定める場合にあっては，その方法によるものであること．

重要 評価雑音電力とは，通信回線が受ける妨害であって人間の聴覚率を考慮して定められる実効的雑音電力をいい，誘導によるものを含みます．

［6］ 電波を使用する端末設備の条件

> **端末設備** 第9条（端末設備内において電波を使用する端末設備）
>
> 端末設備を構成する一の部分と他の部分相互間において電波を使用する端末設備は，次の各号の条件に適合するものでなければならない．
>
> 一　総務大臣が別に告示する条件に適合する**識別符号**（端末設備に使用される無線設備を識別するための符号であって，通信路の設定に当たってその照合が行われるものをいう．）を有すること．
>
> 二　使用する電波の周波数が空き状態であるかどうかについて，総務大臣が別に告示するところにより判定を行い，空き状態である場合にのみ通信路を設定するものであること．ただし，総務大臣が別に告示するものについては，この限りでない．
>
> 三　使用される無線設備は，一の筐体（きょう）に収められており，かつ，容易に**開けることができない**こと．ただし，総務大臣が別に告示するものについては，この限りでない．

補足 電波を使用する端末設備は，コードレス電話や無線LANなどの端末設備のことです．

補足 第二号に規定する機能については3.3節の範囲です．

補足 総務大臣が別に告示する一の筐体に収めなくてもよいものとして，電源装置，送話器（マイクロホン），受話器（スピーカ）などがあります．

Ⅲ編 3章 端末設備等規則

問1 端末設備は，事業用電気通信設備から漏えいする通信の内容を意図的に□□□□する機能を有してはならない．
　　① 変更　　② 照合　　③ 識別

解説 端末設備は，事業用電気通信設備から漏えいする通信の内容を意図的に**識別**する機能を有してはなりません．

解答 ③

問2 端末設備は，事業用電気通信設備との間で□□□□（電気的又は音響的結合により生ずる発振状態をいう．）を発生することを防止するために総務大臣が別に告示する条件を満たすものでなければならない．
　　① 鳴音　　② 漏話　　③ 側音

解説 端末設備は，事業用電気通信設備との間で**鳴音**を発生することを防止するために総務大臣が別に告示する条件を満たすものでなければなりません．

解答 ①

> 出る
> 下線の部分は，ほかの試験問題で穴埋めの字句として出題されています．

問3 端末設備の機器は，その電源回路と筐体及びその電源回路と□□□□との間において，使用電圧が 300 ボルト以下の場合にあっては，0.2 メガオーム以上の絶縁抵抗を有しなければならない．
　　① 伝送装置　　② 事業用電気通信設備　　③ 他の端末設備

解説 端末設備の機器は，その電源回路と筐体及びその電源回路と**事業用電気通信設備**との間において，使用電圧が 300 ボルト以下の場合にあっては，0.2 メガオーム以上の絶縁抵抗を有しなければなりません．

解答 ②

> 出る
> 下線の部分は，ほかの試験問題で穴埋めの字句として出題されています．

問4 端末設備の機器は，その電源回路と筐体及びその電源回路と事業用電気通信設備との間において，使用電圧が□□□□ボルトを超え 750 ボルト以下の直流及び□□□□ボルトを超え 600 ボルト以下の交流の場合にあっては，0.4 メガオーム以上の絶縁抵抗を有しなければならない．
　　① 100　　② 200　　③ 300

解説 端末設備の機器は，その電源回路と筐体及びその電源回路と事業用電気通信設備との間において，使用電圧が 300 ボルト以下の場合にあっては，0.2 メガオーム以上，**300 ボルト**を超え 750 ボルト以下の直流及び **300 ボルト**を超え 600 ボルト以下の交流の場合にあっては，0.4 メガオーム以上の絶縁抵抗を有しなければなりません．

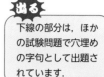

下線の部分は，ほかの試験問題で穴埋めの字句として出題されています．

解答 ③

問 5 「絶縁抵抗等」について述べた次の文章のうち，正しいものは， [　　] である．

① 端末設備の機器の金属製の台及び筐体は，接地抵抗が 100 オーム以下となるように接地しなければならない．ただし，安全な場所に危険のないように設置する場合にあっては，この限りでない．

② 端末設備の機器は，その電源回路と筐体及びその電源回路と事業用電気通信設備との間において，使用電圧が 300 ボルト以下の場合にあっては，0.4 メガオーム以上の絶縁抵抗を有しなければならない．

③ 端末設備の機器は，その電源回路と筐体及びその電源回路と事業用電気通信設備との間において，使用電圧が 750 ボルトを超える直流及び 600 ボルトを超える交流の場合にあっては，その使用電圧の 2 倍の電圧を連続して 10 分間加えたときこれに耐える絶縁耐力を有しなければならない．

解説 ② 「**0.4 メガオーム**以上の絶縁抵抗」ではなく，正しくは「**0.2 メガオーム**以上の絶縁抵抗」です．

③ 「使用電圧の **2 倍**の電圧」ではなく，正しくは「使用電圧の **1.5 倍**の電圧」です．

解答 ①

問 6 通話機能を有する端末設備は，通話中に受話器から過大な [　　] が発生することを防止する機能を備えなければならない．

① 音響衝撃　② 誘導雑音　③ 反響音

解説 通話機能を有する端末設備は，通話中に受話器から過大な**音響衝撃**が発生することを防止する機能を備えなければなりません．

解答 ①

問 7 評価雑音電力とは，通信回線が受ける妨害であって人間の聴覚率を考慮して定められる [　　] をいい，誘導によるものを含む．

① 実効的雑音電力　② 漏話雑音電力　③ 雑音電力の尖頭値

解説 評価雑音電力とは，通信回線が受ける妨害であって人間の聴覚率を考慮して定められる**実効的雑音電力**をいい，誘導によるものを含みます.

解答 ①

<table>
<tr><td>問 8</td><td>利用者が端末設備を事業用電気通信設備に接続する際に使用する線路及び保安器その他の機器の電線相互間及び電線と大地間の絶縁抵抗は，直流 □ ボルト以上の一の電圧で測定した値で1メガオーム以上でなければならない.
① 100　② 200　③ 300</td></tr>
</table>

解説 電線相互間及び電線と大地間の絶縁抵抗は，直流 **200 ボルト**以上の一の電圧で測定した値で1メガオーム以上でなければなりません.

解答 ②

出る
下線の部分は，ほかの試験問題で穴埋めの字句として出題されています.

<table>
<tr><td>問 9</td><td>利用者が端末設備を事業用電気通信設備に接続する際に使用する線路及び保安器その他の機器（以下「配線設備等」という.）は，事業用電気通信設備を損傷し，又はその機能に障害を与えないようにするため，総務大臣が別に告示するところにより配線設備等の □ の方法を定める場合にあっては，その方法によるものでなければならない.
① 設置　② 点検　③ 運用</td></tr>
</table>

解説 「配線設備等の**設置**の方法を定める場合にあっては，その方法によるものでなければならない.」と規定されています.

解答 ①

出る
下線の部分は，ほかの試験問題で穴埋めの字句として出題されています.

<table>
<tr><td>問 10</td><td>「配線設備等」について述べた次の文章のうち，誤っているものは， □ である.
① 配線設備等の電線相互間及び電線と大地間の絶縁抵抗は，直流 200 ボルト以上の一の電圧で測定した値で1メガオーム以上でなければならない.
② 配線設備等の評価雑音電力（通信回線が受ける妨害であって人間の聴覚率を考慮して定められる実効的雑音電力をいい，誘導によるものを含む.）は，絶対レベルで表した値で定常時においてマイナス 64 デシベル以下であり，かつ，最大時においてマイナス 58 デシベル以下でなければならない.
③ 事業用電気通信設備を損傷し，又はその機能に障害を与えないようにするため，電気通信事業者が別に認可するところにより配線設備等の設置の方法を定める場合にあっては，その方法によるものでなければならない.</td></tr>
</table>

解説 ③ 「**電気通信事業者が別に認可**するところ」ではなく，正しくは「**総務大臣が別に告示**するところ」です．

解答 ③

問11 端末設備を構成する一の部分と他の部分相互間において電波を使用する端末設備にあっては，総務大臣が別に告示するものを除き，使用される無線設備は，一の筐体に収められており，かつ，容易に [＿＿＿] ことができないものでなければならない．

　① 取り外す　　② 開ける　　③ 改造する

解説 「使用される無線設備は，一の筐体に収められており，かつ，容易に**開ける**ことができないもの」と規定されています．

解答 ②

問12 「端末設備内において電波を使用する端末設備」について述べた次の二つの文章は，[＿＿＿]．

　A　総務大臣が別に告示する条件に適合する識別符号（端末設備に使用される無線設備を識別するための符号であって，通信路の設定に当たってその照合が行われるものをいう．）を有すること．

　B　使用される無線設備は，一の筐体に収められており，かつ，容易に分解することができないこと．ただし，総務大臣が別に告示するものについては，この限りでない．

　① Aのみ正しい　　　② Bのみ正しい
　③ AもBも正しい　　④ AもBも正しくない

解説 B　「容易に**分解する**ことができない」ではなく，正しくは，「容易に**開ける**ことができない」です．

解答 ①

問13 安全性等について述べた次の文章のうち，誤っているものは，[＿＿＿]である．

　① 端末設備を構成する一の部分と他の部分相互間において電波を使用する端末設備にあっては，総務大臣が別に告示するものを除き，使用される無線設備は，一の筐体に収められており，かつ，容易に開けることができないものでなければならない．

　② 配線設備等は，事業用電気通信設備を損傷し，又はその機能に障害を与えないようにするため，総務大臣が別に告示するところにより配線設備等の設置の方法を定める場合にあっては，その方法によるものであること．

　③ 端末設備は，事業用電気通信設備から漏えいする通信の内容を意図的に消去する機能を有してはならない．

解説 ③ 「意図的に**消去**する機能」ではなく，正しくは「意図的に**識別**する機能」です．

解答 ③

問14 安全性等について述べた次の文章のうち，誤っているものは，□□□□である．

① 端末設備は，事業用電気通信設備との間で鳴音（電気的又は音響的結合により生ずる発振状態をいう．）を発生することを防止するために総務大臣が別に告示する条件を満たすものでなければならない．

② 端末設備の機器の金属製の台及び筐体は，接地抵抗が 10 オーム以下となるように接地しなければならない．ただし，安全な場所に危険のないように設置する場合にあっては，この限りでない．

③ 利用者が端末設備を事業用電気通信設備に接続する際に使用する線路及び保安器その他の機器（以下「配線設備等」という．）は，事業用電気通信設備を損傷し，又はその機能に障害を与えないようにするため，総務大臣が別に告示するところにより配線設備等の設置の方法を定める場合にあっては，その方法によるものでなければならない．

解説 ② 「接地抵抗が **10 オーム**以下」ではなく，正しくは「接地抵抗が **100 オーム**以下」です．

解答 ②

問15 安全性等について述べた次の文章のうち，誤っているものは，□□□□である．

① 端末設備の機器は，その電源回路と筐体及びその電源回路と事業用電気通信設備との間において，使用電圧が 750 ボルトを超える直流及び 600 ボルトを超える交流の場合にあっては，その使用電圧の 1.5 倍の電圧を連続して 10 分間加えたときこれに耐える絶縁耐力を有しなければならない．

② 端末設備は，事業用電気通信設備との間で側音（電気的又は音響的結合により生ずる発振状態をいう．）を発生することを防止するために総務大臣が別に告示する条件を満たすものでなければならない．

③ 通話機能を有する端末設備は，通話中に受話器から過大な誘導雑音が発生することを防止する機能を備えなければならない．

解説 ② 「**側音**」ではなく，正しくは「**鳴音**」です．
③ 「**誘導雑音**」ではなく，正しくは「**音響衝撃**」です．

解答 ①

問16 安全性等について述べた次の文章のうち，正しいものは， ☐ である．

① 端末設備は，他の端末設備との間で鳴音（電気的又は音響的結合により生ずる発振状態をいう．）を発生することを防止するために総務大臣が別に告示する条件を満たすものでなければならない．

② 端末設備の機器は，その電源回路と筐体及びその電源回路と事業用電気通信設備との間において，使用電圧が 300 ボルト以下の場合にあっては，0.4 メガオーム以上の絶縁抵抗を有しなければならない．

③ 端末設備の機器の金属製の台及び筐体は，接地抵抗が 100 オーム以下となるように接地しなければならない．ただし，安全な場所に危険のないように設置する場合にあっては，この限りでない．

解説 ① 「**他の端末設備**との間」ではなく，正しくは「**事業用電気通信設備**との間」です．

② 「**0.4 メガオーム以上**の絶縁抵抗」ではなく，正しくは「**0.2 メガオーム以上**の絶縁抵抗」です．

解答 ③

問17 安全性等について述べた次の二つの文章は， ☐ ．

A 端末設備は，事業用電気通信設備から漏えいする通信の内容を意図的に識別する機能を有してはならない．

B 通話機能を有する端末設備は，通話中に受話器から過大な音響衝撃が発生することを防止する機能を備えなければならない．

① A のみ正しい　　② B のみ正しい

③ A も B も正しい　　④ A も B も正しくない

解答 ③

3.3 アナログ電話端末

出題のポイント
- ●アナログ電話端末の押しボタンダイヤル信号の選択信号の条件
- ●電波を使用する端末設備の接続の機能

[1] 通信の基本的機能

端末設備　第10条（基本的機能）

　アナログ電話端末の直流回路は，発信又は応答を行うとき閉じ，通信が終了したとき開くものでなければならない．

補足
発信や応答のとき，直流回路は閉じます．

　直流回路を閉じて，交換設備と端末設備との間に直流電流が流れると，交換設備は，それを検知することによって，端末設備の発信または応答を判別します．

[2] 発信の機能

端末設備　第11条（発信の機能）

　アナログ電話端末は，発信に関する次の機能を備えなければならない．
一　自動的に選択信号を送出する場合にあっては，直流回路を閉じてから3秒以上経過後に選択信号の送出を開始するものであること．ただし，電気通信回線からの発音又はこれに相当する可聴音を確認した後に選択信号を送出する場合にあっては，この限りでない．
二　発信に際して相手の端末設備からの応答を自動的に確認する場合にあっては，電気通信回線からの応答が確認できない場合選択信号送出終了後2分以内に直流回路を開くものであること．
三　自動再発信（応答のない相手に対し引き続いて繰り返し自動的に行う発信をいう．以下同じ．）を行う場合（自動再発信の回数が15回以内の場合を除く．）にあっては，その回数は最初の発信から3分間に2回以内であること．この場合において，最初の発信から3分を超えて行われる発信は，別の発信とみなす．
四　前号の規定は，火災，盗難その他の非常の場合にあっては，適用しない．

補足
発信とは，通信を行う相手を呼び出すための動作です．応答とは，電気通信回線からの呼出しに応じるための動作です．電話機の送受話器を上げると（オフフック）発信または応答状態になり，電話機の送受話器を下ろすと（オンフック）通信の終了状態となります．

［3］選択信号の条件

端末設備　第12条（選択信号の条件）

アナログ電話端末の選択信号は，次の条件に適合するものでなければならない．

一　ダイヤルパルスにあっては，別表第1号（表4.1）の条件

二　押しボタンダイヤル信号にあっては，別表第2号（表4.2）の条件

補足

ダイヤルパルスは，10パルス毎秒方式と20パルス毎秒方式があります．

表4.1　ダイヤルパルスの選択信号の条件

ダイヤルパルスの種類	ダイヤルパルス速度	ダイヤルパルスメーク率	ミニマムポーズ
10パルス毎秒方式	10±1.0パルス毎秒以内	30%以上42%以下	600 ms以上
20パルス毎秒方式	20±1.6パルス毎秒以内	30%以上36%以下	450 ms以上

注）1　ダイヤルパルス速度とは，1秒間に断続するパルス数をいう．

2　ダイヤルパルスメーク率とは，ダイヤルパルスの接（メーク）と断（ブレーク）の時間の割合をいい，次式で定義するものとする．

$$ダイヤルパルスメーク率 = \frac{接時間}{接時間+断時間} \times 100 〔\%〕$$

3　ミニマムポーズとは，隣接するパルス列間の休止時間の最小値をいう．

補足

押しボタンダイヤル（プッシュホン）信号は，4の低群周波数と，4の高群周波数のうち二つの周波数を組み合わせた信号により，16種類の押しボタンダイヤル信号を作ります．一般に用いられているのは，このうち1～0，＊，＃の12種類の信号です．

表4.2　押しボタンダイヤル信号の条件
（1）ダイヤル信号の周波数

押しボタンダイヤル信号	周波数	押しボタンダイヤル信号	周波数
1	697 Hz及び1 209 Hz	9	852 Hz及び1 477 Hz
2	697 Hz及び1 336 Hz	0	941 Hz及び1 336 Hz
3	697 Hz及び1 477 Hz	＊	941 Hz及び1 209 Hz
4	770 Hz及び1 209 Hz	＃	941 Hz及び1 477 Hz
5	770 Hz及び1 336 Hz	A	697 Hz及び1 633 Hz
6	770 Hz及び1 477 Hz	B	770 Hz及び1 633 Hz
7	852 Hz及び1 209 Hz	C	852 Hz及び1 633 Hz
8	852 Hz及び1 336 Hz	D	941 Hz及び1 633 Hz

（2）その他の条件

項　目		条　件
信号周波数偏差		信号周波数の±1.5%以内
信号送出電力の許容範囲	低群周波数	図4.1（a）に示す．
	高群周波数	図4.1（b）に示す．
	2周波電力差	5 dB以内，かつ低群周波数の電力が高群周波数の電力を超えないこと．
信号送出時間		50 ms以上
ミニマムポーズ		30 ms以上
周期		120 ms以上

注）1　低群周波数とは，697 Hz，770 Hz，852 Hz及び941 Hzをいい，高群周波数とは，1 209 Hz，1 336 Hz，1 477 Hz及び1 633 Hzをいう．

2　ミニマムポーズとは，隣接する信号間の休止時間の最小値をいう．

3　周期とは，信号送出時間とミニマムポーズの和をいう．

III編
3章
端末設備等規則

重要

選択信号の条件を覚えましょう．
・低群周波数：600 Hzから1 000 Hzまでの範囲内における特定の四つの周波数
・高群周波数：1 200 Hzから1 700 Hzまでの範囲内における特定の四つの周波数
・ミニマムポーズ：隣接する信号間の休止時間の最小値
・周期：信号送出時間とミニマムポーズの和

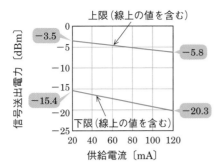

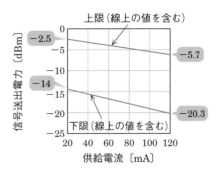

注　供給電流が 20 mA 未満の場合の信号
　　送出電力は −15.4 dBm 以上 −3.5 dBm
　　以下，供給電流が 120 mA を超える場
　　合の信号送出電力は −20.3 dBm 以上
　　−5.8 dBm 以下であること．

注　供給電流が 20 mA 未満の場合の信号
　　送出電力は −14 dBm 以上 −2.5 dBm
　　以下，供給電流が 120 mA を超える場
　　合の信号送出電力は −20.3 dBm 以上
　　−5.7 dBm 以下であること．

（a）低群周波数　　　　　　　　　　　　　（b）高群周波数

図 4.1　信号送出電力許容範囲

［4］直流回路の電気的条件等

端末設備　第 13 条（直流回路の電気的条件等）

　　直流回路を閉じているときのアナログ電話端末の直流回路の電気的条件は，次
のとおりでなければならない．
- 一　直流回路の直流抵抗値は，20 ミリアンペア以上 120 ミリアンペア以下の電
流で測定した値で 50 オーム以上 300 オーム以下であること．ただし，直流回
路の直流抵抗値と電気通信事業者の交換設備からアナログ電話端末までの線路
の直流抵抗値の和が 50 オーム以上 1 700 オーム以下の場合にあっては，この
限りでない．
- 二　ダイヤルパルスによる選択信号送出時における直流回路の静電容量は，3 マ
イクロファラド以下であること．
- 2　直流回路を開いているときのアナログ電話端末の直流回路の電気的条件は，
次のとおりでなければならない．
- 一　直流回路の直流抵抗値は，1 メガオーム以上であること．
- 二　直流回路と大地の間の絶縁抵抗は，直流 200 ボルト以上の一の電圧で測定
した値で 1 メガオーム以上であること．
- 三　呼出信号受信時における直流回路の静電容量は，3 マイクロファラド以下で
あり，インピーダンスは，75 ボルト，16 ヘルツの交流に対して 2 キロオーム
以上であること．
- 3　アナログ電話端末は，電気通信回線に対して直流の電圧を加えるものであっ
てはならない．

補足
直流回路が閉じてい
るときの条件と開い
ているときの電気的
条件が規定されてい
ます．

補足
電話機の送受話器を
上げると（オフフッ
ク）直流回路が閉じ
て，発信または応答
状態になります．
通信が終了して電話
機の送受話器を下ろ
すと（オンフック）
直流回路が開き，通
信の終了状態となり
ます．

75 V，16 Hz の交流
によって電話機のベ
ルが鳴るんだね．

[5] 送出電力

第 14 条（送出電力）

アナログ電話端末の送出電力の許容範囲は，通話の用に供する場合を除き，表4.3 のとおりとする．

表 4.3　アナログ電話端末の送出電力の許容範囲

項　目		アナログ電話端末の送出電力の許容範囲
4kHz までの送出電力		−8 dBm（平均レベル）以下で，かつ 0 dBm（最大レベル）を超えないこと
不要送出レベル	4 kHz から 8 Hz まで	−20 dBm 以下
	8 Hz から 12 kHz まで	−40 dBm 以下
	12 kHz 以上の各 4 kHz 帯域	−60 dBm 以下

注 1　平均レベルとは，端末設備の使用状態における平均的なレベル（実効値）であり，最大レベルとは，端末設備の送出レベルが最も高くなる状態でのレベル（実効値）とする．
　　2　送出電力及び不要送出レベルは，平衡 600 Ω のインピーダンスを接続して測定した値を絶対レベルで表した値とする．
　　3　dBm は，絶対レベルを表す単位とする．

補足
絶対レベルは〔dBm〕の単位で表されます．

第 2 条（定義）第 2 項第 21 号

「**絶対レベル**」とは，一の**皮相電力の 1 ミリワット**に対する比をデシベルで表したものをいう．

重要
「絶対レベル」とは一の皮相電力の 1 ミリワットに対する比をデシベルで表したものをいいます．

[6] 漏話減衰量

第 15 条（漏話減衰量）

複数の電気通信回線と接続されるアナログ電話端末の回線相互間の漏話減衰量は，1 500 ヘルツにおいて 70 デシベル以上でなければならない．

[7] 電波を使用する端末設備の接続の機能

第 9 条（端末設備内において電波を使用する端末設備）

端末設備を構成する一の部分と他の部分相互間において電波を使用する端末設備は，次の各号の条件に適合するものでなければならない．
一　総務大臣が別に告示する条件に適合する**識別符号**（端末設備に使用される無線設備を識別するための符号であって，通信路の設定に当たってその照合が行われるものをいう．）を有すること．
二　使用する電波の**周波数**が**空き状態**であるかどうかについて，総務大臣が別に告示するところにより判定を行い，**空き状態**である場合にのみ**通信路を設定**するものであること．ただし，総務大臣が別に告示するものについては，この限りでない．
三　使用される無線設備は，一の筐（きょう）体に収められており，かつ，容易に開けることができないこと．ただし，総務大臣が別に告示するものについては，この限りでない．

問 1 アナログ電話端末の「選択信号の条件」において，押しボタンダイヤル信号の高群周波数は，□□□□までの範囲内における特定の四つの周波数で規定されている．

① 1 200 ヘルツから 1 700 ヘルツ
② 1 300 ヘルツから 2 000 ヘルツ
③ 1 500 ヘルツから 2 500 ヘルツ

解説 高群周波数は，**1 200 ヘルツから 1 700 ヘルツ**までの範囲内における特定の四つの周波数で規定されています．

解答 ①

問 2 アナログ電話端末の「選択信号の条件」における押しボタンダイヤル信号について述べた次の二つの文章は，□□□□．

A 高群周波数は，1 300 ヘルツから 1 700 ヘルツまでの範囲内における特定の四つの周波数で規定されている．

B 周期とは，信号送出時間とミニマムポーズの和をいう．

① A のみ正しい ② B のみ正しい
③ A も B も正しい ④ A も B も正しくない

解説 A 「**1 300 ヘルツ**から 1 700 ヘルツまで」ではなく，正しくは「**1 200 ヘルツ**から 1 700 ヘルツまで」です．

解答 ②

問 3 アナログ電話端末の「選択信号の条件」における押しボタンダイヤル信号について述べた次の文章のうち，誤っているものは，□□□□である．

① ダイヤル番号の周波数は，低群周波数のうちの一つと高群周波数のうちの一つとの組合せで規定されている．

② 低群周波数は，600 ヘルツから 900 ヘルツまでの範囲内における特定の四つの周波数で規定されている．

③ ミニマムポーズとは，隣接する信号間の休止時間の最小値をいう．

解説 ② 「600 ヘルツから **900 ヘルツ**まで」ではなく，正しくは「600 ヘルツから **1 000 ヘルツ**まで」です．

解答 ②

問 4
絶対レベルとは，一の◯◯◯に対する比をデシベルで表したものをいう．
① 有効電力の 1 ミリワット　　② 有効電力の 1 ワット
③ 皮相電力の 1 ミリワット　　④ 皮相電力の 1 ワット

解説　絶対レベルとは，一の**皮相電力の 1 ミリワット**に対する比をデシベルで表したものをいいます．

解答　③

問 5
端末設備を構成する一の部分と他の部分相互間において電波を使用する端末設備は，使用する電波の周波数が空き状態であるかどうかについて，総務大臣が別に告示するところにより判定を行い，空き状態である場合にのみ◯◯◯ものでなければならない．ただし，総務大臣が別に告示するものについては，この限りでない．
① 直流回路を開く　　② 通信路を設定する　　③ 回線を認識する

解説　「空き状態である場合にのみ**通信路を設定する**ものでなければならない．」と規定されています．

下線の部分は，ほかの試験問題で穴埋めの字句として出題されています．

解答　②

問 6
「端末設備内において電波を使用する端末設備」について述べた次の二つの文章は，◯◯◯．
A　総務大臣が別に告示する条件に適合する識別符号（端末設備に使用される無線設備を識別するための符号であって，通信路の設定に当たってその照合が行われるものをいう．）を有すること．
B　使用する電波の周波数が空き状態であるかどうかについて，総務大臣が別に告示するところにより判定を行い，空き状態である場合にのみ通信路を設定するものであること．ただし，総務大臣が別に告示するものについては，この限りでない．
① Aのみ正しい　　② Bのみ正しい
③ AもBも正しい　　④ AもBも正しくない

解答　③

3.4 移動電話端末

●移動電話端末の基本的機能，発信の機能

［1］基本的機能

端末設備　第17条（基本的機能）

移動電話端末は，次の機能を備えなければならない．

一　**発信を行う場合**にあっては，**発信を要求する信号**を送出するものであること．

二　**応答を行う場合**にあっては，**応答を確認する信号**を送出するものであること．

三　**通信を終了する場合**にあっては，**チャネル**（通話チャネル及び制御チャネルをいう．以下同じ．）**を切断する信号**を送出するものであること．

［2］発信の機能

端末設備　第18条（発信の機能）

移動電話端末は，発信に関する次の機能を備えなければならない．

一　発信に際して相手の端末設備からの応答を自動的に確認する場合にあっては，電気通信回線からの応答が確認できない場合選択信号送出終了後1分以内にチャネルを切断する信号を送出し，送信を停止するものであること．

二　自動再発信を行う場合にあっては，その回数は2回以内であること．ただし，最初の発信から3分を超えた場合にあっては，別の発信とみなす．

三　前号の規定は，火災，盗難その他の非常の場合にあっては，適用しない．

［3］送信タイミング

端末設備　第19条（送信タイミング）

移動電話端末は，総務大臣が別に告示する条件に適合する送信タイミングで送信する機能を備えなければならない．

重要

移動電話端末の基本的機能を覚えましょう．

・発信を行う場合：発信を要求する信号を送出

・応答を行う場合：応答を確認する信号を送出

・通信を終了する場合：チャネルを切断する信号を送出

補足

携帯電話・携帯端末システムは，電気通信事業者の基地局，交換設備及びこれらを結ぶ回線設備で構成された移動電話設備と利用者が設置する携帯電話などの移動電話端末で構成されています．

[4] ランダムアクセス制御

> **端末設備　第20条（ランダムアクセス制御）**
>
> 　移動電話端末は，総務大臣が別に告示する条件に適合するランダムアクセス制御（複数の移動電話端末からの送信が衝突した場合，再び送信が衝突することを避けるために各移動電話端末がそれぞれ不規則な遅延時間の後に再び送信することをいう.）を行う機能を備えなければならない.

補足

送信タイミング，ランダムアクセス制御，タイムアライメント制御は，複数の端末からの送信が衝突しないように制御します.

[5] タイムアライメント制御

> **端末設備　第21条（タイムアライメント制御）**
>
> 　移動電話端末は，総務大臣が別に告示する条件に適合するタイムアライメント制御（移動電話端末が，移動電話用設備から指示された値に従い送信タイミングを調整することをいう.）を行う機能を備えなければならない.

問1　移動電話端末の「基本的機能」について述べた次の文章のうち，<u>誤っているもの</u>は，□□□である.

① 発信を行う場合にあっては，発信を要求する信号を送出するものであること.

② 応答を行う場合にあっては，応答を要求する信号を送出するものであること.

③ 通信を終了する場合にあっては，チャネル（通話チャネル及び制御チャネルをいう.）を切断する信号を送出するものであること.

解説　②　「応答を**要求**する信号」ではなく，正しくは「応答を**確認**する信号」です.

　　　　　　　　　　　　　　　　　　　　　　解答　②

問2　移動電話端末の「基本的機能」について述べた次の文章のうち，正しいものは，□□□である.

① 発信を行う場合にあっては，発信を確認する信号を送出するものであること.

② 応答を行う場合にあっては，応答を要求する信号を送出するものであること.

③ 通信を終了する場合にあっては，チャネル（通話チャネル及び制御チャネルをいう.）を切断する信号を送出するものであること.

解説　①　「発信を**確認**する信号」ではなく，正しくは「発信を**要求**する信号」です.

　　　②　「応答を**要求**する信号」ではなく，正しくは「応答を**確認**する信号」です.

　　　　　　　　　　　　　　　　　　　　　　解答　③

3.5 インターネットプロトコル端末と専用通信回線設備等端末

出題のポイント
- ●インターネットプロトコル電話端末の基本的機能，発信の機能
- ●インターネットプロトコル移動電話端末の発信の機能等
- ●専用通信回線設備等端末の漏話減衰量，電気的条件等

1 インターネットプロトコル電話端末

[1] 基本的機能

端末設備　第32条の2（基本的機能）

　インターネットプロトコル電話端末は，次の機能を備えなければならない．
一　**発信又は応答を行う場合**にあっては，呼の設定を行うためのメッセージ又は当該メッセージに対応するためのメッセージを送出するものであること．
二　通信を終了する場合にあっては，呼の切断，解放若しくは取消しを行うためのメッセージ又は当該メッセージに対応するためのメッセージ（以下「通信終了メッセージ」という．）を送出するものであること．

[2] 発信の機能

端末設備　第32条の3（発信の機能）

　インターネットプロトコル電話端末は，発信に関する次の機能を備えなければならない．
一　発信に際して**相手の端末設備からの応答を自動的に確認する場合**にあっては，電気通信回線からの応答が確認できない場合呼の設定を行うためのメッセージ送出終了後2分以内に通信終了メッセージを送出するものであること．
二　**自動再発信を行う場合**（自動再発信の回数が15回以内の場合を除く．）にあっては，その回数は最初の発信から3分間に2回以内であること．この場合において，最初の発信から3分を超えて行われる発信は，別の発信とみなす．
三　前号の規定は，火災，盗難その他の非常の場合にあっては，適用しない．

重要

インターネットプロトコル電話端末の機能を覚えましょう．
- ・発信又は応答を行う場合：呼の設定を行うためのメッセージ又は当該メッセージに対応するためのメッセージを送出
- ・相手の端末設備からの応答を自動的に確認する場合：応答が確認できない場合呼の設定を行うためのメッセージ送出終了後2分以内に通信終了メッセージを送出
- ・自動再発信を行う（15回以内）場合：最初の発信から3分間に2回以内

2 インターネットプロトコル移動電話端末

［1］基本的機能

> 端末設備 **第 32 条の 10（基本的機能）**
>
> インターネットプロトコル移動電話端末は，次の機能を備えなければならない．
> 一　発信を行う場合にあっては，発信を要求する信号を送出するものであること．
> 二　応答を行う場合にあっては，応答を確認する信号を送出するものであること．
> 三　通信を終了する場合にあっては，チャネルを切断する信号を送出するものであること．
> 四　発信又は応答を行う場合にあっては，呼の設定を行うためのメッセージ又は当該メッセージに対応するためのメッセージを送出するものであること．
> 五　通信を終了する場合にあっては，通信終了メッセージを送出するものであること．

［2］発信の機能

> 端末設備 **第 32 条の 11（発信の機能）**
>
> インターネットプロトコル移動電話端末は，発信に関する次の機能を備えなければならない．
> 一　発信に際して相手の端末設備からの**応答を自動的に確認する場合**にあっては，電気通信回線からの応答が確認できない場合呼の設定を行うためのメッセージ送出終了後 128 秒以内に**通信終了メッセージ**を送出するものであること．
> 二　**自動再発信を行う場合**にあっては，その回数は **3 回以内**であること．ただし，最初の発信から 3 分を超えた場合にあっては，別の発信とみなす．
> 三　前号の規定は，火災，盗難その他の非常の場合にあっては，適用しない．

［3］送信タイミング

> 端末設備 **第 32 条の 12（送信タイミング）**
>
> インターネットプロトコル移動電話端末は，**総務大臣が別に告示する条件**に適合する**送信タイミングで送信する機能**を備えなければならない．

重要

インターネットプロトコル移動電話端末の機能を覚えましょう．
・発信に際し相手端末からの応答を自動的に確認する場合：電気通信回線からの応答が確認できない場合呼の設定を行うためのメッセージ送出終了後 128 秒以内に通信終了メッセージを送出
・自動再発信を行う場合：3 回以内
・総務大臣が別に告示する条件に適合する送信タイミングで送信する機能を備える．

Ⅲ編

3章

端末設備等規則

専用通信回線設備又はデジタルデータ伝送用設備に接続される端末設備

[1] 基本的機能

端末設備 第34条の8（電気的条件等）

専用通信回線設備等端末は，総務大臣が別に告示する**電気的条件**及び**光学的条件**のいずれかの条件に適合するものでなければならない．

2 **専用通信回線設備等端末**は，**電気通信回線**に対して**直流の電圧**を加えるものであってはならない．ただし，前項に規定する総務大臣が別に告示する条件において直流重畳が認められる場合にあっては，この限りでない．

[2] 漏話減衰量

端末設備 第34条の9（漏話減衰量）

複数の電気通信回線と接続される**専用通信回線設備等端末**の回線相互間の**漏話減衰量**は，1 500 ヘルツにおいて**70 デシベル**以上でなければならない．

重要

専用通信回線設備等端末の条件を覚えましょう．

・総務大臣が別に告示する電気的条件及び光学的条件のいずれかに適合
・電気通信回線に対して直流の電圧を加えない
・漏話減衰量：1 500 ヘルツにおいて 70 デシベル以上

問 1 インターネットプロトコル電話端末の「基本的機能」及び「発信の機能」について述べた次の二つの文章は，_____．

A　発信又は応答を行う場合にあっては，呼の設定を行うためのメッセージ又は当該メッセージに対応するためのメッセージを送出するものであること．

B　自動再発信を行う場合（自動再発信の回数が 15 回以内の場合を除く．）にあっては，その回数は最初の発信から 3 分間に 2 回以内であること．この場合において，最初の発信から 3 分を超えて行われる発信は，別の発信とみなす．なお，この規定は，火災，盗難その他の非常の場合にあっては，適用しない．

① Aのみ正しい　　② Bのみ正しい

③ AもBも正しい　④ AもBも正しくない

解答 ③

問 2 インターネットプロトコル移動電話端末の「送信タイミング」又は「発信の機能」について述べた次の文章のうち，**誤っている**ものは，_____である．

① インターネットプロトコル移動電話端末は，総務大臣が別に告示する条件に適合する送信タイミングで送信する機能を備えなければならない．

② 発信に際して相手の端末設備からの応答を自動的に確認する場合にあっては，電気通信回線からの応答が確認できない場合呼の設定を行うためのメッセージ送出終了後 128 秒以内に通信終了メッセージを送出するものであること．

③ 自動再発信を行う場合にあっては，その回数は 5 回以内であること．ただし，最初の発信から 3 分を超えた場合にあっては別の発信とみなす．なお，この規定は，火災，盗難その他の非常の場合にあっては，適用しない．

解説 ③　自動再発信を行う場合にあっては，その回数は **3 回以内**です.

解答　③

問 3　インターネットプロトコル移動電話端末は，発信に際して相手の端末設備からの応答を自動的に確認する場合にあっては，電気通信回線からの応答が確認できない場合呼の設定を行うためのメッセージ送出終了後 128 秒以内に　　　　を送出するものでなければならない.

　　　① 通信終了メッセージ　　② チャネルを切断する信号　　③ 応答を確認する信号

解説　「電気通信回線からの応答が確認できない場合呼の設定を行うための
　　　メッセージ送出終了後 128 秒以内に**通信終了メッセージ**を送出するも
　　　のでなければならない.」と規定されています.

解答　①

問 4　専用通信回線設備等端末は，総務大臣が別に告示する電気的条件及び　　　　条件のいずれかの条件に適合するものでなければならない.

　　　① 光学的　　② 磁気的　　③ 機械的

解説　「専用通信回線設備等端末は，総務大臣が別に告示する電気的条件及
　　　び**光学的**条件のいずれかに適合するものでなければならない.」と規定
　　　されています.

解答　①

問 5　複数の電気通信回線と接続される専用通信回線設備等端末の回線相互間の　　　　は，1 500 ヘルツにおいて <u>70 デシベル</u>以上でなければならない.

　　　① 漏話減衰量　　② 反射損失　　③ 伝送損失

解説　「複数の電気通信回線と接続される専用通信回線設備等端末の回線相
　　　互間の**漏話減衰量**は，1 500 ヘルツにおいて 70 デシベル以上でなけれ
　　　ばならない.」と規定されています.

下線の部分は，ほか
の試験問題で穴埋め
の字句として出題さ
れています.

解答　①

問6 専用通信回線設備等端末は，　　　に対して直流の電圧を加えるものであってはならない．ただし，総務大臣が別に告示する条件において直流重畳が認められる場合にあっては，この限りでない．

① 電気通信回線　　② 配線設備　　③ 他の端末設備

解説　「専用通信回線設備等端末は，**電気通信回線**に対して直流の電圧を加えるものであってはならない．」と規定されています．

解答 ①

問7 専用通信回線設備等端末の「漏話減衰量」及び「電気的条件等」について述べた次の二つの文章は，　　　．

A　複数の電気通信回線と接続される専用通信回線設備等端末の回線相互間の漏話減衰量は，1 500 ヘルツにおいて 70 デシベル以上でなければならない．

B　専用通信回線設備等端末は，自営電気通信設備に対して直流の電圧を加えるものであってはならない．ただし，総務大臣が別に告示する条件において直流重畳が認められる場合にあっては，この限りでない．

① Aのみ正しい　　② Bのみ正しい

③ AもBも正しい　　④ AもBも正しくない

解説　B　「**自営電気通信設備**に対して」ではなく，正しくは「**電気通信回線**に対して」です．

解答 ①

索引

索引

〈著者略歴〉

吉 川 忠 久 (よしかわ　ただひさ)

学　歴　東京理科大学物理学科卒業
職　歴　郵政省関東電気通信監理局
　　　　日本工学院八王子専門学校
　　　　中央大学理工学部兼任講師
　　　　明星大学理工学部非常勤講師

本文イラスト：kumi
http://www.md-211.com/

ラクしてうかる！
工事担任者第2級デジタル通信

2020 年 10 月 20 日　　第 1 版第 1 刷発行

著　　者　吉 川 忠 久
発 行 者　村 上 和 夫
発 行 所　株式会社 オーム社
　　　　　郵便番号　101-8460
　　　　　東京都千代田区神田錦町 3-1
　　　　　電話　03(3233)0641(代表)
　　　　　URL　https://www.ohmsha.co.jp/

© 吉川忠久 2020

組版　新生社　　印刷・製本　三美印刷
ISBN978-4-274-22500-0　Printed in Japan

マスタリング TCP/IP

入門編 第6版

井上直也・村山公保・竹下隆史
荒井　透・苅田幸雄　共著

定価（本体2200円【税別】）／B5判／392頁

TCP/IP解説書の決定版！
時代の変化によるトピックを加え内容を刷新！

　本書は、ベストセラーの『マスタリングTCP/IP入門編』を時代の変化に即したトピックを加え、内容を刷新した第6版として発行するものです。豊富な脚注と図版・イラストを用いたわかりやすい解説により、TCP/IPの基本をしっかりと学ぶことができます。プロトコル、インターネット、ネットワークについての理解を深める最初の一歩として活用ください。